AF385661

RUDIMENS

DES

FORCES PRIMAIRES.

IMPRIMERIE DE PIHAN DELAFOREST (MORINVAL),
RUE DES BONS-ENFANS, N°. 34.

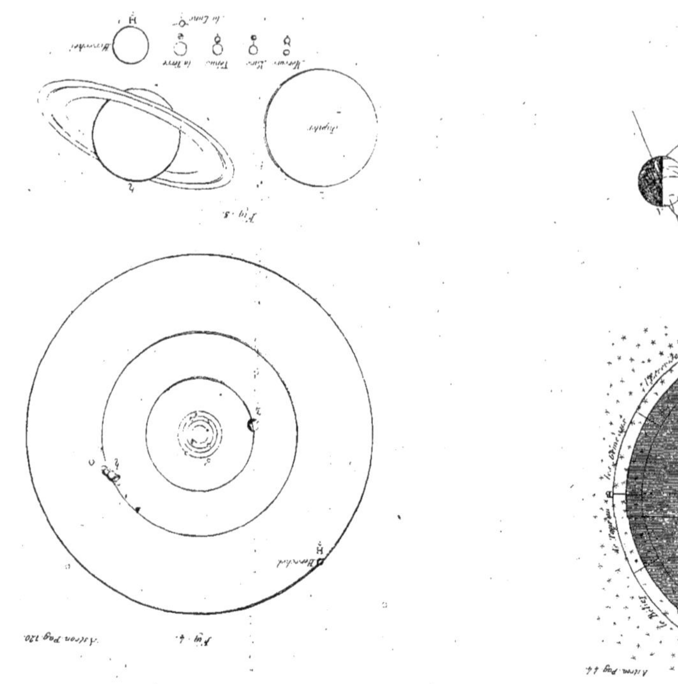

Astron. Pag. 119
SYSTÈME DE PTOLÉMÉE

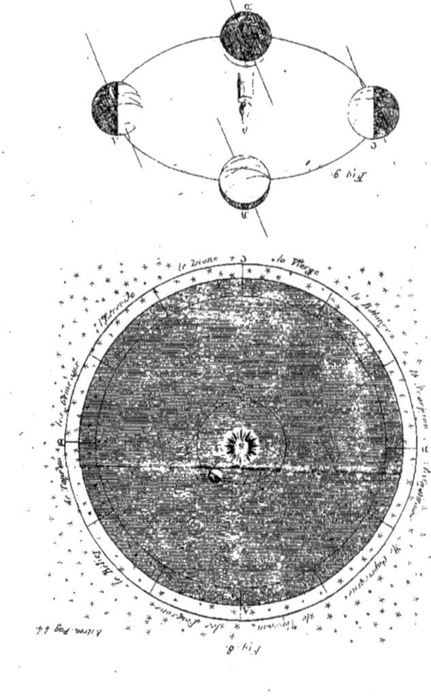

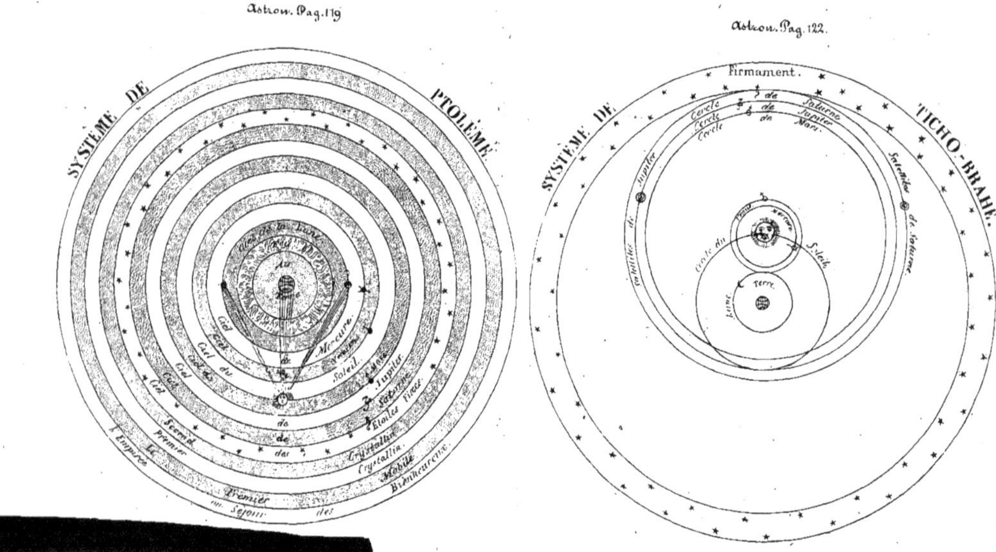

Astron. Pag. 122
Firmament.
SYSTÈME DE TICHO-BRAHÉ

RUDIMENS

DES

FORCES PRIMAIRES,

DE LA GRAVITATION,

DU MAGNÉTISME ET DE L'ÉLECTRICITÉ,

CONSIDÉRÉS

DANS LEURS RAPPORTS AVEC LE MOUVEMENT DES CORPS
CÉLESTES ET COMME CAUSES DE LA LUMIÈRE,
DE LA TEMPÉRATURE ET DES AUTRES
PHÉNOMÈNES DE CES CORPS;

Par M. P. Murphy.

*« He who shall duly attend to the appetences and general affections
of matter will receive, from what he sees passing on the earth, clear
information concerning the nature of the celestial bodies; and, con-
trariwise, from motions which he shall discover in the heavens, will
learn many particulars relating to the things below, which now lie
concealed from us. »*

Lord BACON.

« La patrie d'un véritable philosophe, c'est le monde;
» tous les hommes pour lui doivent être parfaitement
» égaux, et le seul mérite doit les lui faire distinguer.»
(*Philosophie du bon sens,* tom. I, pag. 21.)

PARIS.

J.-B. BAILLIÈRE, LIBRAIRE, RUE DE L'ÉCOLE DE MÉDECINE,
N°. 13 bis;

BRUXELLES, AU DÉPOT DE LA LIBRAIRIE MÉDICALE FRANÇAISE.

1830.

PRÉFACE.

Un écrivain célèbre a dit que : « plus on médite profondément une matière, plus elle acquiert d'intérêt ; qu'on y saisit des rapports avec le bonheur de l'espèce que les autres hommes ne soupçonnent pas ; qu'on y aperçoit des résultats qui échappent aux yeux du vulgaire, et que parfois même on se laisse sérieusement conduire par la théorie à des conséquences que la raison désavoue parce qu'elles touchent à l'absurde ou au trivial. » Quiconque a quelque connaissance des hommes, conviendra de la justesse de cette pensée, par laquelle j'ai cru devoir commencer la préface de mon livre. Je m'y suis décidé d'autant mieux qu'il se pourrait que le temps et les soins que j'ai donnés aux sujets que je traite, les eussent revêtus à mes yeux d'un intérêt imaginaire. J'ai voulu montrer que si je suis tombé dans cette faute, je ne l'ai point commise sans réflexion ou sans avoir cherché de tous mes moyens à l'éviter. Du reste, si je m'égare en attachant trop d'importance à ces sujets, cette faiblesse ne m'est point particulière, elle fut partagée par tous ceux qui dans notre siècle, ou dans les siècles passés, ont obtenu le respect et l'admiration de leurs semblables. Si j'avançais donc quelque chose qui parût déplacé ou frivole ou entaché d'erreur, la faute en devrait peser sur moi seul : on ne doit rien en conclure contre les faits en eux-mêmes. Quand je réfléchis à tout le temps qu'on a déjà consacré à l'étude des mêmes sujets, aux profondes méditations qu'ils ont provoquées, et s'il m'est permis de me servir d'une telle expression, au calibre des esprits qui s'y sont exercés ; que je reporte ensuite ma pensée sur la faiblesse des moyens avec lesquels je m'engage dans la même carrière, en suivant des principes tout différens, je résiste à peine au découragement qui s'empare de moi.

Mais aussi quand je me rappelle tout ce que la science doit aux causes *accidentelles*, ainsi qu'à une observation assidue, et que j'envisage les innombrables et précieux matériaux *ignorés de nos devanciers* que les découvertes modernes mettent à notre disposition ; quand je me représente tout l'avantage qui doit en résulter pour les progrès de la science , je crois reconnaître que les difficultés ne sont plus les mêmes et que ma tâche est devenue beaucoup plus facile. En un mot, il m'a semblé que, pareilles aux fragmens épars d'une admirable mosaïque, les nombreuses découvertes des modernes pouvaient, au moyen d'un talent ordinaire, être rangées chacune dans l'ordre qui lui convient, et de leur seule réunion former un tableau harmonieux où se réfléchisse l'éclat des œuvres de Dieu.

L'homme, cet être qui seul dans la foule des êtres partage avec la Divinité le sublime attribut de la raison , fut déposé sur cette scène terrestre, comme un aveugle au milieu d'un concours de merveilles ; mais il ne tarda point à soupçonner sa brillante destinée , et son esprit s'élança bientôt dans les régions intellectuelles, comme un aiglon échappé de l'aire où il reçut la vie se hâte de conquérir le champ des airs. Jeté au milieu d'un monde où le mouvement reproduit tout avec des modifications innombrables, et auquel il se sentait lié par son organisation même ; environné d'objets à-la-fois si nouveaux, si grands, si pleins d'intérêt et si bien disposés pour faire sur lui de vives et profondes impressions ;

l'homme, à la naissance des sociétés, se livra incontinent aux penchans de son esprit qui le sollicitait à l'examen ; et comme chaque essai reculait les limites de sa pensée, il se sentait constamment entraîné vers de nouvelles tentatives. Mais comme les sujets sur lesquels il exerçait ses forces durent être ceux qui se présentaient à ses sens le plus fréquemment et avec le plus d'effet, il est naturel d'en conclure que l'astronomie fut la première science qui s'offrit à l'étude de l'homme (1).

---

(1) Si nous en croyons M. Bruce, on doit à l'observation des astres, non seulement une grande partie de la mythologie des anciens, mais jusqu'à l'invention des lettres. Il dit : « Deux genres d'alphabets parvinrent à s'établir en Égypte : le premier fut le Gœz, et l'autre le Saitic. Ces caractères sont les plus anciens de tous, et ils furent tirés des hiéroglyphes. Thèbes fut bâtie par une colonie d'Éthiopiens venus de la ville de Sire ou Seir, ou la ville du Chien. Syrius fut représenté sous la figure d'un chien, à cause de l'avertissement qu'il sembla donner aux habitans d'Atbara, où *se firent les premières observations*. En s'élançant d'entre les rayons du soleil, de manière à ce qu'on pût l'apercevoir, sa première apparition fut comparée à l'aboiement du chien, en raison de ce qu'il avertissait qu'on s'attendît à une inondation prochaine. M. Bruce pense donc que ce fut le premier hiéroglyphe ; et que Isis, Osiris et Thoth, furent des inventions postérieures qui y avaient rapport. On ne saurait douter que les hiéroglyphes

Si, d'un autre côté, nous considérons la prodigieuse variété que présente l'astronomie, et que les premiers qui se livrèrent à cette science n'avaient d'autre moyen à leur disposition que la seule observation, nous serons étonnés de la justesse de leurs conclusions. On ne peut en rendre raison que par l'excellence de la méthode que ces premiers astronomes employèrent dès leur début. Ce fut celle que Bacon, le père de la philosophie moderne, recom-

---

aient été inventés à Thèbes, où la théorie de l'astre Syrius fut particulièrement étudiée, parce qu'elle se liait au système d'agriculture alors en usage : cependant l'astronomie prit naissance ailleurs. » Cette distinction tient du paradoxe, car bien que la théorie de Syrius ne comprît pas l'universalité de l'astronomie, elle en formait, dans ces temps reculés, une partie extrêmement importante. M. Bruce ajoute que « cette prodigieuse quantité d'hiéroglyphes qui couvrent les murs des temples et les côtés des obélisques, sont autant d'observations astronomiques. » Il rend raison de leur nombre, en supposant qu'ils forment des éphémérides de quelques milliers d'années. On attachait la plus haute importance à constater les dates d'une manière très exacte : on les exposait sur les places publiques, afin qu'on pût y recourir à toute heure; et on se prémunit contre les ravages du temps ou les entreprises de la force, en gravant profondément ces annales sur des monumens de dimensions et de solidité extraordinaires. (SCHAW; *Abrégé des Voyages de Bruce*, pag. 64 et 95.)

mande comme la seule qui conduise à la connaissance de la vérité ; c'est-à-dire l'observation assidue
et dégagée des préjugés. Ce fut en se guidant sur
cette maxime que les pythagoriciens s'élevèrent à
la connaissance du vrai système de l'univers : on
l'abandonna depuis pour les sophismes et les pré-
ceptes des péripatéticiens, mais il reprit enfin son
autorité si long-temps méprisée et éclaira les travaux
des Copernic et des Galilée. Je n'ose me citer après
ces grands noms ; mais si mes faibles efforts pour
faire faire un pas à la science avaient eu quelque
succès, et s'il était reconnu que j'eusse découvert
quelque vérité importante en astronomie, je le
devrais uniquement à l'observation d'une masse de
faits bien plus considérable, et d'une série de principes beaucoup plus étendue que tout ce qu'il fut
possible à mes devanciers de réunir.

C'est ici qu'il convient de faire ressortir toute la
justesse de la méthode de Bâcon, et d'exposer les
immenses résultats que son application a produits :
il me suffira de citer un passage que j'ai extrait d'un
article fait par un auteur français à l'occasion des
Recherches sur les ossemens fossiles, par M. le
baron Cuvier; article auquel, du reste, j'aurai
occasion de revenir plus tard. « Depuis que Bâcon
a démontré que, dans les sciences naturelles, *l'ob-*
servation est le seul moyen de parvenir à la con-

naissance de la vérité, ces sciences ont fait des progrès dont l'illustre chancelier serait lui-même étonné, s'il lui était accordé d'en être aujourd'hui le témoin : il est douteux en effet que, malgré sa rare perspicacité, il ait pressenti combien l'impulsion qu'il a donnée à toutes les branches des connaissances humaines devait les amener à un grand et prompt développement, et à quel degré de perfection les sciences naturelles parviendraient aussitôt que l'esprit philosophique qu'il a introduit dans leur étude, dirigerait ceux qui les cultivent. Leur marche progressive est si rapide, surtout depuis un demi-siècle, que ceux mêmes qui leur ont fait faire les plus grands pas sont obligés, pour se rendre compte de ce phénomène intellectuel, de considérer que, *par la liaison intime qui existe entre les sciences naturelles, chaque vérité, d'effet qu'elle était d'une vérité précédente, devient, à son tour, cause d'une ou de plusieurs autres vérités;* de sorte que, par cette espèce de multiplication réciproque, la famille entière des vérités ou des faits s'agrandit dans une progression croissante, pour ainsi dire, à l'infini. »

Cet éloge mérité de la doctrine de Bâcon, à laquelle nous devons des succès si inattendus, révèle l'importance attachée à l'exactitude des données d'après lesquelles on se hasarde sur le terrain de la science ; car bien que les remarques qu'on vient de lire aient été faites à l'occasion des découvertes récentes en géologie, elles n'en sont pas moins applicables à celles qui ont agrandi le domaine de l'astronomie.

Mais, pour conclure, l'astronomie, dans son acception la plus étendue, comprend deux grandes sections, savoir : l'une qui traite du nombre, de la masse, du mouvement, et de la position des corps célestes ; et l'autre qui considère les *causes* de la position, du mouvement et des phénomènes intimes de ces corps. Ce fut vers les parties plus accessibles aux sens, comprises dans la première de ces divisions, que les anciens dirigèrent leur attention : ils durent y borner leurs vues et leurs succès qui, je le répète, furent surprenans. Mais, n'ayant alors aucune des données que les siècles nous ont révélées depuis, il leur fut impossible d'avancer dans la seconde division que j'ai indiquée ; aussi ne nous ont-ils transmis sur cette partie que des notions générales, telles qu'elles résultaient des rapports saisis entre la température, ou les autres phénomènes atmosphériques, et certaines saisons de l'année ; le cours successif et régulier des saisons, la coïncidence des marées, de quelques phénomènes atmosphériques, et des révolutions lunaires, etc. Quelle que fût l'origine de ces observations, on dut bientôt en conclure que « toutes les vérités se tiennent et que tous les phénomènes de la nature sont les résultats nécessaires d'un petit nombre de lois générales. » J'ajouterai que ce fut dans une connaissance plus ou moins parfaite de ces lois, que les pythagoriciens puisèrent la mystérieuse doctrine des analogies.

Je ne prétends nullement toucher aux sujets qui entrent dans la première section : j'admets comme exacts tous les chiffres qui, dans les ouvrages d'astronomie, énoncent les rapports de nombre et de grandeur tant des planètes que du soleil, ainsi que la vitesse de chacun de leurs doubles mouvemens. Je me borne donc entièrement, comme je l'annonce dans l'INTRODUCTION, à explorer le champ presqu'ignoré des phénomènes qui peuvent se classer dans la seconde division que j'ai tracée.

Après avoir consacré toute sa vie à l'étude et aux progrès de l'astronomie, et après être parvenu à faire les importantes découvertes que nous lui devons, le célèbre Képler, méditant sur l'origine du mouvement des planètes, et sentant l'impossibilité d'avancer sans le secours de quelques données alors inconnues, exprima ainsi sa pensée : « Il nous manque encore une connaissance complète des lois du mouvement : le siècle qui nous suit pourra seul l'acquérir aussi bien qu'un grand nombre d'autres vérités, si l'auteur de la nature daigne les révéler. » Il eût pu écrire : *les siècles qui nous suivent*, au lieu du siècle, etc. Quoi qu'il en soit, forts des grandes découvertes de Newton, et d'un petit nombre d'autres ; convaincus que les découvertes dans les sciences augmentant dans une progression croissante, ainsi que le remarque judicieusement l'auteur français que j'ai cité, appuyés sur les découvertes qui chaque jour se manifestent dans toutes les branches de la science, nous avons tout lieu d'espérer que, malgré l'obscurité qui nous dérobe encore l'origine des phénomènes que nous traitons dans ce livre, le jour n'est pas éloigné où nos connaissances des causes qui les produisent, remédieront à une foule de maux auxquels l'ignorance a jusqu'à présent livré la société.

Mais en nous reportant aux causes qui ont contribué à retarder les progrès des astronomes, nous serons moins surpris d'une lenteur qui contraste avec tout le soin qu'on s'est donné durant un si long laps de temps. Au premier rang de ces causes on doit mettre la déception qui résulte des *apparences optiques*, et dont l'origine est dans la rotation de la terre autour de son axe. Ce mouvement est transmis, en apparence, au soleil, tandis que la terre semble être dans une parfaite immobilité ; et comme si l'on eût voulu consacrer cette erreur en l'élevant au-dessus de toute controverse, on l'appuyait de l'autorité de certains passages des Saintes Écritures. Il s'ensuivit qu'on répondait par l'emprisonnement et l'anathème à quiconque osait concevoir et proclamer une opinion contraire. L'apparente grandeur des corps célestes ajouta encore à cette source d'erreurs. Le soleil fut compté pour un corps de moindre volume que la terre, et les plus grandes planètes, appréciées de même, furent considérées comme des points égarés dans l'espace. Lors même que les expériences eurent rectifié de si grossières erreurs, et que les découvertes de Tycho Brahé, de Kepler et du grand Newton ouvrirent à l'astronomie une ère nouvelle, on se jeta dans des égaremens d'une autre espèce dont on est encore loin de s'être affranchi. Tout principe nouveau, toute cause qu'on a cru capable d'expliquer les phénomènes astronomiques, ou dont on s'est servi pour fonder des théories partielles, *ont été outrés ; on les a étendus au-delà de leurs portées naturelles* en les appliquant à des faits auxquels ils n'avaient aucun rapport, ou tout au mieux que des rapports très indirects. J'espère démontrer qu'on en agit encore ainsi à l'égard des principes du premier ordre ; tels, par exemple, que celui de *l'attraction* ou *gravita-tion universelle* auquel on continue d'attribuer le mouvement orbiculaire des planètes, bien que Newton lui-même soit convenu de l'impossibilité de l'expliquer par une cause *unique*, et qu'il ait déclaré que ce mouvement ne pouvait se continuer que par le *concours de quelque autre attraction*. L'application de ce principe au phénomène des marées est une erreur de même genre; et je pré-tends faire voir qu'il n'y a pas plus de raison dans la doctrine du *rayonnement nocturne*, au moyen duquel on croit expliquer tant d'actions atmosphé-riques. Enfin je mets encore au même rang les théories si diverses de la *géologie* qu'on a fondées sur les principes opposés du *feu* et de l'*eau*, etc.... Ces erreurs me paraissent provenir de ce que les *causes premières* se réduisent à la vérité à un *petit nombre*; mais qu'elles sont néanmoins *plus nom-breuses* qu'on ne le croit communément; et que les actions réciproques qui en résultent sont encore plus multipliées que ces causes mêmes.

Personne ne conteste à Newton la gloire d'avoir le premier, par un effort de génie sans exemple, reculé les étroites limites dans lesquelles se concen-trait de son temps toute la science de l'astronomie. Il sut appliquer à l'action des corps célestes un prin-cipe vaste comme leur nombre et leurs masses; et

du moins il ouvrit la voie à cette importante vérité
que rien n'est *isolé* dans la nature ; que malgré l'immensité du théâtre où elle s'agite, il y a *unité* dans
ses opérations, soit partielles, soit collectives, et
que ce principe d'unité s'étend à toutes les divisions
gigantesques de ses nombreux systèmes planétaires,
mus et réunis dans un ensemble d'une éternelle
harmonie. Cependant j'espère démontrer que cette
attraction Newtonienne est peut-être de tous
les principes qui concourent aux mouvemens des
corps célestes, celui qui exerce le *moins* d'influence ; et cette conclusion s'offrira d'elle-même à
l'esprit, quand j'aurai assigné à ce principe sa véritable valeur.

En récapitulant les découvertes vraies ou imaginaires qui ont été faites dans cette branche de l'astronomie depuis le temps de Newton, pour nous
former une idée correcte de son état actuel, nous
voyons qu'il accrédita le principe de la gravitation,
comme explicatif du mouvement orbiculaire des
planètes ainsi que du phénomène des marées : cette
doctrine prévaut jusqu'à ce jour ;—que depuis
Newton d'autres ont développé cette doctrine ;—
que, dans l'intervalle, on a découvert le principe
de l'électricité ; mais qu'on s'est jusqu'à présent
borné à y puiser, d'une manière vague et peu satisfaisante, l'explication de certains phénomènes at-

mosphériques ;—que la doctrine de l'action lunaire sur la température et sur les marées, bien qu'elle soit fondée sur les plus anciennes expériences, est décriée par les astronomes de nos jours, sur l'unique motif qu'*aucun principe connu ne peut en rendre raison ;* — que la doctrine de la *chaleur solaire* ou de la température planétaire, comme conséquence de la *combustion* que Newton inventa, est demeurée à-peu-près au point où il la laissa ; car bien que King et Herschell aient énoncé quelques idées qui lui soient contraires, elles sont si confuses qu'on ne saurait s'y arrêter ;—qu'aucune nouvelle théorie du mouvement des planètes n'a été mise au jour, à moins que l'on n'appelle de ce nom ce que M. Walker a suggéré à l'égard de la *rotation* des planètes ; savoir : qu'elle est causée par la force impulsive des rayons lumineux émanés du soleil et lancés sur ces corps (il va même jusqu'à supposer que leur puissance suffit pour expliquer le mouvement orbiculaire des astres);—que si les uns admettent que le *soleil* ait *une atmosphère,* les autres le nient sur ce qu'aucune preuve ne peut être produite à l'appui ; et, en conséquence, la théorie d'un vide dans lequel se meuvent les planètes est aujourd'hui généralement reçue ;—que malgré le temps qui s'est écoulé depuis la découverte du *magnétisme,* et nonobstant l'usage qu'on en a fait dans la naviga-

tion, etc., les nombreuses expériences et les théories qu'on a essayées, on n'a encore fait de cette
découverte que des applications purement *locales*
et qu'on ne l'a jamais élevée au rang des *influences
universelles* comme on l'a fait du principe de la
gravitation ;— que le *froid planétaire*, ainsi que le
froid des corps échauffés artificiellement est, en
général, considéré comme un effet de la *radiation ;*
et que par extension de ce principe, on a tenté
d'expliquer quelques phénomènes atmosphériques
qui étaient restés sans solution par la faiblesse des
moyens invoqués jusqu'à ce jour pour en rendre
raison ;—qu'on n'a aucune théorie de la formation
de l'eau dans l'atmosphère; qu'on n'a même point
tenté de l'expliquer quoiqu'elle soit évidemment
le lien transitif entre l'air et l'eau, et qu'elle soit
l'origine de quelques-uns des plus importans
phénomènes atmosphériques;—qu'on n'a pas davantage essayé d'expliquer la cause des phénomènes
atmosphériques qui coïncident avec les *équinoxes;*
—que la doctrine des météores et des météorolites
est, à peu de chose près, dans le même état; et que
nous attendons encore un traité des *courans qui se
forment dans l'atmosphère*, bien qu'on ne puisse
douter qu'ils soient soumis à des lois fixes et précises. Enfin, on peut ajouter à cette pénible énu-
mération, l'ignorance presque absolue où nous

sommes des causes de la *salubrité* et de l'*insalubrité* de l'atmosphère dans certains districts et dans certaines saisons; ainsi que des *variations du climat* si fréquentes entre les mêmes parallèles.

Or, de ces trois *causes* distinctes et qu'on peut justement appeler *primaires : l'attraction*, le *magnétisme* et l'*électricité;* la *première* seulement a été envisagée comme un agent universel dans ses rapports avec l'astronomie.

Nous pouvons donc conclure qu'à l'exception des théories de Newton sur le mouvement orbiculaire des planètes et sur les marées, on n'a rien expliqué de la série des phénomènes énoncés plus haut, malgré leur liaison nécessaire avec cette partie de l'astronomie; ou que les explications qu'on a proposées à leur égard sont si imparfaites, que l'absence de toute démonstration plus satisfaisante est la seule cause du crédit très circonspect qu'on leur accorde.

L'on conviendra avec le correspondant du *London Litterary Gazette* qui en fit récemment la remarque, qu'en fait d'astronomie nous avons à peine franchi le seuil du temple. Nous avons incontestablement besoin d'un ouvrage dont le plan unisse toutes les grandes divisions de cette science; et pour s'en convaincre, il suffira de passer rapidement en revue les rêveries qu'on a publiées sur un sujet où tant d'intérêts se confondent. Par exemple, en suivant la doctrine qui fait du soleil, ou de la *combustion solaire*, la source unique de la chaleur planétaire, et en prenant pour terme de comparaison la température de la terre, Newton déclare que les corps qui approchent le plus près du soleil, sans excepter les comètes, sont, dans leur température moyenne, quelques milliers de degrés d'incandescence plus élevés que le fer rouge; tandis que ceux qui en sont les plus éloignés seraient à une température prodigieusement au-dessous de zéro. Quant aux marées, bien que M. Cuthbert ait publié une théorie fondée sur la prétendue expansion de la mer, par l'effet des variations journalières de la chaleur solaire, comme on ne pouvait, par aucun des principes admis, lier cette théorie à l'action de la lune, on a persisté dans les idées de Newton sur les effets de *l'attraction*. Nous ne pouvons citer aucun ouvrage d'importance sur les propriétés de l'atmosphère et des phénomènes qu'elle produit, à moins d'une exception peut-être en faveur de la théorie de Volta sur la grêle, et celle des météores et des météorolites. Selon cette dernière, l'aspect des météores et la chute des météorolites sont dus à de nombreux corps de très petites dimensions qui errent dans l'espace, et qui, après avoir été lancés avec une inconcevable vitesse, s'enflamment en traversant les régions les plus élevées de notre atmosphère. Mais pour apprécier jusqu'où peuvent atteindre les visions des spéculateurs, il faut scruter les principes du *magnétisme*, et de la géologie appliquée aux révolutions du globe.

Descartes, en traitant du magnétisme, fait mouvoir ses tourbillons d'un pôle à l'autre dans une matière subtile, impalpable, invisible et pourtant *dentelée*, qu'il fait entrer par l'un des pôles pour s'échapper par l'autre; tandis que Whiston, sondant les entrailles de la terre, marque les oscillations de ses *terrellœ* ou de l'aimant souterrain. Viennent ensuite le professeur Leslie et M. Burns, se disputant l'honneur d'avoir découvert la *théorie de la cavernosité de la terre*, et jusqu'au capitaine Symes, qui non seulement se persuade que cette *cavernosité* existe réellement, mais qui va jusqu'à désigner la position de la porte cochère par laquelle il se propose de pénétrer dans les régions souterraines, dès qu'il aura pu réunir l'argent, les hommes et les matériaux nécessaires à son expédition. Le système Neptunien qui, je crois, nous vient de l'Allemagne, fait de la terre une *masse solide* de la circonférence au centre, et nous apprend qu'elle se compose, depuis son origine, de matières déposées par les eaux. Le système

Plutonien au contraire, qui, je crois, nous vient de la France, fait dériver le monde d'une combustion, et attribue sa solidité à un refroidissement dont l'action progressive ajoute sans cesse à la croûte extérieure du globe, tandis que la plus grande partie de sa masse intérieure est encore dans un état liquide, et alimente le feu des volcans. Il suppose qu'à une profondeur déterminée, la température de la terre est à 3,500 degrés du pyromètre de Wedjwood. Il faudrait conclure de-là qu'il fut un temps où la terre était à la lune, ce que le soleil est aujourd'hui à la terre; et que ce fut par suite du refroidissement de notre planète, que sa satellite se couvrit de neiges et qu'elle vit ses mers se transformer en glacières. Tel est, en effet, l'état de choses qu'un ingénieux Américain a cru reconnaître dans la lune. Pour compenser tant d'extravagances, nous avons les admirables recherches du baron Cuvier sur les anciennes révolutions du globe : il les a décrites sur des monumens dont l'autorité du moins est irrécusable, et enfin, nous devons citer en terminant le « nouveau système de géologie » du docteur Ure, qui cherche à concilier ces grandes révolutions du globe et de la nature animée avec l'état actuel des sciences et les traditions sacrées.

Chacun conviendra qu'ainsi que la confusion des pouvoirs civil et ecclésiastique, si commune dans

les gouvernemens anciens et qui, par malheur
pour les gouvernés, subsiste encore dans quelques
pays, a toujours été funeste à l'un et à l'autre de
ces pouvoirs ; de même l'appel à l'autorité des Écritures saintes sur des points tels que la création du
monde, les circonstances du déluge, les phénomènes astronomiques, etc., compromet toujours le
respect dû aux grandes vérités sur lesquelles repose la religion ; car, comme il est impossible de
concilier les faits qu'on invoque ainsi, avec d'autres
d'une évidence incontestable, les esprits faibles
s'étayent de la moindre inexactitude pour nier la
vérité de l'ensemble. Ceux donc qui pensent servir
par-là les intérêts de la religion, nuisent également
à ces intérêts et à ceux de la science.

C'est, sans doute, dans la vue d'éviter ces graves
inconvéniens que M. Cuvier s'est sagement borné
à décrire les faits qu'il est parvenu à constater sur
les anciennes révolutions du globe, en les accompagnant de quelques observations purement scientifiques qui ressortaient forcément de son sujet. Il
a réussi, par ce moyen, à enrichir la science d'une
œuvre digne tout-à-la-fois de son siècle et de sa
nation, et dont chaque page atteste une érudition
et une profondeur de vues extraordinaires. Plût à
Dieu que le philosophe anglais que nous avons
nommé, eût suivi une loi aussi sage : ses recherches

géologiques eussent produit des résultats beaucoup plus satisfaisans; tandis que, par la forme défectueuse sous laquelle il les a présentées, elles sont plus propres à exciter la pitié dans l'esprit des savans, qu'à provoquer des réflexions sérieuses. Ainsi lorsqu'il cite le déluge comme une sorte de lien dans la série des événemens, il invoque certains passages de la Genèse, s'élance sur les nues, et du haut de l'arc-en-ciel, il embrasse à-la-fois d'un regard prophétique, le passé, le présent et l'avenir de « l'ordre ancien et nouveau » dans la nature. Dans ce vaste horizon, il nous présente d'abord le printemps universel et inaltérable des poètes se maintenant probablement à travers plusieurs siècles, ou au moins pendant tout le temps que la source intrinsèque de la chaleur terrestre dominait celle du soleil. Il puise cette dernière dans la température élevée que produisent les émanations du feu central en pénétrant jusqu'à la masse océanique, à travers la *légère enveloppe solidifiée* qui, durant toute cette période, les tenait séparées; et puis il dissémine cette chaleur dans l'atmosphère d'un pôle à l'autre. Il nous apprend de plus que, dans l'ancien monde, les causes des commotions atmosphériques étaient plus *rares* et plus *faibles* que dans le nouveau; que le phénomène que présente la *pluie* dut être très rare

excepté sur les côtes de quelques îles aux approches
des pôles; mais que les inconvéniens qui purent
en résulter furent compensés par d'abondantes
exhalaisons des mers alors tièdes; et qu'en conséquence, il se pourrait que ceux qui vécurent avant
le déluge n'eussent jamais vu tomber la pluie par
un beau temps d'été; qu'à la vérité il ne serait pas
impossible qu'un rideau de nuages se fût souvent
étendu dans les régions plus élevées et plus fraîches;
mais que les vésicules aquatiques, en traversant les
couches d'air échauffé qui se trouvaient au-dessous,
se résolvaient en une vapeur invisible; que dans
des nuages de cette espèce il n'y avait pas de place
pour un arc-en-ciel; que l'arc-en-ciel est à-la-fois
un résultat et une preuve de la nouvelle constitution donnée à notre sphère; qu'enfin il est un
emblême de péché et de douleur, d'expiation et de
paix, etc.

Comme on ne saurait méconnaître que l'auteur
de ces étranges suppositions était guidé par les in-
tentions les plus pures, il n'est pas permis d'user
envers lui d'une grande rigueur : cependant, parce
qu'il compte au nombre des savans et qu'il pourrait nuire à la cause qu'il veut défendre, je le renverrai à un passage des œuvres de *M. le baron Cuvier*, pour lequel il professe une estime justifiée par
tant de titres, et il y verra dans quel labyrinthe il

s'est engagé pour expliquer le *nouvel* ordre établi depuis le déluge. En décrivant la belle organisation de la nature, M. Cuvier dit, en substance, que par bonheur on trouve dans l'anatomie comparée un principe qui, bien compris, lève toutes les difficultés : c'est le rapport des formes dans les êtres organisés ; d'après lequel un examen attentif fait connaître quelque animal que ce soit, par *chaque fragment de chacune de ses parties*. Chaque être organisé forme à lui seul un tout, un système entier (1), dont toutes les parties s'adaptent les unes aux autres et concourent à une même fin par une réaction réciproque. Aucune de ces parties ne peut être changée sans que l'ensemble n'en soit affecté, et il suit de là que chaque partie considérée séparément indique l'état de toutes les autres. Ainsi l'on peut découvrir non seulement la classe, mais l'ordre, le genre, et jusqu'à l'espèce par la conformation de chaque partie. (CUVIER, *sur les révolutions du Globe.*)

Ce qu'avance le baron Cuvier, à l'égard de l'a-

(1) « L'homme est un *mycrocosme* : l'univers est l'homme en grand (philosophie chinoise); j'ajouterai que cela est vrai de tous les êtres organisés aussi bien que de l'homme. »

natomie comparée, se trouve également juste si on l'applique avec discernement à *l'organisation planétaire*; en sorte que toute une série de phénomènes peut être déduite avec une irrécusable exactitude de logique, des *vestiges* que nous pouvons saisir d'une pareille organisation. Ainsi, laissant de côté les preuves fournies par les restes fossiles de végétaux et d'animaux que l'on trouve si fréquemment dans les houillières et granits de seconde et troisième classes, pour nous borner aux preuves que nous offre le *Bassin de Paris*, les recherches de MM. Cuvier et Brougniart nous apprennent qu'il ne se compose de rien moins que de *six* couches de matières alluviales, composées des dépôts que les eaux *douces* et *salées* ont successivement superposés l'un à l'autre, dans un ordre alterne, sur un fonds commun de *craie*. Or, comme celles de ces couches alluviales que l'eau douce a pu seule former, supposent nécessairement l'existence de *cette eau*, durant tout le temps de leur formation, on est forcé de conclure aussi de l'existence de l'eau douce, que de fréquentes chutes de pluies ont eu lieu durant le cours de cette période, puisque ce sont les seules sources qu'on puisse leur assigner. D'un autre côté, les eaux du déluge de la Genèse ayant, par leur retraite, laissé la terre à sec, nous devons considérer la *couche marine* qui se trouve immédiatement au-dessus de la dernière des *cou-ches alluviales*, comme le résultat d'une inondation générale antérieure à celle de Moïse. Les dépôts formés par les eaux douces renfermant des fossiles d'êtres organisés, nous en tirons la preuve convaincante d'une succession régulière de phénomènes atmosphériques durant tout le temps qu'il a fallu à ces couches pour se former, pareils à ceux dont nous sommes tous les jours les témoins; et, comme une conséquence de cet état de choses, nous devons admettre, qu'encore que le déluge de Moïse ait pu changer les rapports entre la superficie des eaux et celle de la terre sur la face du globe, cependant ni ce déluge, ni aucun autre analogue qui soit survenu antérieurement, n'a pu *changer l'ordre primitivement établi dans la nature*. L'ordre des phénomènes que présente la température, l'atmosphère, etc., tel qu'il fut établi au *commencement*, se maintint durant toutes les périodes subséquentes et reste encore le même : telle est la conclusion finale à laquelle nous sommes forcément conduits. Au surplus, j'espère pouvoir démontrer, indépendamment de ces témoignages si puissans, qu'il ne pouvait y avoir d'autre ordre que celui que nous voyons aujourd'hui dans cette partie des opérations de la nature, puisque la moindre déviation eût été aussi fatale aux élémens de l'eau et de l'air, que le défaut de respiration ou de circulation du sang l'est à la vie animale.

Si nous recherchons les causes qui ont produit tant d'erreurs et de contradictions sur les opérations de la nature, nous reconnaîtrons que la première fut *l'absence de toutes données exactes*, d'après lesquelles on pût se guider, et que, sans ces données, les spéculateurs devaient s'égarer à la recherche de la vérité, comme des navigateurs voguant sur un océan sans bornes et dépourvus de compas et de gouvernail : l'autre cause, qui est en quelque sorte une conséquence de la première, est le penchant au *matérialisme* qui distingue si fortement cette classe de théoristes. Ainsi, de ce que l'action des élémens, dans leurs rapports soit avec la matière elle-même, soit avec le mouvement, considérée dans l'organisation planétaire du soleil ou de la terre, produit certains effets consécutifs, on en a conclu que l'origine de cette organisation planétaire était elle-même due à des agens tout *matériels !* Mais la logique et le simple sens commun repoussent une telle conclusion : car, en raisonnant *à pari*, on pourrait décider avec une égale justesse que, de même que la disposition des parties d'une pendule mises en mouvement, a pour effet d'indiquer les minutes et de frapper les heures avec la plus grande précision, ce qu'on sait bien n'être que des effets mécaniques, le plan et la réunion de ces parties ne sont également que des résultats mécaniques. Mais la subversion totale de ces effets qui résulterait ou de l'éloignement ou de l'altération de la plus petite de ces nombreuses parties, ne démontre-t-elle pas suffisamment que leur arrangement et leur application l'une à l'autre, n'ont été l'effet ni du hasard ni d'une action mécanique? n'en suit-il pas que le tout est l'œuvre méditée d'une intelligence supérieure qui, dans l'arrangement et l'application de tant de parties si diverses, avait la volonté de produire précisément les effets qui en résultent?

Indépendamment des avantages que la science retirerait d'une connaissance plus exacte des *premiers agens* de l'organisation planétaire et des lois qui les régissent, il en est un autre qui, sous le *rapport moral*, n'est pas moins précieux, et qui en découlerait comme la conséquence obligée du développement des lumières : c'est la démonstration plus vive et plus convaincante d'une intelligence suprême dont la sagesse a conçu, et dont la puissance a disposé ces moyens nombreux et compliqués, pour en faire ressortir la diversité infinie des effets que nous voyons. Il ne serait plus permis alors qu'aux insensés de nier l'intervention d'une puissance créatrice et régulatrice ; car de telles

connaissances ne laisseraient plus de prétexte même
au doute, et elles deviendraient ce qu'elles auraient
dû être toujours, la base inébranlable de la religion et de la vérité.

Le but que je me propose étant de reculer les
bornes des connaissances astronomiques, en
leur appliquant les observations et les découvertes
des autres; de tirer, s'il est possible, la mécanique
céleste du chaos qui, depuis si long-temps, cache
aux yeux des hommes ses belles proportions et ses
mouvemens si justes qu'on les a comparés à l'harmonie musicale; de mettre un terme enfin au règne du doute, et de servir tous les intérêts de la
société qui se lient aux connaissances astronomiques; le moindre succès qui puisse couronner mes
efforts suffira peut-être pour jeter quelque intérêt
sur l'occasion qui les fit naître. Le récit rapide et
succinct que j'en vais tracer, pourra d'ailleurs con-
tenir quelque enseignement.

En me reportant d'abord aux circonstances qui
furent la cause éloignée de mes découvertes, si tant
est qu'on leur accorde ce nom, je ne puis m'empêcher de citer la remarque suivante de Charron,
pour rendre hommage à sa justesse : « *La persua-
sion* première prinse du subject mesme saisit les
simples, *mais elle est si tendre et si fresle, que le
moindre heurt, mesconte, ou mesgarde, qui y*

surviendroit, escarbouilleroit tout : car c'est grand merveille , comment de si vains commencemens et frivoles causes sont sorties les plus fameuses impressions (1). » En réfléchissant aussi aux nombreuses erreurs au milieu desquelles je me suis long-temps débattu avant de donner à mon travail la forme qu'il a aujourd'hui; alors que m'emparant d'abord d'une opinion pour l'approfondir, la développer et souvent aussi pour l'abandonner et y revenir encore, selon que la réflexion confirmait ou modifiait mes premières impressions, j'admire la vérité empreinte dans ce passage de Voltaire : « Il faut avouer qu'en tout genre les *premiers essais sont toujours grossiers* (2). »

Il y a quelques années je parcourus l'Italie et passai plusieurs mois à Rome. Je fis de fréquentes excursions dans *la campagna*, et l'aspect de son état inculte, au milieu d'une contrée que la nature a favorisée de tous ses dons, excita en moi un intérêt vif et profond. Je fus attristé de voir les ravages que le *malaria* (3) exerçait sur tant de richesses naturelles, accumulées comme à dessein sur le

----

(1) *De la sagesse,* liv. I, chap. VII.

(2) Vision de Babouc.

(3) Voyez l'*Appendice*, n°. 2.

point le plus favorable aux entreprises commerciales, près d'une rivière navigable, dans le voisinage de plusieurs ports de mer et aux portes de la ville célèbre qui, après avoir dicté ses lois aux peuples païens, est demeurée le siége de l'empire chrétien.

Je m'étais livré, dès mon enfance, à l'étude aussi bien qu'à l'application des principes de l'agriculture, et j'y appris de bonne heure à observer les rapports qui existent entre cet art et la situation de l'atmosphère. Aussi, en arrivant à Rome je ne tardai pas à reconnaître que la funeste influence du *malaria*, qui s'oppose à toute espèce d'amélioration dans la culture, provenait de l'insuffisance des principes *absorbans* dans la composition du *sol* et du *gisement* qui lui sert de base; et que l'atmosphère n'était viciée que par la surabondante fertilité d'un sol ainsi constitué, sur lequel agissait une température très élevée. Sachant donc qu'on avait sans succès fait de nombreux essais pour l'assainissement de ce pays si renommé, et ressentant le désir de contribuer à sa régénération agricole, je rédigeai sur les causes du mal et les moyens d'y remédier, un mémoire que j'adressai au *cardinal Consalvi*, alors secrétaire d'état.

Il m'est pénible d'ajouter que mes soins furent perdus : le gouvernement romain montra la plus complète indifférence sur la matière qui m'avait intéressé, et se borna à m'adresser une lettre de remerciement fort polie.

Je m'éloignai de Rome et de l'Italie ; mais je ne cessai de penser *au malaria* : en y réfléchissant, je me rappelai les ravages que la fièvre jaune exerce dans les Indes occidentales et dans d'autres parties de l'Amérique ; l'affreuse mortalité causée par ce qu'on nomme le *mal du climat* sur les côtes de l'Afrique et des possessions britanniques de l'Inde, etc. ; et après avoir médité long-temps sur le caractère de ces diverses affections, je crus reconnaître qu'elles avaient toutes un principe commun, dont les effets étaient modifiés d'après les circonstances locales au milieu desquelles elles se manifestaient. Je résolus dès-lors de publier mes idées sur un sujet si important. Préoccupé de ce dessein, j'arrivai à Londres au commencement de 1825, et je convins avec un des premiers libraires de cette capitale qu'il publierait mon livre à ses risques et périls, moyennant un intérêt fixe qu'il m'accordait dans les produits de la vente. J'avais divisé mon ouvrage en trois sections ; la première contenait une dissertation sur l'atmosphère et ses phénomènes ; dans la seconde je traçais l'origine, les progrès et l'état actuel du *malaria*, et je citais dans son entier le mémoire que j'avais rédigé à Rome pour combattre ce fléau. Enfin, la troisième section se composait d'une dissertation sur les principes de l'agriculture, considérés dans leurs rapports avec la salubrité de l'air; tels qu'ils résultaient de l'état ancien et actuel de la *campagna* et de la plus grande partie de *la maremma*. J'eus le malheur de vouloir classer dans cet opuscule, les phénomènes atmosphériques, et de les expliquer par *des principes* que je considérais alors comme fondamentaux : à la vérité, j'ai appris plus tard que ces principes avaient été envisagés de la même manière par des *physiciens* distingués, soit avant, soit même depuis l'époque que je rappelle (1). Quoi qu'il en soit, je m'égarai complètement sur un point capital; *je niais l'existence du fluide électrique.*

Les personnes chargées de faire l'examen de mon ouvrage remirent d'abord à mon libraire les feuilles qui en contenaient les deux dernières sections : ils avaient égaré la première, et il s'ensuivit un retard dans la publication : pendant que je m'occu-

---

(1) Le conflit des températures *opposées* fut regardé comme l'origine de l'humidité et de la pluie par le docteur Hutton d'Édimbourg; et quoique j'ignorasse alors cette circonstance, je m'étais servi du même moyen pour expliquer le phénomène des pluies, celui de la rosée, etc. (*Voyez* docteur URES, *Dict. of Chem.*, art. RAIN.)

pais à recomposer les feuilles perdues, on retrouva la partie du manuscrit qui manquait ; mais le rapport qu'on en fit à mon libraire n'ayant pas été favorable, il voulut revenir sur nos conditions et abandonner entièrement l'entreprise dont nous étions convenus. La mésintelligence qui en fut la suite, nous empêcha de nous entendre sur les moyens de faire réussir mon livre, en sorte qu'il sortit de la presse comme un enfant mort né.

Malgré cette mésaventure, je ne me décourageai point : j'appliquai mon esprit sans relâche à l'étude des phénomènes atmosphériques; et avant de quitter l'Angleterre, vers les premiers mois de 1826, je découvris les rapports de l'action lunaire avec les marées et la température. Ils sont détaillés à la fin du chapitre de *la température*.

Ce fut à l'occasion de cette découverte que je fus conduit à coordonner ma théorie de la température planétaire, d'après les principes de l'électricité ; et que je m'engageai dans l'examen difficile des accidens nombreux et compliqués qui dépendent de l'action des forces primaires de l'électricité sur l'état de l'atmosphère. Un journal sur lequel j'inscrivais scrupuleusement toutes les variations du temps, me fut du plus grand secours.

Il me sembla qu'à moins qu'il n'y eût *sympathie* entre ses bases élastiques et aëriformes, l'atmos-

phère ne pouvait répondre à l'action opposée des
forces électriques primaires du soleil et des planètes ; et comme la substance dont est formée l'atmosphère est à-la-fois le moyen par lequel ces forces
agissent, et le champ où elles se déploient, j'admis en principe qu'il y avait dans l'atmosphère
*une base correspondant à la nature particulière
de chacune de ces forces.* Ensuite, de ce que l'atmosphère est *électrique* par son essence même,
je conclus qu'elle était originairement le résultat
d'opérations électriques, et qu'elle se composait
uniquement de *bases électriques opposées*, unies
par des affinités particulières et tirées des corps
dans lesquels les élémens de ces forces sont concentrés ; c'est-à-dire que l'une dérivait du soleil et
l'autre des planètes. Je m'aperçus ensuite que
l'atmosphère se formait de l'élément de l'eau qui
continue à l'entretenir ; que l'eau est le résultat primitif, la première incorporation de ces bases électriques, et qu'elle les tient constamment en dépôt ;
qu'au moyen des changemens qui s'opèrent sans
cesse dans les affinités électriques opposées de ces
bases volatiles, tant dans l'eau que dans l'air, il
s'établit une *circulation* perpétuelle entre ces deux
élémens qui les régénère mutuellement ; et que c'est
à une série de changemens qui s'accomplissent
alternativement de l'un à l'autre de ces élémens,

qu'il faut attribuer les variations de la température planétaire et toute la suite des variations atmosphériques. Je conclus donc que la diversité des effets de l'électricité planétaire pouvait se réduire à trois espèces ; savoir : *l'action directe* de l'électricité positive du soleil ; l'action *directe* de l'électricité négative de la terre et de la lune ; et l'action *inverse* de l'électricité de l'atmosphère, par l'intermédiaire de laquelle le superflu de ses bases électriques opposées est de nouveau réuni dans la formation de l'eau, pour être déposé, sous cette forme, dans le sein de la terre.

Ces premières découvertes furent suivies de celle de l'influence du *fluide magnétique*, dans le mouvement orbiculaire des planètes; et enfin, je constatai que le principe de *l'attraction* dans le système solaire, était, comme ceux du *magnétisme* et de *l'électricité*, divisible en *espèces* opposées ainsi qu'on le verra dans mes *Observations générales* (1).

J'ai pensé qu'il n'était pas inutile de montrer la filiation des idées qui m'ont fait concevoir le plan des diverses théories qu'on trouvera développées dans cet ouvrage. Ceux qui ont l'expérience de ces

---

(1) *Tout est double*, tout a son pareil dans le ciel, sur la terre, parmi les êtres ; *la raison seule n'a pas de pair*. (Philosophie chinoise.)

sortes de travaux sauront apprécier ce qu'il m'en a coûté pour arriver aux résultats que j'ai obtenus, sans que je m'étende davantage sur ce sujet ; car ils doivent connaître les difficultés imprévues qui s'offrent à chaque pas : du reste, le nombre de ceux-là est très limité, et quant au commun des lecteurs, il suffira, sans doute, pour leur donner une idée de la constance qui est nécessaire dans une tâche comme celle-ci, de leur faire remarquer le peu de progrès qu'on a faits jusqu'à présent dans cette science, malgré la foule des découvertes qu'on a récemment faites dans les diverses branches qui s'y rapportent. Cette observation disposera aussi à l'indulgence ceux qui trouveraient, dans les détails de ce livre, matière à exercer leur critique.

D'un autre côté, les rapports sous lesquels je considère l'astronomie, ajoutent encore aux difficultés inséparables de toutes les parties de cette science : car les *causes primaires* s'identifient, se confondent de telle sorte avec leurs *effets*, par lesquels seuls elles nous sont connues, que nous sommes forcés de procéder, pour ainsi dire, *en ordre inverse* pour arriver jusqu'à elles. Les principes des sciences, bien que les plus essentiels à connaître, sont comme les *titres* des manuscrits qu'on trouve à Herculanum, cachés dans des contours si nombreux, qu'on ne parvient à les constater que les derniers , après un long travail et des précautions infinies.

Dans une matière comme celle-ci , sur laquelle on a construit tant de théories, le seul moyen de distinguer la vérité de l'erreur est de se guider uniquement sur des *faits*. C'est donc par l'examen des faits que je désire être jugé ; car tout ce qui ne supporte pas une pareille épreuve ne mérite point d'égard : mais lorsque la nature du sujet ne permet plus d'invoquer les faits, on ne doit cesser de suivre la raison et les probabilités.

L'astronomie peut être assez justement comparée à un *panorama animé*, accessible à tout le monde et que chacun est plus ou moins intéressé à connaître. Si les vues que je présente de cette grande scène sont reconnues fidèles et vraies , il importera peu qu'elles aient été tracées par la main du plus modeste peintre. « La vérité, dit Epictète, est éternelle ! le temps n'en saurait altérer la beauté, et elle nous inspire une confiance que ne saurait nous ravir l'arrêt d'aucun juge. »

On se plaint en général de ne trouver *rien de neuf* dans les *nouveaux ouvrages* sur l'astronomie ; mais c'est peut-être l'excès opposé qu'on doit craindre dans celui que je publie aujourd'hui ; il est en effet rempli de tant d'aperçus neufs, que j'ai lieu de craindre qu'il n'obtienne de long-temps le rang qu'il faudra pourtant lui accorder à la longue, à moins que celles de mes propositions qui exigeront un long examen pour qu'on en saisisse toute la justesse, ne trouvent grâce en faveur de celles dont l'évidence sera dès l'abord irrécusable.

Quant au style, on sait que s'il doit être adapté au sujet, il arrive souvent qu'il naît du sujet même; or, quoique je me sois donné quelque peine pour éviter à cet égard de sérieux reproches, je crains que le nombre des idées accessoires qu'il m'a presque toujours fallu grouper dans la même période, autour d'une idée principale, n'ait nui quelquefois à la clarté de ma phrase. Je sollicite donc l'indulgence de mes lecteurs sur ce point comme sur beaucoup d'autres.

Je ne puis terminer cette préface sans reconnaître les secours que j'ai tirés des journaux quotidiens et périodiques, qui sont spécialement consacrés à la science. J'ai beaucoup profité des nombreuses relations que j'ai trouvées, dans les journaux quotidiens, des principaux phénomènes atmosphériques, et des circonstances locales qui s'y rapportaient, pour démêler la part que l'influence de la lune avait dans leur accomplissement. Ces relations m'ont tenu lieu d'une *correspondance universelle;* et elle méritait, à mon avis, d'autant plus de confiance, qu'on ne saurait la soupçonner

de partialité envers une théorie en particulier;
aussi m'a-t-elle fourni l'occasion de comparer les
lois qui, dans des localités diversement situées, et
à des saisons différentes de l'année, modifient l'action de la lune sur l'atmosphère. Ces lois, en ce
qui regarde la science seulement, ou les intérêts
de la société en général, méritent d'être sérieusement étudiées.

OBSERVATIONS GÉNÉRALES.

LᴏʀꜱQᴜᴇ nous examinons attentivement, dans ses relations intérieures et extérieures, l'immense théâtre d'existence sur lequel nous sommes placés ; lorsque nous reconnaissons l'admirable harmonie, la précision avec lesquelles des mouvemens aussi variés, aussi nombreux, accomplissent leurs révolutions habituelles ; si nous venons à considérer ce que la science a fait jusqu'à ce jour pour expliquer l'origine de ces mouvemens, nous ne sommes pas moins frappés des anomalies que présentent les explications, que du nombre et de l'importance des phénomènes qui demeurent encore inexpliqués : aussi, malgré les vastes progrès de l'astronomie, malgré ses découvertes, nous sommes forcés de reconnaître par les nombreuses lacunes qu'on y trouve, que le but qu'elle présente est loin d'être atteint. Pour obtenir les connaissances nécessaires à remplir ces lacunes, il est indispensable d'abandonner le système actuel de recherches et d'observations pour en adopter un plus étendu, par conséquent plus analogue à son objet, et qui appliquerait les travaux d'une manière plus convenable à l'intérêt de la science et à la poursuite du but qu'elle se propose : but qui doit être, pour ceux qui parcourent cette carrière, la plus glorieuse récompense de leurs efforts.

Si nous nous reportons aux idées des anciens sur la nature de la terre, sur son origine, etc., nous verrons quelques philosophes professer que le monde existait de toute éternité, qu'il était mortel, mais qu'il se renouvelait après avoir éprouvé diverses vicissitudes. Platon et quelques autres ont prétendu que le monde était un être ayant un corps matériel et un principe intelligent ; et ils supposaient que ce principe était placé dans le centre d'où il se propageait à la circonférence, par progressions musicales. Platon pensait encore que les étoiles avaient aussi un corps et une âme, qu'elles étaient *mortelles* par leur organisation, mais immortelles par la volonté de leur créateur. Il soutenait que le monde change d'aspect sous tous les rapports ; que le ciel et les étoiles éprouvent par le laps du temps de telles variations dans leurs mouvemens, que l'orient devient occident ; que la pluralité des mondes existe, d'après l'opinion des hommes les plus instruits ; opinion fondée sur ce que dans la nature rien ne se trouve seul et isolé ; toutes les espèces d'êtres étant au contraires multiples, et qu'il n'est pas probable, conséquemment, que Dieu ait fait une exception en créant le monde seul et unique, à moins de supposer toutefois que son pouvoir ait été épuisé par cette création.

On conviendra qu'il y a beaucoup de probabilité, pour ne rien dire de plus, dans ces idées des anciens. Leurs systèmes , qui paraissent même les plus hasardés, ne sont pas dépourvus d'une certaine justesse d'application, qui a pu les faire admettre à une époque où les peuples de l'Orient avaient encore une tradition toute récente des immenses changemens occasionnés par le déluge. Ainsi nous savons que les prêtres égyptiens apprirent à Hérodote que, depuis le commencement de la dynastie de leurs rois ; c'est-à-dire, d'après leur calcul, depuis plus de onze mille ans, le soleil avait changé *quatre fois* son cours dans le ciel.

« Les prestres égyptiens dirent à Hérodote, que depuis leur premier roi (dont y avoit plus d'onze mille ans, duquel, et de tous les suivans lui firent voir les effigies en statues tirées au vif), le soleil avoit changé quatre fois de route. Les Chaldéens, du temps de Diodore, comme il dict, et Cicéron, tenoient registre de quatre cens mille tant d'ans. Platon dict, que ceux de la ville de Sais avoient des mémoires par escrit de huit mille ans, et que la ville d'Athènes fut bastie mille ans avant la dicte ville de Sais. Aristote, Pline et autres, ont dict que Zoroastre vivoit six mille ans avant l'aage de Platon. Aucuns ont dict que le monde est de toute éternité, mortel et renaissant à plusieurs vicissitudes : d'autres et les plus nobles philosophes ont tenu le monde pour un dieu, faict par un autre dieu plus grand ; ou bien, comme Platon assure et autres, et y a très grande apparence en ses mouvemens, que c'est un animal composé de *corps* et *d'esprit :* lequel esprit logeant en son centre, s'es-

pant par nombre de musique en sa circonférence,
et ses pièces aussi, le ciel, les estoiles composées de
corps et d'âme, mortelles à cause de leur composition, immortelles par la détermination du Créateur. Platon dict, que le monde change de visage
en tous sens : que le ciel, les estoiles, le changent
et renversent parfois leur mouvement, tellement
que le devant vient derrière, l'Orient se fait Occident. Et selon l'opinion ancienne fort authentique,
et des plus fameux esprits, digne de la grandeur de
Dieu, et bien fondée en raison, il y a plusieurs
mondes, d'autant qu'il n'y a rien un et seul en ce
monde : toutes espèces sont multipliées en nombre,
par où semble n'estre pas vray semblable, que Dieu
aye faict ce seul ouvrage sans compagnon, et que
tout soit espuissé en cet individu. » (Charron,
liv. II, chap. ii, *De la Sagesse.*)

Quel que soit le respect dû à la date historique
donnée par la Genèse, les savans, parmi lesquels
on peut compter un des dignitaires de l'Église (1),
se fondant sur une foule de faits incontestables,

---

(1) « M. Frayssinous, évêque d'Hermopolis, observe
qu'une grande partie des changemens de la surface de la
terre, que quelques personnes attribuent au déluge, peuvent avoir été produits pendant *ces périodes d'une durée
indéterminée qui, selon lui, sont comprises dans les six*
jours de la création. » (*Quarterly Review*, for october
1827, article sur la *Géologie.*)

Selon le rapport du docteur Madden, M. Salt, consul-
général de l'Angleterre à Alexandrie, et deux autres auteurs très versés dans les antiquités égyptiennes, pensaient

résultat de découvertes géologiques , admettent
que la création du monde doit avoir précédé de
beaucoup l'époque assignée par Moïse. Et en effet,
si l'on n'admettait pas cette hypothèse, aussi bien
que celle de la révolution et du changement des pôles
à l'écliptique,qui auraient eu lieu à ces époques mé-
morables du monde , il serait totalement impossible
d'expliquer ou de concilier des faits aussi nombreux
et aussi authentiques que ceux dont il a été question,
et qui tous prouvent l'existence de *plusieurs ordres* de choses, antérieurs aux derniers de ces changemens généraux ; c'est-à-dire à celui que nous a
transmis Moïse. Ces faits ne ressortent pas seulement de l'histoire géologique d'un pays en particulier, mais ils sont prouvés par celle de toutes les
contrées du globe. On peut également considérer

---

que « le grand secret de l'ancienne religion était une connaissance de la création. » C'est-à-dire que, soit par le
moyen de la révélation, soit par celui des traditions, les
Égyptiens possédaient une *histoire plus ancienne et plus
détaillée du genre humain* que celle qu'avait quelque peuple que ce soit , dont l'origine était antérieure au peuple
juif. Il cite plus loin « la concordance des chronologies
égyptiennes et chinoises, » et la relation de Manetho, qui
contient une nomenclature de trente dynasties égyptiennes , lesquelles auraient régné sur cent treize générations durant un intervalle de 36,525 ans. D'un autre côté,
les Chinois font remonter l'origine de leur empire à une
époque reculée de 28,000 ans. (Voy. docteur MADDEN's
Travels in Turkey, Egypt, etc. ; London, 1829, vol. II,
pages 61 et 70.)

comme certain, que plusieurs des opinions formées par les anciens relativement à la terre, étaient, en l'absence d'autres données, fondées sur les *analogies* qu'ils voyaient dominer si puissamment sur les ouvrages de la nature, et auxquelles on peut sans doute attribuer l'origine de ce qu'on appelait les analogies mystérieuses des Pythagoriciens. En faveur des doctrines de ces anciens habitans du globe, relativement à l'astronomie, il convient de remarquer qu'après le laps de temps qui s'écoula entre Pythagore et Copernic, la connaissance du véritable système de l'univers pour ce qui concerne le mouvement du soleil et des planètes, système définitivement établi par Copernic, et qui paraît avoir été perdu pendant ce long intervalle, n'était autre chose qu'un retour à l'ancienne théorie de Pythagore. Si ce retour n'eût point eu lieu, l'astronomie fût demeurée dans le chaos dans lequel elle était plongée pendant l'époque qui précéda les découvertes de Copernic.

Tels sont les principaux faits liés à l'histoire de l'astronomie ; et l'on verra plus tard que ce n'est pas sans motif que j'ai cru devoir les citer. Pour plus de clarté, il est essentiel de faire remarquer ici que l'astronomie, pour ce qui concerne le système solaire, peut se diviser en deux grandes sections : l'une a pour objet le nombre, la grandeur, la position et les mouvemens du soleil et des planètes ; l'autre recherche les principes ou les causes de ces mouvemens orbiculaires ou de rotation, des circonstances présentées par la lumière et la chaleur, par les changemens de température, suivant l'influence des saisons; enfin de l'origine des phénomènes locaux ou atmosphériques qui semblent constituer les fonctions vitales des corps. On peut s'apercevoir que les opinions et les théories des anciens déjà cités se portaient également sur ces deux divisions. Du reste, ces opinions sont aussi vagues, aussi indéfinies, que pouvaient le faire présumer, d'une part, les difficultés d'une science dont chaque partie est un mystère, de l'autre, l'imperfection des premiers efforts de l'esprit humain cherchant à saisir un sujet aussi éloigné de sa portée; mais elles fournissent une preuve suffisante de l'intérêt général et puissant que de pareilles recherches excitèrent, même à ces époques reculées; et comme rapports traditionnels des premiers changemens du globe, elles ont une plus grande importance que celle qu'on leur prête ordinairement. Dans les observations suivantes, cependant, il sera essentiel de se rappeler la différence qui existe entre ces deux sections de l'astronomie; et nous trouverons, en comparant l'état ancien à l'état actuel de la science, pour donner une idée correcte des découvertes des modernes, depuis que Copernic a rétabli l'astronomie sur ses anciennes bases, qu'à *une seule* exception près, toutes ces découvertes appartiennent à la première des sections que j'ai indiquées, c'est-à-dire celle qui traite du nombre, de la position, etc., des corps célestes. Il faut observer de plus que ces découvertes sont dues au concours de deux causes : la première est l'invention du télescope, et l'application que Galilée et ses successeurs en firent dans la suite à l'étude des corps célestes ; la seconde est l'application des sections coniques d'Apollonius Pergaeus, découvertes deux mille ans avant, aux calculs relatifs aux mouvemens, à la position et à la masse des corps célestes, dont elles forment la base. Quoique depuis le temps de Pythagore, les philosophes aient pris pour dogme que « tout se tient dans l'immense chaîne des vérités, et que les phénomènes de la nature sont le résultat nécessaire d'un petit nombre de lois invariables, » j'ose avancer qu'en mettant de côté l'exception dont je viens de parler, et qui est la *gravitation universelle* proposée par Newton, pour expliquer les mouvemens elliptiques des planètes, toutes les autres parties de la science, qui sont cependant d'une tout autre importance, puisqu'elles se lient à tous les intérêts de la société, sont demeurées jusqu'à présent pour ainsi dire inconnues. Comme un exemple de la vérité de cette assertion, et des difficultés dans lesquelles peuvent entraîner les plus grands génies mêmes, des suppositions fondées sur un point de départ défectueux, on peut citer l'opinion vulgaire adoptée par le grand Newton aussi bien que par ses prédécesseurs et successeurs, que ce qu'on appelle *chaleur solaire* a la combustion pour principe, ainsi que la chaleur du feu ; de-là sont résultées toutes les suppositions faites sur la température des comètes et autres corps planétaires ; suppositions qui doivent, si elles sont fausses, comme je crois

Pouvoir l'affirmer, rendre également erronées toutes les déductions qu'on en a tirées. Si la cause des phénomènes de l'atmosphère, toujours changeans et variables, a été jusqu'à ce jour, non seulement inconnue, mais même inaperçue, quoique ces phénomènes soient toujours présens à notre observation, c'est à cette erreur fondamentale qu'on peut l'attribuer; car, à l'exception des époques où les changemens de saisons devaient avoir lieu, les périodes où les autres phénomènes importans liés à ces changemens pouvaient se présenter, sont demeurées complètement ignorées. Le résultat d'un pareil état de choses a dû conduire nécessairement à ne pas apercevoir, dans les phénomènes, les fins nombreuses d'utilité auxquelles ils pouvaient être applicables; et, grâce à cette ignorance des lois qui gouvernent ces phénomènes, tout ce qui y tient fut soumis aux caprices du hasard.

Mais revenons à l'importance de la *seule* exception faite par l'illustre Newton, dans cette dernière section de l'astronomie; je la dis seule, parce que je considère les idées publiées par King, par Walker, et même par Herschell, etc., sur la nature du soleil, les phénomènes solaires, et la rotation des planètes attribuée au mouvement des rayons de lumière émanés du soleil, comme appartenant à cette classe de propositions qu'un astronome français appelle *des rêveries qui ne méritent pas d'être discutées.* Quelques idées de ces savans, cependant, ne sont pas dénuées de mérite ; mais je les juge ainsi d'après la base sur laquelle elles sont établies. Si nous examinons les avantages de la théorie de Newton sur *l'attraction*, comme appliquée aux mouvemens elliptiques des corps célestes, et comme ayant servi de base aux calculs de Laplace et autres, sur ces mouvemens, sur les marées, etc., il faut voir les observations qu'il fait lui-même à ce sujet. « On verra toujours, dit Newton, la nature d'accord avec elle-même, et simple dans ses opérations, exécuter les grands mouvemens des corps célestes par *l'attraction de gravité* qui pénètre ces corps et leurs plus petites parties, *d'autres pouvoirs attractifs répandus dans toutes leurs molécules.* Sans ces *principes*, il n'y aurait pas de mouvement dans le monde, et s'ils cessaient, le mouvement s'arrêterait bientôt ou serait considérablement affaibli, puisqu'il n'est entretenu que par *ces principes actifs.* » (Op., p. 375.)

Ainsi, quoique l'opinion de Newton soit implicitement suivie par ses successeurs, qui admettent l'attraction de gravité comme *unique* agent du mouvement, nous voyons cet illustre astronome reconnaître lui-même l'insuffisance de cet agent pour donner et conserver le mouvement aux corps célestes, s'il n'est accompagné par un autre pouvoir attractif. Cet aveu fait autant d'honneur à la bonne foi de Newton, que la découverte du principe en fait à son jugement.

Ainsi, à l'exception de la théorie de la *gravitation universelle*, nous trouvons cette vaste et importante partie de l'astronomie presque aussi reculée de nos jours qu'aux époques les plus éloignées de l'histoire de la science. Cette exception, il est vrai, est d'une haute importance. Elle rompit le cercle étroit dans lequel on s'efforçait de trouver la solution des phénomènes astronomiques ; elle ouvrit un champ plus vaste à l'observation, en apprenant à considérer le système solaire, non seulement dans les rapports exclusifs entre la terre et le soleil, mais comme un *tout* dont les différentes parties, quoique séparées par les régions de l'espace, sont unies par une immense chaîne de lois immuables ; de telle sorte que toutes ces parties sont mutuellement nécessaires et indispensables à l'existence les unes des autres, et que l'accroissement ou la diminution de leur nombre aurait des conséquences plus ou moins graves, plus ou moins influentes sur les phénomènes des autres corps, et proportionnées à l'importance de ces changemens. La vérité de cette doctrine, comme j'espère l'établir, est évidemment démontrée par des faits. Nous pouvons donc conclure que, pour cette branche de l'astronomie, *presque tout* reste encore à faire. Passons aux deux autres *forces principales* planétaires, le *magnétisme* et l'*électricité* qui, avec l'attraction de gravité, ou *gravitation universelle*, règlent et dirigent, comme j'espère le démontrer, les mouvemens et autres phénomènes des corps célestes. Un seul exemple suffira pour prouver qu'au lieu d'être considéré comme un agent primaire et universel, le magnétisme a été envisagé sous un point de vue extrêmement rétréci, même par un

savant qui, plus que tous ses contemporains peut-
être, a consacré ses veilles à l'étude de ce principe.
M. Arago, l'un des membres les plus distingués de
l'Institut de France, dans un mémoire lu à la
séance du 20 avril 1829 et intitulé : *de l'Influence
des aurores boréales sur l'aiguille aimantée*, s'ex-
prime ainsi : « Tout porte à croire que Casan n'est
pas soumis à l'influence *du même pôle magnétique
que Paris.* Un grand nombre de phénomènes magnétiques paraissent en effet ne pouvoir s'expliquer par l'admission *d'un seul pôle magnétique*,
et tout porte à croire que dans la Sibérie il en existerait *un particulier* qui exercerait son influence
sur toutes les régions voisines. » Telle est l'opinion
de M. Arago sur l'important principe du magnétisme planétaire. Il eût pu dire, avec autant d'apparence de raison, qu'il existe pour la Sibérie *un
centre de gravité* différent de celui de la France,
car les deux pays appartiennent au même hémisphère ; et, en considérant que le magnétisme planétaire n'est divisible qu'en pôles opposés dans le
même corps planétaire, il en résulte que les foyers
de son action sont placés aux deux extrémités de
l'axe. Cette circonstance prouve qu'il ne peut y
avoir qu'un *seul* foyer principal, ou pôle d'action
magnétique attaché à chaque hémisphère. Les
particularités citées par M. Arago, pour établir la
possibilité qu'il existe plusieurs pôles magnétiques
dans l'hémisphère nord, peuvent être attribuées
plus raisonnablement à l'influence exercée sur l'aiguille aimantée par quelques phénomènes atmos-

phériques que l'on remarque plutôt dans les latitudes élevées que dans celles qui sont plus au sud. Quant à la troisième des forces principales, l'électricité planétaire, les idées qu'on s'est formées sur sa nature et son pouvoir sont tellement vagues et indéterminées, que, depuis sa découverte, les choses sont à-peu-près restées dans le même état pour les résultats et l'utilité qu'on aurait pu en tirer pour l'astronomie. On attribue, il est vrai, la cause du tonnerre, des météores, et peut-être de quelques autres phénomènes atmosphériques, à l'action électrique, mais on s'arrête là, et l'explication de la manière dont se forment ces phénomènes est encore à trouver. Je me souviens, à cet égard, que M. South, président de la Société astronomique de Londres, dans une courte conversation que j'eus avec lui à l'ouverture d'une des séances de ce corps, termina en peu de mots les doutes que je conservais encore relativement à l'astronomie et à l'obscurité qui l'enveloppe. Comme je lui présentais l'électricité comme agent de la température planétaire, il me répondit franchement : *Nous (astronomes) ne savons rien sur la nature de l'électricité.* Si ce ne sont point ses propres expressions, c'est du moins le sens de sa réponse.

C'est donc à cette partie de l'astronomie que mon ouvrage est exclusivement consacré. J'ai employé à l'amener au point où je le présente, de nombreuses années d'observations et de recherches qui ne seront point perdues s'il peut répondre à la grandeur et à l'intérêt du sujet. Sous le point de vue dont il a déjà été question , je considère le système solaire comme formant *un tout indivisible* , en raison de la connexion ou de la dépendance nécessaire qui existe entre les différentes parties qui le composent, quant à ce qui constitue leurs dispositions générales, leurs masses, leurs mouvemens et leurs phénomènes locaux. Cette dépendance réciproque est telle , ainsi qu'il a déjà été dit, que toute altération, tout changement matériel , général ou particulier , soit dans les masses ou dans les positions relatives, ne pourrait avoir lieu sans que les phénomènes locaux des autres corps en fussent sensiblement altérés. C'est sous ce rapport que j'envisage l'immense système dont la planète que nous habitons forme une si faible partie. Les corps célestes qui composent ce système peuvent être regardés comme l'union mystérieuse des *trois forces principales* de *gravitation* , de *magnétisme* et d'*électricité;* et c'est de l'action active et universelle de ces forces , produisant le principe de *cohésion* planétaire sur lequel repose l'existence individuelle et collective des corps, que résultent d'une manière variable, mais consécutive , leurs positions relatives , leurs mouvemens orbiculaires ou de rotation , leur température, et tout l'ensemble de leurs phénomènes locaux. Si ces données sont certaines, il s'ensuivra nécessairement que la connaissance de la part assignée à chacune de ces forces dans l'économie de la nature, celle des lois qu'elles suivent individuellement ou collectivement dans leur influence sur les corps célestes, doivent constituer l'ensemble de cette grande section de l'astronomie, et renfermer toutes les notions qu'il est permis à l'homme de posséder sur cette partie.

Dans mes efforts pour contribuer à un résultat aussi désirable, je commencerai mes observations sur les corps célestes par poser en principe que l'attraction, ou la *gravitation universelle* de la théorie de Newton, sur laquelle repose séparément et collectivement l'existence de ces corps, est, comme le magnétisme et l'électricité, susceptible d'être divisée en deux actions opposées, *quant à ce qui concerne le système solaire*. Une des lois de ces deux actions de la force de gravitation est de tendre à des foyers particuliers, appelés centres de gravité; le foyer principal d'une de ces deux actions de gravitation se trouvant dans le soleil, tandis que l'autre est reconnu exister dans les planètes primaires. En admettant que les principes de gravitation qui existent entre les planètes à satellites et ceux-ci, comme entre le soleil et les planètes, soient doués de ces deux modes opposés, les planètes secondaires, dépourvues d'une semblable division dans l'action de ce principe, en tombant sur celles du premier ordre, et celles-ci, avec le temps, sur le soleil, ne formeraient qu'un seul corps avec lui. Dans le fait, ce système, quoique exprimé d'une manière différente, se trouve évidemment le même que celui de la théorie de l'attraction de Newton, rendu par les mots de forces *centripède* et *centrifuge*; comme si une telle force centrifuge pourrait exister, et si les planètes pourraient attirer le soleil, et le soleil les planètes, ainsi que l'établit cette théorie, si le principe lui-même n'était pas divisible en deux parties opposées, ou plutôt en attraction de gravité *solaire* et *planétaire*. Ainsi, si nous admettons l'existence de ces deux parties opposées d'attraction de gravité dans le système solaire, entre le soleil d'une part, et les planètes en général de l'autre, de manière à ce que ces attractions se balancent exactement entre elles, d'après la position actuelle des astres, et leurs orbites respectifs ; et non seulement collectivement, mais encore individuellement, ce qui ne peut manquer d'avoir lieu si ces attractions existent en effet, tout ce qui pourra en résulter, c'est que les corps célestes, exposés à l'action de ces deux forces opposées, se trouveront dans un état de repos, comme dans un planétaire, et prêts à obéir à l'impulsion d'un autre agent. C'est là en effet, à ce qu'il paraît, tout ce qu'on a cru devoir être effectué par la principale force d'attraction de gravité dans l'action collective de cette force sur le soleil et les planètes. Cependant une circonstance particulière à l'attraction de gravité, considérée comme une des trois principales forces, du système solaire, c'est que, quant à l'ensemble du système, elle est, comme le magnétisme et l'électricité, divisible en deux parties opposées ; tandis que, quant aux corps particuliers qui font partie de ce système, elle n'a dans ces corps qu'une seule partie, puisqu'ils n'ont chacun qu'un seul foyer principal, appelé centre de gravité, placé à leur centre, et dont l'action, par conséquent, se dirige de la circonférence au centre. Il resterait à faire ici quelques observations sur les rapports particuliers existant entre ce qu'on peut appeler les forces physiques relatives du soleil et des planètes et le principe d'attraction de gravité, la plus puissante des trois forces principales dans son action locale sur les élémens qui composent la masse des corps célestes. Mais ces observations trouveront ailleurs une place plus convenable.

J'établirai de plus que les rapports d'existence et l'harmonie qui existent entre les planètes réciproquement, et entre elles et le soleil ; rapports dont on trouve des preuves si évidentes, non seulement dans l'action de la lune sur l'océan, comme sur la température et autres phénomènes de l'atmosphère ; mais encore dans le passage des comètes élevant la température des saisons dans lesquelles elles paraissent, proviennent de ce que tous ces corps, y compris le soleil, sont d'une nature homogène, et que la seule différence qui existe entre le soleil et les planètes, peut être considérée comme purement *sexuelle*. On peut admettre qu'un *principe solaire* se trouve à un certain degré dans les planètes, comme un principe planétaire dans le soleil. Il est encore raisonnable d'inférer que le médium ou conducteur, au moyen duquel cette harmonie mutuelle se répand et s'échange entre le soleil et les planètes, et ces dernières réciproquement, est un *fluide aériforme* ou *atmosphérique* qui a sa source dans le soleil et les planètes, mais principalement dans le premier ; et qui, étant *ma-*

tériel, mais d'une extrême ténuité, remplit entièrement les régions de l'espace qu'occupe le système
solaire, et où le soleil et les planètes doivent nécessairement exécuter leurs révolutions, et que par
conséquent, le vide n'existe pas dans la nature.

Je crois convenable de placer ici une autre observation. On sait que l'attraction de gravité exerce
une action bien supérieure à celle des deux autres
forces principales dans le voisinage de ses foyers
principaux; tandis qu'au contraire, le magnétisme
et l'électricité agissent bien plus puissamment que
la première, à ces distances immenses où les deux
parties opposées de cette dernière force, en se ba-
lançant mutuellement, se neutralisent. Selon moi,
la raison probable de cette différence est que le
siége de l'attraction de gravité se trouve principalement dans la *matière pondérante fixe* dont les
masses des corps célestes sont composées; tandis
que celui des autres forces principales, et particulièrement de l'électricité, réside dans la partie *élastique, volatile* de leurs élémens, qui remplit l'espace dans lequel ils accomplissent leurs mouvemens. Cette différence essentielle dans la nature
des élémens, dans lesquels, comme il a été dit, résident principalement ces forces, peut avoir pour
effet de renverser la puissance de leur action sur le
système en général.

En admettant sur l'attraction de gravité, la vérité des considérations précédentes, on reconnaîtra
qu'elle n'est pour rien dans les mouvemens des
corps célestes. Les effets de l'action de cette force

sur le soleil et les planètes individuellement, sont simplement, comme on l'a vu, de servir de base ou de lien aux élémens qui composent les masses de ces corps ; et sur le système collectivement, par l'action des deux modes opposés, de maintenir le soleil et les corps planétaires dans leurs orbites respectifs et dans un état de repos, mais de manière, en même temps, à ce qu'ils puissent obéir à l'impulsion d'un autre agent extérieur quelconque, à l'influence duquel ils pourraient se trouver exposés. Ainsi, l'action de l'attraction de gravité n'est pas moins essentielle à l'existence et à la conservation du système collectivement, qu'à celles des corps qui le composent ; mais on peut la considérer comme purement négative pour tout ce qui concerne les autres phénomènes des corps célestes.

On peut observer de plus que, d'après la simplicité de configuration des corps célestes, la connexité de leurs rapports et la diversité de leurs mouvemens, ces derniers ne peuvent résulter d'un principe de locomotion, et que par conséquent leur origine individuelle doit venir *du dehors*. Ces corps ne se trouvent jamais en contact, ils ne s'approchent jamais l'un de l'autre au-delà des courbes décrites par leurs orbites respectifs. Ainsi, sans l'existence d'*une sympathie active* entre les sources du mouvement d'un côté, et de l'autre les corps mis en mouvement, sympathie qui seule établit une communication possible entre des corps placés à d'aussi grandes distances, le mouvement ne pourrait avoir lieu pendant un seul instant. En conséquence, comme les mouvemens des corps planétaires prouvent l'existence d'une sympathie active entre ces corps, et qu'elle ne peut avoir lieu que par une parfaite homogénéité dans leurs élémens ou parties constituantes, il s'ensuit que le mouvement des *corps célestes démontre l'existence de cette homogénéité dans les élémens qui les composent.* Il s'ensuit encore, comme conséquence ultérieure, que la source du mouvement dans le soleil et les planètes vient en *partie du dehors*, et est en *partie locale*.

De plus, un *seul agent physique* ne peut imprimer qu'un *seul mouvement* dans une direction particulière : cependant le soleil et les planètes ont, non seulement un mouvement elliptique, mais encore un mouvement de rotation dont les directions sont plus que différentes l'une de l'autre, puisque *la moitié* du premier mouvement est exactement opposée à la direction de l'autre : de-là découle la nécessité, non seulement d'agens différens pour les mouvemens elliptiques et de rotation des corps célestes, mais encore d'une division d'action dans la force qui donne naissance au premier.

S'il y avait dans le système solaire des agens destinés à distribuer le mouvement aux différens globes qui en font partie ; ces agens, pour être tels qu'ils doivent être, tels qu'ils ont été depuis les époques les plus reculées ; pour demeurer constamment proportionnés dans leurs] forces, égaux et permanens dans leur action, ne devraient pas avoir pour principe des *causes accidentelles* et *excitatives*, puisées dans la consommation ou la destruction de quelques parties des élémens des corps. L'inégale répartition d'un pareil principe produirait des *inégalités proportionnées* dans les phénomènes, et finirait par les arrêter définitivement. La combustion *solaire*, à la réalité de laquelle on a cru pendant si long-temps et si généralement, est un principe de ce genre. Semblables, au contraire, à l'attraction de gravité, ces principes actifs de mouvement doivent exister dans des *forces latentes*, dont sont doués les élémens qui composent les corps. C'est seulement d'après des principes ainsi établis, placés sous l'influence de lois immuables, et dont les phénomènes auxquels ils donnent lieu ne sont autre chose que le résultat naturel, qu'on peut trouver les agens actifs de la nature; c'est-à-dire que la puissance de ces agens doit être en raison de la durée, de l'étendue et de l'intensité des corps dont ils déterminent les phénomènes. Il est donc admis, comme garantis par le témoignage de leurs effets aussi anciens que le monde, que les principes du mouvement, comme ceux des autres phénomènes des corps célestes, loin d'être dus à des circonstances *accidentelles* ou *excitatives*, n'ont pour cause que des forces latentes et inhérentes aux élémens qui composent les corps. Conséquemment l'énergie première de leur action n'a point été ralentie jusqu'à présent; et elle doit se prolonger pendant la durée entière des élémens qui en sont la source.

J'ai déjà avancé que le mouvement elliptique du

soleil et des planètes ne peut être lié avec *l'attraction de gravité;* et que ce mouvement différant essentiellement dans sa nature et sa direction de celui de rotation, il était impossible qu'ils eussent l'un et l'autre le même agent pour principe. J'ai dit aussi, d'après la relation naturelle qui existe entre la cause et l'effet, que, pour que le mouvement elliptique des corps célestes puisse s'accomplir, il est indispensable de reconnaître une *division locale,* différente de l'attraction de gravité dans l'action des forces qui donnent lieu à ce mouvement. Appliquons donc ces diverses circonstances au principe du *magnétisme planétaire,* en le reconnaissant aussi universel dans son étendue et ses effets que le système lui-même, et en admettant qu'il a, dans le soleil et les planètes, des *pôles opposés* ainsi que sur la terre ; c'est-à-dire que le magnétisme a, dans le soleil, deux actions opposées, et conséquemment diverge, comme sur la terre, du centre dans la direction de l'axe aux pôles opposés où se trouvent placés les foyers principaux des deux actions.

On sait qu'une des lois du magnétisme est que *les pôles ou foyers du même nom se repoussent, et les pôles des noms opposés s'attirent mutuellement.*

Cette circonstance posée, supposons la terre sous l'influence de l'action des deux pôles opposés de l'attraction de gravité, placée à une distance moyenne du soleil, et avec une inclinaison de l'axe sur le plan de l'écliptique telle, que dans sa course orbiculaire, les deux pôles puissent être al-

ternativement exposés ou éloignés de l'action solaire. Nous aurons une source de magnétisme
extérieure et plus puissante dans le soleil, et une
autre locale, mais plus faible, sur la terre; en supposant que la force magnétique de l'hémisphère sud
du soleil soit du même nom et de la même nature
que celle de l'hémisphère sud de la terre. Lorsque,
dans le mouvement orbiculaire, le pôle nord de la
terre serait pleinement exposé, comme à l'époque
du solstice d'été, à l'action magnétique du pôle
sud du soleil, le magnétisme de celui-ci étant d'un
pôle opposé et différent, par conséquent, de celui
du pôle nord, attirerait nécessairement la terre
dans sa direction. Mais cette attraction magnétique du soleil sur la terre, étant combattue par les
attractions de gravité planétaire, quoique celles-ci
soient moins puissantes; le mouvement décrit par
la terre, sous l'influence de ces deux forces opposées, participerait nécessairement des deux, quoique la direction en fût différente. Cette planète
décrirait par conséquent une courbe ou segment
de cercle, dont le centre serait le foyer de la force
déterminante; c'est-à-dire la plus puissante, et
dont les *proportions seraient régulières, si les
deux forces continuaient à avoir une égale puissance, comme dans le principe.* Mais comme l'action de la gravitation planétaire, originairement
inférieure à l'action magnétique du soleil sur la
terre, reçoit peu d'augmentation de force des progrès que la terre fait dans sa marche; tandis que
l'impulsion qui lui est communiquée par le soleil

s'accroît continuellement par les nouvelles additions qu'elle reçoit d'une manière non interrompue et aussi long-temps qu'elle est exposée à cette influence, il en résulte une disparité de l'action de ces forces sur la terre ; disparité qui, exerçant une influence sur les mouvemens de la planète, la fera dévier dans la direction du foyer de la force agissante, et dans un degré proportionné au total de l'augmentation de la disparité. Soumise à une telle inégalité dans l'action de ces forces, la terre, au lieu de décrire une courbe ou segment de cercle *parfait dans ses proportions*, décrit, en approchant du soleil, une courbe qui devient une *ellipse*. Comme cette action du pôle magnétique sud du soleil, sur le pôle nord de la terre, irait en augmentant du point de l'orbite du dernier corps, où il commence à influer sur son mouvement, jusqu'au point du ciel opposé à la ligne qui coupe, dans le soleil, l'hémisphère sud de l'hémisphère nord, et où l'impulsion du mouvement ainsi communiqué à la terre parviendrait à son plus haut degré ; voici quels seraient les résultats de cette impulsion de mouvement communiqué par le soleil à la terre. Au lieu de se trouver suspendus à la ligne qui, traversant le cours orbiculaire de la terre, la sépare en deux parties, l'une septentrionale, l'autre méridionale ; les effets de l'impulsion, semblables à ceux de tout autre projectile, en continuant à agir sur la planète, la lanceraient en avant dans une partie opposée du ciel, et à une distance égale à celle de la première partie de son cours. La terre, avançant de cette ligne d'intersection vers la division nord de l'écliptique et de l'angle formé par son axe avec le plan de l'écliptique, exécuterait un mouvement qui rapprocherait graduellement son pôle sud, de l'action du pôle magnétique nord du soleil. Il en résulterait que l'action de cet astre sur le mouvement de la terre, étant opposée par sa direction à celle qui lui serait communiquée par son pôle magnétique sud, aurait pour effet d'arrêter graduellement le mouvement de la terre dans cette direction. Cependant, comme cette opposition, par les raisons déjà déduites, ne se développerait que graduellement, elle n'aurait pour objet que de déterminer le cours circulaire de la terre, jusqu'à ce que cette planète étant arrivée au point de son orbite, dans cette division de l'écliptique où l'action du *premier pouvoir attractif* étant balancé par la force du *nouveau*, et le pôle magnétique sud de la terre exposé pleinement à l'action du pôle nord du soleil, la prépondérance de cette nouvelle force attractive commencerait à se faire sentir et ferait commencer à la terre son retour vers le point opposé du ciel d'où elle serait partie. Mais en raison de la *direction* de la courbe parcourue au commencement du retour, il aurait lieu au *point de l'écliptique opposé au premier*, lequel point, sous l'influence des mêmes causes, serait atteint dans un égal espace de temps, décrivant ainsi une ellipse entière autour du soleil. Exposée de nouveau à la même action magnétique qu'auparavant, la terre recommencerait son retour à la partie nord de l'écliptique. Ainsi, cette action alternative des pôles magnétiques opposés du soleil sur ceux de la terre, en *agissant l'un sur l'autre,* ne ferait autre chose que de perpétuer ce mouvement de la terre autour du soleil, sans interruption, aussi long-temps que les dispositions des pôles magnétiques de ces corps resteraient les mêmes, et que les forces magnétiques ne seraient pas diminuées.

Ainsi, en nous bornant à placer au rang qu'il occupe dans l'économie de la nature, un pouvoir dont l'existence est connue depuis long-temps, mais si peu comprise jusqu'à présent, pour ce qui regarde l'astronomie, nous serons *à même* de connaître la cause du mouvement elliptique des planètes autour du soleil. Cette théorie, basée sur des principes simples et faciles à saisir, doit porter avec elle, je pense, un caractère d'exactitude propre à dissiper tous les doutes. En l'appliquant au mouvement elliptique de la lune autour de la terre, ainsi qu'à tous les satellites, nous reconnaîtrons que les mêmes causes produisent les mêmes effets sur les mouvemens de ces astres autour des planètes, que sur ceux des planètes autour du soleil, puisque les mouvemens des satellites de Jupiter, de Saturne, etc., ne sont en raccourci que la répétition de ceux de ces astres autour du soleil; ainsi que la représentation des différens degrés de force qui donnent lieu à ces mouvemens, dans chacun des corps composant ces systèmes particuliers.

On sait que la *force* du magnétisme planétaire varie selon la nature des corps sur lesquels il agit, en quoi il diffère de *l'attraction de gravité*. S'il en était autrement, *l'or*, comme plus pesant, serait plus puissamment soumis à son action que le *fer*, tandis qu'il est reconnu depuis long-temps que « le magnétisme attire *seulement le fer* ou les corps qui contiennent ce métal dans un état quelconque (1). » En donnant une plus grande extension à la théorie actuelle et en l'appliquant aux comètes, si nous admettons seulement que leurs forces magnétiques sont plus puissantes que celles des astres qui sont d'une nature opposée, étant *fixes* ou réguliers, nous verrons disparaître les circonstances mystérieuses qui entourent leurs mouvemens. Une action plus puissante de forces magnétiques du soleil sur cette classe de planètes déterminée par une plus forte propriété magnétique des élémens qui les composent, doit nécessairement leur faire décrire des orbites aussi différens en figure et en étendue que les forces magnétiques de ces deux classes de corps célestes. A ce sujet, je hasarderai en passant une conjecture relative à l'action des comètes sur le système planétaire qu'elles traversent ; conjecture conforme à celle exprimée par Newton, cet illustre astronome qui, malgré les difficultés presque insurmontables que lui présentaient, d'un côté, l'appât d'une foule de théories absurdes et décevantes, et de l'autre, le peu de ressources que présentait alors la science à son berceau, paraît avoir, pour ainsi dire, deviné les secrets de la nature. Il pensait que

______

(1) *Reé's Cyclopedia*, art. *Magnétisme*.

les comètes étaient destinées par les émanations solaires et planétaires, transmises par leurs atmosphères, en traversant le système des corps célestes, à réparer les pertes éprouvées, soit par le soleil, soit par les étoiles fixes ou les planètes qui en dépendent, des bases de leurs parties aqueuses; pertes causées par la transmutation d'une grande partie de ces bases, dans l'état d'eau ou d'air atmosphérique, ou *sol végétable*, ainsi qu'il arrive par l'accroissement et la décomposition de leurs produits animaux et végétaux. Quoique Woodward, Boerhave et autres savans aient avancé que « l'eau n'est qu'un agent transmettant aux végétaux la substance nutritive et ne fait point partie de cette substance, » il paraît évident, d'après la quantité de nourriture consommée par les animaux et les végétaux, provenant aussi bien de l'atmosphère que de l'eau, et qui postérieurement, après avoir été *incorporée* avec leur substance, passe de l'état élastique à un état *fixe*, par la décomposition finale de ces corps, dont le sol végétable de la terre est entièrement composé, que de pareilles pertes d'atmosphères et d'eaux doivent avoir lieu dans les corps célestes. S'il n'avait pas été pourvu aux moyens de réparer, il s'ensuivrait nécessairement une diminution graduelle particulièrement des forces électriques de ces corps, dont le siége se trouve surtout dans la partie *élastique volatile* de leurs élémens. Il est reconnu que le principe de la température du soleil et des planètes doit être analogue à l'énergie de leurs forces électriques ; par conséquent, l'augmen-

tation' de cette énergie au-dessus du degré ordinaire élèverait la température de ces astres, et c'est
ce que prouve le passage des comètes. De même,
une diminution dans l'énergie des forces électriques
premières amènerait dans la température un abaissement tel que, s'il ne faisait pas entièrement périr
les règnes animal et végétal, qui couvrent ces corps
comme la terre, il aurait sur eux de funestes effets.
Ainsi, au lieu de considérer les comètes comme des
objets de terreur, nous devrions peut-être saluer
leur apparition comme le gage de la conservation
du système planétaire, et comme une nouvelle
preuve de cette omniscience et de cette sagesse qui
ont voulu pourvoir aux moyens de la conservation
des forces destinées à propager des mouvemens, et
ce qu'on pourrait appeler les *fonctions vitales* des
corps, et mettre ces corps à même de traverser, sans
dommage et sans accidens, non seulement des espaces presque illimités de temps, mais encore l'é-
ternité elle-même.

De plus, en raisonnant par analogie, — comme
l'existence d'une atmosphère présuppose celle d'un
élément générateur dont elle émane, si l'atmosphère solaire existe, elle doit prendre naissance
dans un *élément générateur* attaché au soleil, de
même que l'atmosphère de la terre provient de
l'eau. Supposons que, semblable à celui de la terre,
le *renouvellement* de l'atmosphère solaire tienne
aux principes de circulation entre cet élément et
son générateur, circulation amenée par les deux
agens opposés de *formation* et de *décomposition*;

qu'il retourne au soleil aussitôt que son action est diminuée, et qu'ensuite renouvelé, il se répande dans les régions de l'espace traversé par les planètes. N'est-il pas extrêmement probable, dans ce cas, que les comètes entraînent dans leur passage, en approchant du soleil, *des courans* de l'extrême surface de l'atmosphère solaire, se combinant avec la masse de cette atmosphère dispersée dans l'espace, et que le soleil ne peut attirer à lui, attendu l'immensité de la distance, sans le *secours d'un agent auxiliaire?* On peut croire que la nature a destiné à cet objet les comètes qui, par l'action attractive qu'elles exercent sur ces parties détachées de l'atmosphère solaire qu'elles réunissent autour d'elles, forment ces immenses *atmosphères locales*, qui donnent un caractere particulier à l'aspect de ces corps. J'établis que des portions de cette atmosphère, détachées par la vitesse de leur mouvement elliptique, forment leurs chevelures et leurs queues; mais ces parties détachées de l'atmosphère solaire, attirées par les comètes, à leur approche du soleil ou à celle des planètes, peuvent, par la force de ces dernières ou du soleil, et par leur action sur elles, se réunir de nouveau à ces corps, au moyen de leur atmosphère locale. Ces combinaisons semblent rendre l'action des comètes *indispensable* au maintien de cette circulation entre l'atmosphère solaire et son générateur; circulation sur laquelle reposent le renouvellement et par conséquent *l'énergie* des forces qui en résultent, et qui sont réparties aux divers corps du système planétaire.

Ne peut-on pas croire également que les *taches*
observées de temps à autre sur le disque du soleil,
tiennent à des phénomènes par lesquels, comme
dans la formation des nuages de notre planète, l'atmosphère du soleil reprend son état de densité, et
rentre sur le soleil dans son élément générateur?
S'il est vrai que la nature soit toujours d'accord
avec elle-même, ainsi que nous en sommes convaincus à mesure que nos connaissances augmentent, il n'est rien dans ce que j'avance, qui puisse
faire mettre en doute la justesse de ces suppositions
qui, au contraire, doivent paraître extrêmement
fondées.

En résumé : comme en physique l'action et la
réaction sont reconnues égales, et par conséquent
se balancent, on peut admettre, je crois, que,
puisque le mouvement elliptique des planètes est
causé par l'action magnétique du soleil sur ces
corps, le mouvement elliptique du soleil est un
effet de l'action magnétique des planètes sur cet
astre. Il faut avouer, cependant, que cet effet serait plus facile à expliquer, si nous pouvions concevoir comment l'action magnétique de corps dispersés à d'aussi grandes distances, en différentes parties de l'écliptique, peut se combiner de manière à
produire un pareil résultat.

Enfin, quant aux *effets locaux* produits par
l'action magnétique du soleil sur les planètes, et
par ceux de ces astres qui ont des satellites sur ces
derniers, selon la théorie que je propose, *les angles*
formés par les axes de ces corps avec le plan de l'é-

cliptique, et qui, comme on sait, combinés avec leur mouvement elliptique, déterminent les changemens de saisons, *sont un effet de cette action.* Ils sont probablement déterminés par les différens degrés d'inégalités dans la distribution des élémens entre les deux hémisphères des deux pôles opposés du magnétisme, unis individuellement, dans ces corps, ainsi que sur la terre. Cette inégalité dans la distribution des forces magnétiques des planètes, à l'époque de leurs équinoxes, est amenée par les forces opposées *d'attraction* et de *répulsion* existant dans leurs pôles opposés, en raison de ce qu'ils sont exposés à l'action magnétique opposée des pôles du soleil et conséquemment à l'extrémité de l'axe de ces corps, où cette action sur l'inclinaison de leurs axes produirait le plus grand effet : de-là résultent les *lignes* ou axes, qui font que les forces magnétiques opposées des planètes forment, avec le plan de l'écliptique, des angles proportionnés au total de cette inégale distribution des forces magnétiques. Comme l'axe du soleil, semblable à celui des planètes, partage cette tendance générale de l'axe des corps célestes à une inclinaison, il fournit une nouvelle preuve, non seulement d'une division locale d'action magnétique existant dans le soleil, ainsi que dans les planètes, mais encore que les mêmes révolutions de saisons qui ont lieu dans les planètes doivent être produites dans le soleil par l'inclinaison de son axe. J'ai dit que cette inclinaison est commune à tous les corps célestes, parce que, quoiqu'on observe que l'axe de Jupiter, ainsi que celui de la lune, sont *presque* perpendiculaires au plan de l'écliptique; comme ils ne le sont pas *entièrement*, ces astres ne forment point une exception à la règle générale.

Il ne sera peut-être point hors de propos ici de toucher à un sujet lié à la discussion dont je m'occupe, et de présenter quelques observations sur les causes probables des catastrophes extraordinaires qui, après un laps de temps immense, ont presque entièrement changé sur toute la surface de notre planète, les rapports existant, dans le principe, entre les terres et les eaux. Quoiqu'il ne reste aucun souvenir historique de ces changemens, l'abondance de *débris organiques* enfouis dans les premières couches de la terre ne peuvent laisser aucun doute à cet égard. Ces débris sont des témoignages que M. Cuvier a eu l'heureuse idée de comparer à des médailles frappées par la main du temps, pour nous rappeler, non seulement l'existence, mais encore le *nombre* de ces systèmes primitifs d'organisation qui se succédèrent consécutivement les uns aux autres, avant le commencement de l'ordre de choses existant de nos jours sur le vaste théâtre que nous habitons.

Dans une partie précédente de ces observations, j'ai cité, à cet égard, le témoignage des prêtres égyptiens à Hérodote, et celui de quelques autres. Ils avancent, quelque extraordinaire que le cas puisse paraître, que, depuis l'époque où ils faisaient remonter le commencement de leur monarchie, *le soleil avait changé quatre fois son cours dans le ciel*, c'est-à-dire que la partie de la terre qui avait été *Orient* était devenue *Occident*, et *vice versâ*.

Si nous examinons ce que les recherches géologiques nous ont fait connaître, relativement à ce sujet, nous trouverons comme fait *reconnu*, que ce qu'on appelle le *bassin de Paris*, fournit seul, dans ses débris fossiles maritimes, d'eaux douces et d'animaux terrestres, enfouis *séparément* dans chacune de ces couches, des preuves évidentes qu'il a été *plusieurs fois* submergé par les eaux de la mer, qu'il en a ensuite été affranchi pour être de nouveau soumis, à d'autres époques, à l'action des eaux douces ; qu'il a formé ainsi un lac, et qu'enfin il a déjà fait, comme à présent, partie d'un continent. M. Cuvier, il est vrai, en parlant de la chronologie et des chroniques des Indiens, des Chaldéens, des Egyptiens, et même des Chinois, affecte de les présenter comme peu dignes de foi, et pense que les observations astronomiques attribuées à ces peuples, ne sont pas aussi anciennes que l'ont cru quelques savans. Cette opinion est partagée par M. Delambre, qui pense que l'astronomie n'a commencé qu'au temps d'Hipparque, considérant, dit-il, les connaissances astronomiques acquises avant cette époque, comme n'étant d'aucune utilité. Mais en même temps que M. Cuvier traite avec autant de légèreté les anciennes chroniques, il est assez curieux de voir le poids qu'il donne à ses assertions, en admettant la circonstance des révolutions extraordinaires que la surface de la terre a éprouvées à des intervalles immenses. Voici ses expressions :

« Je pense donc avec Messieurs Deluc et Dolomieu, que s'il y a quelque chose de constaté en géologie, c'est que la surface de notre globe a été victime *d'une grande et subite révolution*, dont la date ne peut remonter beaucoup au-delà de cinq à six mille ans; que cette révolution a enfanté et fait disparaître les pays qu'habitaient auparavant les hommes et les espèces d'animaux aujourd'hui les plus connus; qu'elle a au contraire mis à sec le fond de la dernière mer, et en a formé les pays aujourd'hui habités; que c'est depuis cette révolution que le petit nombre des individus épargnés par elle se sont répandus et propagés sur les terrains nouvellement mis à sec, et par conséquent que c'est depuis cette époque seulement que nos sociétés ont repris une marche progressive; qu'elles ont formé des établissemens, élevé des monumens, recueilli des faits naturels et combiné des systèmes scientifiques.

» Mais ces pays aujourd'hui habités et que *la dernière* révolution a mis à sec, *avaient déjà été habités auparavant* sinon par des hommes, du moins par des animaux terrestres; par conséquent une révolution précédente au moins les avait mis sous les eaux, *et si l'on peut en juger par les différens ordres d'animaux dont on y trouve les dépouilles, ils avaient peut-être subi jusqu'à deux ou trois irruptions de la mer.* » MM. Cuvier et Brougniart, dans les recherches qu'ils ont faites dans le bassin de Paris, n'ont pas découvert moins de six couches de ces *formations alluviales*, contenant des débris fossiles, provenant *d'eaux douces, de la mer*, et *d'animaux terrestres ;* le tout reposant sur un lit de *craie* qui lui-même est d'origine marine, et contient des zoophytes, des coquilles, des poissons, et des dents de crocodiles. De ces couches, celle qui repose sur la craie a été formée par l'eau douce ; celle qui est au-dessus par la mer ; la suivante par l'eau douce, et ainsi de suite, alternativement. On suppose que la couche supérieure, qui contient plus de débris organiques que toutes les autres, a été formée par le déluge de Moïse. Il suit de là, que de ces sept couches, en y comprenant la plus basse, qui est de craie, quatre appartiennent à une formation marine (1).

Ainsi, en admettant que la donnée sur laquelle repose la théorie de M. Cuvier, ne puisse laisser aucun doute, la première chose qui frappera l'attention sera l'étroite coïncidence qui se trouve entre le nombre de changemens qui, d'après le témoignage des prêtres Égyptiens, ont eu lieu dans le cours du soleil, et le nombre de changemens reconnus par M. Cuvier, dans le lit de l'Océan. Ces deux assertions se corroborant mutuellement, sont une circonstance assez remarquable pour qu'on cherche si l'on ne pourrait trouver de nouvelles preuves qui vinssent les confirmer.

Il est inutile de faire observer, que ces changemens extraordinaires dans le lit de la mer, posté-

---

(1) Voyez les *Recherches sur les Ossemens fossiles*, par M. le baron Cuvier. *Revue trimestrielle*, Paris, janvier 1828, art. iii.

rieurs à ceux éprouvés par la surface de la terre, ne peuvent avoir été produits par *les pluies*, parce qu'il est impossible, par le moyen de *causes exté-rieures*, que l'atmosphère forme et précipite *plus qu'une certaine quantité de pluie, dans un temps donné*. La raison en est, que la pluie doit cesser d'avoir lieu *pour le moment, lorsque l'état tempo-raire d'équilibre* entre les bases opposées de l'atmos-phère est rétabli dans les parties où la pluie a lieu, et par suite des pertes que l'atmosphère éprouve, par les collisions électriques, qui suivent les change-mens dans l'action des forces électriques principales dont la formation de la pluie est une conséquence. La pluie ne peut de nouveau se former dans ces ré-gions, jusqu'à ce que cet équilibre soit de nouveau détruit, et qu'une nouvelle collision électrique en détermine une nouvelle formation, ainsi qu'on le prouvera plus amplement, en traitant de la *con-densation aqueuse*. C'est par cette raison que la quantité de pluie tombée dans une année, égale, à si peu de chose près, celle des autres années, et que les canaux destinés par la nature à leur écoulement se trouvent proportionnés à cette quantité. Je dis donc que cette circonstance prouve suffisamment, que les grands changemens dans le lit de l'Océan, ne peuvent avoir eu pour cause des phénomènes atmosphériques, et par conséquent, qu'ils *doivent avoir été amenés par des changemens extraordi-naires et soudains dans la position de la terre à l'écliptique*. De là la nécessité de diriger nos re-cherches sur les causes qui peuvent avoir produit ce changement total dans la position de la terre, pour arriver à une solution satisfaisante d'une question aussi importante.

Il a été admis précédemment, comme on peut s'en souvenir, que l'angle formé par l'axe de la terre avec le plan de l'écliptique est causé par l'action magnétique des pôles du soleil sur ceux de la terre, particulièrement à l'époque des équinoxes, et qu'il en est ainsi des autres planètes. Portant nos observations plus loin, sur les conséquences ultérieures qui peuvent suivre l'action des forces magnétiques du soleil sur celles des planètes, et particulièrement sur celles du premier ordre, voyons si nous n'y trouverions pas un fil qui pût nous conduire à la cause de ces étonnantes révolutions qui, d'une manière si soudaine et par conséquent si *inattendue*, ont changé, comme nous le voyons, les mers en continens et les continens en mers; et n'oublions pas que cette manière de raisonner par analogie est la seule que nous permette l'étendue de nos connaissances des lois de la nature. On a reconnu, par des expériences fréquemment répétées sur des aimans ordinaires et des aiguilles aimantées d'une longueur convenable, que *l'action d'un pôle magnétique plus puissant, du même nom, sur celui d'un plus faible, a pour effet de changer le pôle de ce dernier, lui faisant prendre le nom opposé, ou de renverser les pôles du petit aimant.* Un des rédacteurs de l'*Encyclopédie de Rees*, article *aimant*, en parlant de ce phénomène, c'est-à-dire du progrès que fait le *pôle nord* d'un aimant en partant du *pôle sud* d'une verge aimantée de grosseur convenable, sur sa surface, dans la direction du pôle nord, pour renverser l'ordre des pôles sur cette verge, dit : « Il est évident que tandis que le fluide magnétique se répand sur la surface de la verge, la force polaire sud de l'extrémité qui en était douée avant de devenir force polaire nord doit décroître ; lorsque le fluide est parvenu à un certain point de la verge, l'extrémité qui possédait la force polaire sud n'a plus de force du tout, cette force polaire sud étant disparue, et l'autre ne faisant que commencer. Quant à l'extrémité qui a été douée de la force polaire nord, il faut observer que cette force polaire nord, par l'approche du fluide, augmente en quelques degrés ; après quoi, lorsque le fluide approche davantage, la force polaire nord de cette extrémité décroît jusqu'à ce qu'elle disparaisse, lorsque le fluide est arrivé à un certain point ; ensuite la force polaire nord commence à devenir force polaire sud. » En donnant de l'extension à cette loi du magnétisme ainsi présentée, et en l'appliquant, comme à son centre et à sa source, à l'action magnétique du soleil sur la terre et les autres planètes, on découvre, dans la progression des phénomènes de la terre, ou de l'action solaire sur cette dernière, *l'opération des causes* qui, pendant une série de siècles, ont eu pour effet *d'accumuler graduellement à l'un ou à l'autre pôle, la force magnétique du pôle opposé*, et, par conséquent, d'affaiblir d'autant plus la force magnétique de ce pôle, en proportion de la force ajoutée à l'autre ; ce changement de force magnétique d'un pôle ou d'un hémisphère de la terre à l'autre, **peut**, comme on l'a vu, se prolonger jusqu'à un *certain point*, sans produire d'autre effet perceptible que celui d'ajouter à la puissance magnétique du pôle le plus fort. Mais lorsque le changement du fluide magnétique du pôle le plus faible au plus fort aurait dépassé ces limites, l'effet de la continuation du changement serait de renverser l'ordre préexistant des pôles magnétiques de la terre, et de *rendre pôle magnétique sud, ce qui avait été pôle nord*; et, réciproquement, établissant ainsi un nouvel *équilibre magnétique* entre les forces de ces pôles ou hémisphères opposés. S'il est vrai, comme je l'ai avancé, que la position de la terre à l'écliptique soit due à la disposition de ces forces aux pôles magnétiques opposés, sur lesquels agissent ceux du soleil, un tel renversement des pôles de la terre, déterminé par ceux bien plus puissans du soleil, *aurait pour effet de renverser soudainement la position des premiers à l'écliptique.* Quant aux effets probables de cette position relative des continens et des mers placés à la surface de la terre, produits par ce renversement des pôles à l'écliptique, on conviendra qu'il n'est pas difficile de les prévoir. Comme le nouvel angle formé par l'axe de la terre avec le plan de l'écliptique serait *entièrement différent*, quant aux hémisphères opposés, de *l'angle précédent;* que le mouvement diurne de *rotation* de la terre, pour ce qui regarde sa surface, serait entièrement opposé, dans sa direction, à celui qui aurait précédé, rendant *est* ce qui aurait été *ouest*, et réciproquement; de tels changemens dans la position et le mouvement de la terre auraient pour effet de donner une nouvelle impulsion à l'amalgame de ses eaux, de changer la direction de leur mouvement, en leur faisant prendre un nouvel écoulement, et par-là, de leur faire submerger peut-être sous leur nouveau lit les continens, et nécessairement d'en former d'autres aussi étendus. C'est par-là, et par-là seulement que nous pouvons trouver une cause qui, appuyée par les faits, donne une raison satisfaisante de ces changemens *soudains et universels*, dans les rapports des mers et des continens qui occupent la surface de la terre, puisque nous ne pouvons trouver aucune autre cause ayant produit des résultats aussi soudains, aussi généraux et aussi importans.

Admettant que ces grands changemens dans les continens et les eaux de la surface de la terre aient été amenés par les causes assignées, la première circonstance, qui se présentera comme une conséquence qui en découle, viendra heureusement confirmer cette théorie. En effet, si ces changemens sont la suite de révolutions dans la position des pôles magnétiques de la terre à l'écliptique, quelles sont les contrées qui doivent avoir éprouvé les plus *grands* ou les plus *légers* changemens ? Il est évident que toutes les parties de la terre n'ont pas souffert au même degré. Comme les principes primitifs de ces changemens sur la surface de la terre (attendu que les changemens amenés dans *la direction de son mouvement de rotation* n'agiraient *que dans un degré secondaire*) seraient les différences provenant des variations entre les angles *anciens* et les angles *nouveaux* formés par l'axe de la terre avec le plan de l'écliptique ; plus cet angle serait *petit*, moins les changemens survenus sur la terre seraient importans ; et *vice versâ*, plus cet angle serait ouvert, plus les changemens seraient considérables. Un coup-d'œil sur la position relative des différens parallèles des hémisphères opposés de la terre, par rapport au soleil et au plan de l'écliptique, donnera l'idée, en parcourant leur échelle dans les cas, de la somme graduée de ces différences. L'équateur étant le *centre* duquel les parallèles de chaque côté se rendent aux pôles opposés, la somme des différences des angles formés par l'axe de la terre avec le plan de l'écliptique, est et doit être *moindre dans les latitudes basses*, *plus grande dans les latitudes élevées* de chaque hémisphère. Par conséquent, les effets de ces grandes révolutions doivent être plus importans *dans les hautes latitudes*, moindres dans les latitudes *basses de chaque hémisphère*. Par une suite naturelle de cette conséquence, quoique la destruction des animaux terrestres et des végétaux des latitudes tempérées et plus élevées de chaque hémisphère, destruction amenée par ces révolutions, pût être générale ; ceux des régions inter-tropicales de la terre peuvent échapper à cet anéantissement général des régions supérieures. Ainsi, l'homme

étant nécessairement au nombre des animaux terrestres, les habitans des régions inter-tropicales
seuls survivraient, comme les témoins de ces changemens universels, et des catastrophes qu'ils auraient amenées. Si ces assertions sont fondées, des
recherches géologiques dans les régions inter-tropicales de la terre ne pourraient produire sur ces révolutions des *preuves* aussi complètes, que celles
qui sont exécutées dans les contrées d'une latitude
plus élevée, et qui fournissent les fossiles. Comme
cette circonstance donne à-la-fois le témoignage le
plus simple et le plus facile, au moyen duquel on
puisse reconnaître l'exactitude de la théorie que je
présente sur ces révolutions, il est à croire que la
facilité d'acquérir ces preuves, contribuera bientôt à faire ressortir la vérité de cette théorie. Au-
cunes recherches géologiques, semblables à celles
dont il est question, n'ayant eu lieu autre part
que dans quelques endroits de la France, de l'Angleterre, de l'Allemagne, et peut-être de l'Italie,
il est impossible de présenter, à l'appui de ma théorie, des preuves semblables à celles dont je parle.
Mais, comme il est de la plus haute importance pour
la science d'avoir une décision à cet égard, espérons
qu'elle ne se fera pas attendre long-temps. Cependant, comme il n'est pas de faits qui puissent faire
supposer, qu'à aucune époque, *aucune des diver-*
ses races d'animaux terrestres, qui habitaient *les*
régions inter-tropicales de la terre, ait généralement péri et disparu, comme celles des latitudes
supérieures ; cette circonstance fournit une preuve

presque concluante en faveur de mon assertion. Les expressions de l'Ancien Testament, que l'on reconnaît être *allégoriques*, se lient naturellement à ce sujet. En effet, l'idée de l'arche de Noé, si opposée à toute probabilité dans le sens littéral, s'expliquera d'elle-même, si l'on suppose que le mot arche était simplement employé comme synonyme de *quelque montagne ou éminence* dans les contrées inter-tropicales nouvellement habitées par les Israélites de cette époque, et où Noé se retira avec sa famille et ses troupeaux, à l'approche du déluge qui porte son nom. Cette explication est bien plus simple que de s'en rapporter au sens textuel des livres saints.

Une autre circonstance liée à ce sujet, et digne de remarque, relativement aux restes fossiles d'animaux du monde anté-diluvien, est la différence que l'on remarque dans la grandeur, ainsi que dans la conformation et la figure des parties des individus de la même espèce *appartenant à différentes époques*, et, par conséquent, trouvées dans le même pays, à des couches de différentes profondeurs. Ces différences sont tellement remarquables, que M. Cuvier, avec sa sagacité ordinaire, s'en est servi pour établir sa théorie de la terre. Considérant ces fossiles, d'après ses propres expressions déjà citées, « comme des médailles frappées par la main du temps, en témoignage d'anciennes existences, et comme preuve des changemens que le sol de notre globe a éprouvés, » il fait observer que : « semblables aux médailles frappées par la main des hommes, ces débris fossiles portent l'empreinte d'emblêmes, d'inscriptions et de légendes qui les distinguent, et nous mettent à même de déterminer l'époque de leur existence, et celle de leur destruction ou enfouissement. » — « Les êtres organisés, ou du moins les animaux vertébrés dont les débris existent dans les diverses couches, qui composent ce que les géologistes ont appelé terrains secondaires et tertiaires, *diffèrent toujours par les espèces, et souvent par les genres, de ceux de ces mêmes êtres qui vivent actuellement sur la surface du globe.* » — « Les derniers animaux qui ont péri ne différaient que très peu des nôtres ; ceux qui avaient péri précédemment en différaient davantage ; la somme des différences augmente ainsi à mesure que l'on remonte dans les âges, de sorte que plus l'intervalle de temps qui sépare ces destructions est grand, plus les animaux de l'une diffèrent de ceux de l'autre ; et, comme pendant toute la durée d'une race, nous ne voyons point que les individus aient changé de formes, c'est-à-dire que ceux qui ont commencé la race sont semblables à ceux qui l'ont terminée, nous sommes obligés de conclure *que les formes ont changé subitement*, et que les nouvelles sont dues, ou à de nouvelles créations, ou à des modifications profondes que subissait la race du petit nombre d'êtres qui survivaient aux révolutions, *modifications qui n'auraient eu lieu qu'à l'instant de ces grandes catastrophes, et occasionnées peut-être par le changement qu'éprouvaient les eaux et l'atmosphère.* Ce qu'il y a de singulier, c'est qu'il semble qu'à chaque grande révolution , de nouveaux êtres vivans *plus parfaits , ou du moins plus élevés dans l'échelle de l'organisation, que ceux qui les avaient précédés* (1), étaient ajoutés à la masse générale. C'est ainsi que l'on voit des zoophytes dans des terrains où il n'y a pas de coquilles; des coquilles et des crustacées dans des terrains où il n'y a point encore de vertébrés ; des poissons dans des terrains où il n'y a point encore d'animaux aériens; des reptiles dans des terrains où il n'y a point encore de mammifères, un grand nombre de mammifères dans des

—————————

(1) Ici, comme on trouvera qu'il existe beaucoup de rapports entre les dispositions établies par la nature dans ses *parties physique et morale*, et quoique cette observation puisse être considérée comme traitant avec trop de sévérité peut-être, ce qu'on appelle, *par excellence, la sagesse de nos ancêtres*, ne peut-on pas se demander si les progrès gradués des connaissances en remontant l'échelle des systèmes abandonnés, relatifs soit aux *sciences*, soit à la *politique*, soit à la *religion*, qui depuis l'enfance de la société jusqu'à nos jours ont marqué les différens points de ses développemens, n'entraînent pas la 'destruction partielle de ces systèmes, dans l'un comme dans l'autre cas ? Ne peut-on pas se demander, du reste, si, comme ils ne disparaissent que pour faire place à d'autres *plus parfaits dans leur genre*, ils ne portent pas à cet égard une analogie frappante avec le développement du germe de la *nature organique*, soit dans le règne animal, soit dans le végétal, ainsi que nous le voyons développé par M. Cuvier, parcourant différentes périodes successives, se terminant par des époques de destruction presque universelle, avant d'arriver à l'état présent de maturité et de perfection?

terrains où il n'y a point encore de quadrumanes et d'hommes. »

Je donne ce passage pour montrer les raisons que nous avons de croire que la *population* de la terre, dans l'état où nous la voyons, n'a point été le résultat d'une opération simultanée (opinion que je crois partagée par beaucoup de monde), mais qu'au contraire, *l'arbre* du règne animal, avant d'arriver à son état actuel de maturité, a passé par différens degrés d'accroissement, qui ont précédé l'apparition de l'homme sur le théâtre de sa domination. Les parties de cette progression ont dû s'accomplir dans un intervalle de temps, auprès duquel celui qui s'est passé depuis la création, selon le récit de Moïse, est d'une durée insignifiante. Il paraîtrait encore que ce germe, ou cette racine de l'arbre terrestre de la nature animée, a commencé dans les eaux d'où il s'est graduellement étendu aux superficies de la terre.

Mais mon principal objet, en donnant la citation ci-dessus, a été de signaler, d'après l'évidence fournie par les débris fossiles, *les changemens soudains de climat*, qui paraissent avoir été le principal caractère de ces grandes révolutions. Ces changemens de climat ou de température étaient une *conséquence nécessaire* de ces révolutions, si celles-ci, comme je l'avance, étaient amenées par le renversement des pôles de la terre à l'écliptique. Cette circonstance pourrait donc être considérée comme une preuve à l'appui de ma théorie.

L'on a cru pendant long-temps que , sous des latitudes égales , il existait une différence de température entre les hémisphères nord et sud de la terre. Mais la relation des officiers du *Chanti-clecr* , navire récemment rentré d'un voyage de découvertes dans les régions polaires de l'hémisphère sud , démontre la fausseté de cette supposition. Une lettre d'un officier de ce bâtiment, insérée dans le *Morning Herald* du 27 octobre 1829 , dit que « le froid des régions méridionales n'est qu'un conte en contradiction avec la nature et la réalité. » Si une pareille différence dans la température des hémisphères opposés existait réellement, et, comme nous le verrons plus tard , elle n'est point hors de l'ordre des choses possibles ; elle n'aurait rien de commun , comme on peut le croire , avec la différence existant entre leurs *forces magnétiques*. On pourrait , avec plus de raison , l'attribuer à la disposition relative et à la somme des terres et des mers qui occupent la superficie de ces hémisphères. Mais il paraît incontestable qu'il existe dans les *climats* des deux hémisphères opposés quelque chose qui ne peut résulter des dernières causes , et être lié aux différences qui se trouvent entre leurs *forces magnétiques*. C'est la différence que l'on remarque non seulement dans le *règne végétal* , mais encore dans le *règne animal* de l'un et de l'autre. Une circonstance , cependant, qui influerait encore plus sur la température et le climat des pays des deux hémisphères , que celles dont il a été question , et dépendante de ce renversement des pôles de la terre à l'écliptique , particulièrement dans les latitudes élevées , est celle qui résulterait des changemens de leur position , relativement aux changemens amenés par là , *dans la position des tropiques.* Ces derniers sont une conséquence naturelle du changement dans les angles de l'axe de la terre, quant à ce qui regarde les positions de sa surface, que ces révolutions dans les pôles amèneraient dans plusieurs contrées.

Il est quelques faits tellement curieux , et surtout tellement liés au sujet qui nous occupe , que je ne puis me dispenser de les citer ici. Ils prouvent de la manière la plus incontestable la *soudaineté* des changemens de température et de climats , par suite de ces grandes révolutions sublunaires. « Au nombre de ces faits , dit le docteur Ure , *Dictionnaire de chimie* , article *Géologie* , au nombre de ces faits qui doivent à jamais bannir toute idée *d'une révolution lente et graduelle* , se trouvent le rhinocéros découvert en 1771 , sur les bords du *Vilhoui* , et l'éléphant trouvé dernièrement par M. Adams , près de l'embouchure du *Sena.* Ce dernier conservait encore sa chair et sa peau, sur laquelle étaient des poils de deux espèces ; les uns courts et frisés comme de la laine , les autres semblables à des soies. La viande était si bien conservée, qu'elle fut mangée par des chiens. » Ces faits , non seulement sembleraient démontrer la soudaineté de la révolution qui amena la mort de ces animaux , mais encore que l'époque de l'année où cette révolution , c'est-à-dire le déluge de Moïse , eut lieu, fut immédiatement après l'équinoxe du printemps de l'hémisphère qui maintenant est celui du nord ; cette révolution , jointe au renversement des pôles de la terre à l'écliptique , amenant par-là le renversement des saisons de l'été et de l'hiver dans les deux hémisphères. Une gelée subite et subséquente à l'époque de ce phénomène, dans les régions de notre hémisphère, fut une conséquence indispensable pour la conservation des animaux dont il a été question , et dont les chairs, exposées à l'action *d'un soleil d'été pendant peu de temps* , eussent été promptement détruites par la putréfaction , si le phénomène avait eu lieu dans une autre saison de l'année.

Nous pouvons en quelque sorte nous former une faible idée des terribles effets produits par ces révolutions du pôle de la terre à l'écliptique ; si nous admettons que telle soit l'origine des phénomènes en question , et si nous les comparons aux phénomènes produits, deux fois l'année, par le renversement du foyer principal de l'action électrique négative de la terre , des approches de l'été au pôle, des approches de l'hémisphère d'hiver aux époques des équinoxes. En effet , si ces changemens , dans la position de l'action principale de cette force , sont capables de produire sur l'océan d'air qui l'entoure , *des effets aussi formidables* que les phénomènes équinoxiaux de l'atmosphère, nous pouvons conjecturer les effets désastreux et capables de ramener le chaos , produits par des causes semblables ; mais qui , au lieu d'agir sur un océan d'air élastique et léger , porteraient leur action sur le dense élément des eaux dans toute son étendue.

Ainsi, nous pouvons entrevoir, mais espérons que l'époque en est encore *bien reculée*, que dans le nombre des agens physiques, il en est, qui, relativement à l'ordre actuellement établi sur la terre, peuvent avoir des effets plus certains et plus terribles que ceux qu'on a présagés pour la comète de 1832, effets dont l'approche ne peut être prévue ni détournée que par la connaissance infinie et le pouvoir de DIEU, et qui anéantiront en un instant, et les monumens de la gloire des plus puissans empires, et leurs maîtres; leur puissance spontanée en parcourant la surface du globe ,

« Fera disparaître à-la-fois les tours dont le faîte se perd
» dans les nuages, les palais somptueux, les temples saints,
» le globe lui-même et toutes ses richesses; et son appari-
» tion , semblable à un rêve fantastique et terrible, ne
» laissera même pas de traces. »

(SHAKESPEARE.)

Tel est , à ce qu'il paraît , le remède infaillible et sûr que la nature emploie contre le *pléthore ou l'excès de population de la terre*, redouté par Malthus et quelques autres.

Après avoir , dans les observations précédentes, jeté un coup d'œil sur les phénomènes , que, d'a-près la théorie actuelle, *l'attraction de la gravité et le magnétisme* sont supposés produire, nous al-

lons examiner la part importante que la nature paraît avoir assignée, dans son organisation des corps
célestes, à la troisième et dernière de ses forces primaires, *l'électricité :* cette force constituant, ainsi
que nous l'avons admis, le *principe vivifiant* qui
communique et distribue sur le soleil et les planètes, qui ne seraient sans cela que des masses
inanimées, l'esprit de vitalité qui pénètre et anime
leurs élémens de manière à les rendre des agens
propres à développer et à conserver les germes
des règnes animal et végétal, dont il est admis
que ces globes sont couverts, ainsi que celui de la
terre.

La direction toute différente suivie dans le développement de l'action des espèces opposées de l'électricité sur ces élémens; et le peu que la science est
parvenue à établir avec quelque certitude sur l'effet qu'elle exerce sur les corps célestes, joint au désir de définir et de décrire les accidens qui peuvent
influer sur ses développemens divers et opposés,
forment tout ensemble une tâche plus difficile
qu'aucune de celles qui se rattachent aux sources
mystérieuses des phénomènes astronomiques.

On reconnaîtra de plus, en adoptant la réalité
des données sur lesquelles repose cette théorie, que,
puisqu'elle attribue tous les phénomènes des corps
célestes à l'action des trois forces principales en
question, il suffit d'énumérer les phénomènes astronomiques dus à *l'action électrique,* pour énoncer ceux dont il n'a pas été question dans les observations précédentes. Ce sont : le *mouvement de*

rotation du soleil et des planètes, la *lumière et l'obscurité*, la *chaleur* et le *froid*, la *formation de l'eau dans l'atmosphère*, et les *phénomènes qui en résultent*, ainsi que sa *décomposition en* air; décomposition sur laquelle repose le principe de circulation entre l'air et l'eau, et dont dépendent la salubrité de l'un et de l'autre, *l'action lunaire sur l'atmosphère et sur les marées*; *l'action des comètes sur la température des planètes*, etc., etc.

Mais, comme ces observations générales sont moins destinées à montrer la part assignée à l'action des forces primaires sur le soleil et les planètes *individuellement*, que leurs effets sur ces astres considérés *collectivement*, et comme membres d'un même système planétaire ; mon but principal est maintenant de déterminer la place relative que l'électricité planétaire occupe dans le système solaire, les phénomènes auxquels il est reconnu qu'elle donne lieu, en sa qualité d'agent primaire de ce système, et les lois générales et particulières auxquelles elle paraît obéir, dans la portion d'action qu'elle exerce sur les corps célestes. Ainsi je dois, autant que possible, renvoyer à une autre partie de cet ouvrage ce qui concerne l'action locale de cette force sur la température et autres phénomènes de notre atmosphère.

On peut remarquer qu'un des obstacles les plus insurmontables au développement des vérités astronomiques, découle de cette circonstance : que *la nature seule peut déployer*, pour ce qui concerne les corps célestes, *les forces qu'elle emploie à la manière qui lui est propre, à l'exécution de ses desseins.* Ainsi, comme il n'existe aucune analogie entre les forces qu'elle est supposée employer pour produire la *lumière,* la *chaleur,* le *froid,* etc., et celles auxquelles l'homme a recours, pour obtenir les mêmes effets en *petit,* seul résultat qui soit à sa disposition ; il s'ensuit que les idées qu'il s'est formées de tout temps sur ces phénomènes, comme liés à l'astronomie, ont toujours été erronées. Je viens de désigner, je pense, une des principales sources d'erreur dans les investigations de ce genre. Si cette observation ne produit pas d'autre avantage, j'espère, du moins, qu'elle déterminera le lecteur à examiner avec calme et impartialité les preuves et les argumens présentés à l'appui de ma théorie, sur ces phénomènes.

On peut observer, relativement à la force primaire électrique, qu'elle a, dans son *action locale* sur les corps célestes, comme les forces de *gravité* et de magnétisme, une *direction qui lui est* particulière, et qui, comme celle des deux autres, est occasionnée par la *position de ses foyers principaux.* Ainsi, par exemple, pour ce qui concerne la terre (et par analogie les autres planètes); comme son foyer principal est situé au centre, l'action locale de l'attraction de gravité, comme on l'a vu, s'exerce de la surface au centre ; tandis que celle du magnétisme, qui est divisée en deux pôles opposés, agit *du centre aux pôles opposés,* dans la direction du méridien magnétique : l'action des deux forces opposées qui, dans la force électrique

du soleil et de la terre, se divisent localement dans
cette dernière, comme le magnétisme, a sa direction *est* et *ouest*, à partir du centre ou axe ; en
sorte que la direction de l'action des pôles opposés,
qui forment la division reconnue exister localement
dans le soleil et les planètes, dans la force primaire électrique, *forme un angle droit avec les
méridiens magnétiques* de ces astres, ou plan de
l'écliptique. Mais il est une circonstance particulière à l'action électrique, qui la distingue également de l'attraction de gravité et du magnétisme,
soit dans le soleil, soit dans les planètes : tandis
que les foyers de gravité de ces corps *sont établis
d'une manière permanente*, et que ceux du magnétisme, s'ils sont susceptibles de changer, comme
je l'ai avancé, ne le font qu'à des intervalles immenses ; les positions des foyers principaux des
actions électriques *positives* ou solaires sur la terre
et les autres planètes, sont, ainsi que je l'avance,
dans un état continuel de changement, traversant
le contour entier de leur surface, *de l'est à l'ouest
journellement;* la position du foyer principal de
l'action électrique positive du soleil sur les planètes, étant toujours sur les points des cercles décrits
par leurs mouvemens de rotation, où existe alors
sur leur surface *le plus haut degré de chaleur
solaire.* Quoique les *positions* de ces cercles
sur la superficie des planètes varient de peu de
chose du nord au sud, dans leur mouvement de rotation ; les foyers principaux formés par l'action
électrique positive du soleil sur ces corps, ont,

depuis le commencement de leur marche dans le ciel, traversé journellement leur contour en entier. Il faut observer, cependant, que la même loi ne s'applique pas au mouvement des foyers formés par les pôles opposés de l'action planétaire électrique sur la surface de ces corps ; car, quoique ces forces *négatives* de la force primaire électrique, comme celle du soleil, ou positive, aient, ainsi que je l'ai avancé, dans chaque planète, un foyer principal vers lequel converge l'action collective, et que ces foyers changent de position ; ces positions ne sont pas dans *les mêmes cercles* tracés par la force opposée ou solaire, et, comme celle-ci, elles ne changent pas journellement ou chaque mois, mais à des intervalles plus longs. Il faut observer que cette particularité relative aux pôles négatifs de la force électrique primaire des planètes, provient de la vitesse de leur mouvement de rotation, qui empêche que les foyers principaux formés par les forces électriques négatives, puissent exister dans les cercles traversés par celles qui leur sont opposées ; mais surtout dans les *angles* que forment en général les axes des planètes avec le plan de l'écliptique : ce qui nécessairement amène *une inégale distribution* d'action électrique solaire ou positive, dans leurs hémisphères opposés. Ainsi, comme la nature des deux parties de la force électrique primaire, quant aux effets de ce phénomène sur les planètes, est entièrement opposée l'une à l'autre, les foyers formés par leurs forces électriques négatives sont nécessairement placés aux points de la surface, qui se trou-

vent *le plus éloignés* des cercles décrits journellement par les foyers positifs ou solaires, et, par conséquent, *sont toujours situés aux pôles des hémisphères d'hiver.* Il en résulte que les époques
auxquelles ces foyers principaux de forces électriques négatives des planètes changent de position,
sont celles des équinoxes ; époques où la prépondérance de l'action électrique positive du soleil sur ces
corps, passe des *hémisphères* de *l'hiver* qui suit aux
hémisphères de *l'été suivant.* Ainsi, l'on remarquera
que le foyer principal des forces électriques négatives
des planètes, *demeure stationnaire pendant la moitié de leur année ;* et, à l'époque de leurs changemens, amène dans l'atmosphère de ces planètes,
comme dans celle de la terre (en raisonnant par
analogie), les phénomènes qui se font remarquer
aux équinoxes.

Il faut remarquer, quant à la force électrique
primaire (bornant nos observations à la planète
du système solaire que nous habitons), que tout ce
que les travaux de la science ont établi jusqu'à ce
jour, d'une manière satisfaisante, pour ce qui a
rapport au rôle qu'elle joue dans les phénomènes
de l'atmosphère, est ce qui concerne le *tonnerre,*
les *éclairs,* les *météores,* etc. Mais la liaison de
cette force à l'atmosphère, par des expériences
sur la *pile Zambonique,* dont je parlerai plus amplement dans une autre partie de cet ouvrage,
malgré que la chose fût entièrement ignorée, ainsi
que le fait observer le savant à qui nous en devons
la découverte, a été dernièrement *étendue au phé-*

nomène de sa température, que l'on prouve devoir résulter de l'action alternative des deux espèces opposées de cette force. Il en résulte que, comme les phénomènes sus-mentionnés ne peuvent rien avoir de commun avec *l'action directe* des espèces opposées de la force électrique de l'atmosphère ; *comme cette dernière action ne peut agir que sur les principes de sa température*, et, en même temps , sur les phénomènes de la végétation , etc., produits par ses changemens ; joints *à la décomposition de son élément de l'eau*, par laquelle, comme je l'ai avancé, l'air de l'atmosphère est renouvelé ; comme la *circulation* que j'ai dit exister entre les élémens de l'air et de l'eau , sur laquelle *repose* le principe de leur mutuel *renouvellement*, ne peut avoir lieu sans l'existence d'une *espèce d'action électrique distincte* de celle de l'action *directe* des forces électriques opposées sur l'atmosphère , dont il a été question ; par lequel le superflu de leurs *bases électriques opposées*, résultant de l'élément de l'eau, à mesure qu'elles se détériorent, sont de nouveau réunies, et ainsi *renouvelées* par leur nouvelle incorporation, retournent encore une fois à la terre ; il en résulte, dis-je, que la nature, toujours infaillible dans ses dispositions , a placé dans l'atmosphère une espèce d'action électrique, résultat des deux actions opposées de la force électrique primaire qu'elle combine en elle, différente dans ses effets sur sa température, et les autres phénomènes, de *l'action directe* de ces dernières. Cette action électrique, parce qu'elle suspend, dans les régions qu'elle occupe, *l'action directe* des forces électriques opposées, *positive et négative*, sur l'atmosphère, pendant sa durée; effet que rien autre chose ne peut produire; et en fixant sur les bases électriques opposées de l'atmosphère à son corps, en intervertissant leurs relations électriques premières qu'elle tient suspendues dans leur état aériforme, est, par cette raison, appelée dans cette théorie, *Action électrique inverse de l'atmosphère*. Admettant que l'analogie entre l'action des trois forces primaires de gravité, de magnétisme et d'électricité, dans le soleil et les planètes, soit parfaite comme sur la terre, on verra que, quoique dans le système solaire, chacune de ces forces *ne soit divisible qu'en espèces opposées;* dans leur action locale, sur ses différens membres, la disposition de ces forces diffère. Car, tandis que l'action locale de gravité dans ces corps respectifs n'a qu'un seul mode, puisque, dans chacun, il ne tend qu'à un seule entre ou foyer, et quoique, comme on l'a vu, le *magnétisme* ait deux pôles opposés; *l'électricité*, dans son action locale au contraire, se divise en *trois actions distinctes,* savoir : *l'action directe* de l'espèce *positive;* l'action directe de l'espèce opposée ou *négative,* ou action solaire et planétaire sur les atmosphères et surfaces de ces corps; et *l'action électrique inverse* dans leurs atmosphères. Ainsi, ce n'est pas seulement par le *nombre*, mais aussi par la *disposition* que l'on remarque dans la distribution locale des forces primaires sur le mécanisme des corps célestes, que l'on peut distinguer une sorte d'analogie avec la disposition des trois ordres d'architecture, — la variété et l'élégance graduées se retrouvent dans la progression ascendante des uns comme dans celle des autres ; depuis les lourdes *bases doriques cimentées par la gravité*, d'où s'élève la partie élastique de leur élément ; — jusqu'aux lignes aériennes du majestueux *Corinthien*, ou *chapiteau électrique*, qui les surmonte et les couronne.

De plus, quant à l'astronomie, il semblerait qu'il y a quelque chose de mystique dans le nombre *trois*. Car, quoiqu'il puisse exister une différence dans le physique des corps célestes, qui est plus particulièrement lié avec le principe de leur gravitation, et conséquemment avec leur masse, et les forces magnétiques et électriques qui tiennent plus particulièrement à leur atmosphère ; comme leurs divers phénomènes, ainsi que je l'ai avancé, paraissent se rapporter à l'action des trois forces primaires ; et que ces corps eux-mêmes se divisent en trois classes distinctes, savoir : le soleil avec les étoiles fixes, les planètes et les satellites ; ainsi, l'action de ces forces, en donnant lieu à ces phénomènes, paraît être déterminée dans ses gradations (quoique due aux causes assignées, peut-être à un degré différent) par *trois* circonstances : la *grandeur*; la *distance*, et la *durée d'exposition*.

Il faut remarquer que c'est par la première de ces circonstances, la grandeur dans les corps célestes, que le système solaire est séparé, dans ses divisions opposées, solaire et planétaire. La masse du soleil, à cause de sa grandeur supérieure aux masses des planètes, étant elle-même un contre-poids d'une part, à l'ensemble des corps de moindre volume de l'autre ; et par-là ses forces physiques ou d'attraction, aussi bien que les forces magnétiques et électriques, d'une espèce, étant égales à la somme collective de ces forces dispersées dans tous les membres de son système, de l'espèce opposée : de même que les forces physiques et magnétiques des planètes primaires qui ont des satellites, à cause de la grandeur de leurs masses supérieures à celles de ces dernières, balancent également et supportent l'action de ces forces dans cette classe ; pour ce qui se rapporte aux phénomènes de leurs mouvemens elliptiques autour de ces planètes primaires.

A cette circonstance de grandeur si influenté sur les phénomènes astronomiques, j'admets qu'on doit lier l'influence exercée par la lune sur la température et les autres phénomènes de la terre, et par le même raisonnement, l'action des autres satellites du système solaire sur les phénomènes des planètes auxquelles ils sont attachés ; comme aussi l'action des comètes, pendant la période de leur passage sur la température, comme je l'ai dit de l'ensemble des corps planétaires. Pour résumer ce que nous avons à dire sur l'action lunaire, c'est en raison du rapprochement qui, aux époques de nouvelle et pleine lune, a lieu à cette parfaite opposition, et à l'accroissement de grandeur qui serait cause que la terre se présenterait à l'action solaire, si la masse de la lune était incorporée avec elle , que, selon mon hypothèse, doit être attribuée l'influence de la lune à ces époques, en élevant la température de l'atmosphère ; comme aussi , d'un autre côté, un déficit de la somme de ce qu'on peut appeler la grandeur réunie de la terre et de la lune aux *syzigies*, qui , par suite de son élongation , a lieu à l'époque des *quadratures* lunaires, et le changement de son action électrique positive en négative, sur l'atmosphère , auquel changement est due l'influence qu'elle exerce à la dernière époque, en abaissant la température de l'atmosphère : le fait de l'action opposée de la lune à ses syzigies et quadratures sur la température, prouvant ainsi l'influence de la grandeur planétaire, ou que la masse des surfaces solides qui , soit individuellement, soit conjointement , y est opposée par les planètes, constitue un des principes premiers ou fondamentaux qui , en temps égaux , déterminent le degré de force avec lequel le soleil agit sur leur température. Comme conséquence ultérieure , elle prouve que l'action solaire, quant à ce qui concerne la température des planètes , est à-la-fois partielle et collective ; partielle , parce qu'elle agit différemment sur différentes parties de ces corps ; collective , parce qu'elle est augmentée ou diminuée en raison proportionnelle de la plus grande ou plus petite extension individuelle ou conjointe de surface qui lui est opposée par un ou par plusieurs corps planétaires à-la-fois. Conséquemment , dans les calculs relatifs à la somme des trois forces primaires , mais principalement des forces électriques , que possè-

dent individuellement les planètes du système solaire , il faut comprendre les satellites comme faisant partie de l'astre qu'ils accompagnent. Car ,
quoiqu'ils soient détachés de ces corps par la coopération qu'ils leur prêtent, en quelque sorte , en
ajoutant à la somme de leurs forces primaires , ces
satellites doivent, avec quelques modifications cependant, être identifiés avec eux , comme s'ils ne
formaient ensemble qu'une seule masse.

Quant à la *seconde* circonstance, celle de la
distance, c'est-à-dire la distance des planètes au soleil
et entre elles respectivement, il est aisé de démontrer
qu'elle constitue un autre des impórtans principes
qui déterminent le degré de force exercé par
l'action solaire sur la température et autres phénomènes des planètes ; et, par les observations
qui viennent d'être faites , on verra que l'influence
exercée par la circonstance de la distance sur les
phénomènes des corps célestes, a sa source dans le
même principe que celle de la *grandeur*. Car, en
considérant le système solaire , quoique consistant
en parties opposées , solaire et planétaire (lesquelles
parties forment le dépôt des grandes divisions ou
les modes opposés des forces primaires, par l'action alternative desquelles, comme je l'ai dit, les
phénomènes de ces corps se maintiennent et se
perpétuent), en le considérant, dis-je, comme
un et indivisible, pour ce qui regarde l'action de
ces forces; en considérant qu'à l'une de ces circonstances de la concentration des élémens de l'une
de ces grandes divisions du système en un seul

corps, le soleil d'un côté, — et à l'augmentation de
ces forces sur celles des espèces opposées, due à ce
que les élémens des dernières sont divisés et dis-
tribués parmi les différens membres planétaires, on
doit attribuer la circonstance que le soleil constitue
le grand foyer ou centre du système lui-même ;
et c'est au degré inférieur de l'action des espèces
opposées ou planétaires de ces forces, qui résulte
de la division et de la dispersion des élémens dans
lesquels ils sont collectivement déposés, plutôt
qu'à aucune différence qui existe réellement entre
la somme collective de ces forces dans leurs grandes
divisions opposées, qu'on doit, comme il est dit,
attribuer la circonstance que les membres de ce système planétaire dépendent de l'action des espèces
opposées ou solaires des forces primaires, et sont
gouvernés par elle dans leurs mouvemens et autres
phénomènes. Il suit de-là que non seulement plus les
masses des planètes sont *grandes*, mais encore plus
la *proximité* entre elles est *grande*, soit dans leurs
orbites, soit dans la ligne de leur opposition conjointe à l'action des forces opposées du soleil, plus
grande aussi est la somme individuelle de rapprochement que leurs forces primaires tirent de cette conjonction, soit qu'elles existent dans ces corps auparavant, soit qu'elles y soient produites par cette
conjonction et, par conséquent, plus énergiques
sont les phénomènes particuliers causés par chacune
des forces primaires dans les planètes, et *vice versâ*.

Les rapports reconnus exister entre la terre et la
lune, peuvent être cités en preuve des assertions

précédentes, et comme liés avec les circonstances de grandeur et de distance. Quant à ce qui concerne la nature de ces rapports, il faut observer que, strictement parlant, l'action lunaire sur l'atmosphère de la terre, semblable à celle de la terre elle-même, à laquelle elle est reconnue ressembler de toutes les manières, quoique nécessairement inférieure en force, est, dans tous les temps, électrique positive dans le jour, et électrique négative pendant la nuit. Privée de l'influence lunaire, la température de la terre tomberait de beaucoup au-dessous de son état actuel, si un changement correspondant ne survenait dans la rotation de cette dernière planète. Mais, attendu la diminution continuelle de force dans l'action positive de la lune sur notre atmosphère, qui a lieu des époques des syzigies à celles des quadratures ; comme, de chaque côté, elle avance de ses positions de conjonction ou opposition au soleil à la première, aux extrêmes points opposés de son orbite à la dernière époque ; ce mouvement, semblable aux hémisphères opposés de la terre, d'après la différence qui survient dans la position de leurs parallèles ascendantes à l'action solaire, amène un décroissement continuel de force dans la dernière, à mesure que nous avançons des tropiques à ses pôles opposés. Ainsi, l'action lunaire sur l'atmosphère, comme surface de la terre, est semblable à celle de ses hémisphères opposés, quoique, dans tous les temps, électrique positivement pendant le jour. La différence, qui survient entre cette action positive à l'époque des syzigics et quadratures, est si considérable, que comparativement elle pourrait être considérée comme électrique négative à ces dernières époques. D'un autre côté, la différence qui existe entre la force de l'action négative de la lune sur notre atmosphère, pendant la nuit, à l'époque des syzigies, et ce qu'elle est à l'époque des quadratures, étant en raison inverse de son action positive (semblable à la différence entre l'action négative de la terre, pendant la nuit, aux tropiques et aux pôles), est d'autant plus faible aux premières qu'aux dernières, qu'on devrait la considérer, à la première de ces époques, comme positivement électrique. Par suite de cela, on observera que l'analogie que je dis exister entre l'action lunaire sur la température et autres phénomènes de la terre, et l'action de cette planète, sera toujours parfaite dans toutes ses parties, c'est-à-dire, agissant constamment sur les phénomènes de la terre ; mais réunie alternativement avec l'un ou l'autre des modes opposés des trois forces primaires, solaire ou planétaire, selon la position actuelle de la lune, à l'égard de la terre ou du soleil ; mais, comme dans la circonstance précitée, plus particulièrement avec ceux des forces électriques opposées. Je crois pouvoir avancer que, par une conséquence de l'exécution générale des mêmes lois, la même analogie existe continuellement, non seulement entre les autres satellites du système solaire sur les phénomènes des astres qu'ils accompagnent, mais encore sur les phénomènes de ces astres entre eux. Mais, semblable à l'action lunaire, cette action est déterminée dans sa nature, comme coopérant avec l'un et l'autre mode de forces primaires opposées, par la position relative de ces corps entre eux et avec le soleil.

Cependant, pour mieux comprendre la nature de cette analogie universelle, que je dis exister entre l'action conjointe des planètes, sur les phénomènes de chacune d'elles, et celle qui existe entre la terre et la lune, sur les phénomènes du premier ; il faut bien observer de plus, que, depuis l'équinoxe de printemps jusqu'à l'équinoxe d'automne, dans chaque hémisphère, à cause que l'action positive du soleil est supérieure en force à l'action négative de la terre, sur l'atmosphère et la surface de cette dernière, *l'action moyenne* de la terre, sur ces phénomènes, pendant cette période, quant aux espèces opposées de la force primaire électrique, est *électrique positive*; de même que, depuis l'équinoxe d'automne jusqu'à l'équinoxe de printemps, par la raison contraire, *l'action moyenne* de la terre, sur son atmosphère, etc., est *électrique négative*. Ainsi, on remarquera, quant à l'action lunaire sur la température, que, depuis les périodes lunaires *intercalaires*, dans le second et dernier quartier jusqu'à ces périodes, dans le troisième et le premier, c'est-à-dire, trois jours avant et après les époques des syzigies, à cause que l'action positive de la lune sur la température est plus forte que son action négative, ces dernières époques sont celles de ses marées électriques positives de l'atmosphère. On remarquera encore que, de ces périodes intercalaires, dans les premier et troisième quartiers de la lune, aux mêmes époques du second et quatrième, comme l'action négative de la lune est supérieure à son action positive sur la température, les dernières époques sont celles de ses marées électriques négatives. Les *intercalaires* étant les époques de *suspension comparative* dans l'action lunaire sur l'atmosphère, produite par le balancement de ces forces électriques opposées, balancement qui a lieu entre la fin de chaque marée, et le commencement de celle qui lui est opposée; or, si nous portons, par analogie, le mode de l'action lunaire sur la température de la terre, ainsi que je l'ai dit, à celui des autres planètes, l'une sur l'autre, nous verrons que, lorsque ces corps se trouvent dans une certaine position de leurs orbites, l'action des uns sur les autres peut être électrique négative, et, par conséquent, abaisser, à ces époques, la température moyenne de leurs saisons; et que, tandis qu'elles se trouvent dans d'autres positions, à cause de leur approche des lignes de leur opposition conjointe à l'action solaire, cette première influence peut se changer en influence directement opposée, et, par conséquent, amener à cette époque une augmentation de température dans leurs saisons, proportionnée à la plus ou moins grande somme de cette action positive conjointe. Cette action, soit positive, soit négative, sur la température des planètes, influe nécessairement d'une manière plus sensible sur leurs saisons, que sur celles des satellites de ces corps, attendu que ceux-ci décrivent autour du soleil des cercles beaucoup plus étendus que ceux des satellites autour des astres qu'ils accompagnent. La conséquence de cette différence est que *l'action consécutive* des planètes l'une sur l'autre, soit positive, soit négative, est d'une durée beaucoup plus longue que celle de l'action consécutive des satellites sur leurs planètes. De là résulte, comme je le développerai plus particulièrement en parlant de la circonstance *d'exposition*, la différence des effets de leurs saisons, que je dis amenée par l'action des planètes l'une sur l'autre, à ceux amenés par l'action des satellites. On peut citer, comme un exemple de cette dernière, l'action consécutive de la lune, qui, soit positive, soit négative sur l'atmosphère, n'a jamais plus de six jours de durée.

Passons maintenant à l'action des comètes sur la température des planètes et des satellites du système solaire, en reportant le même principe à leur explication. C'est à la différence qui existe dans la figure et l'étendue, entre l'ellipse que décrivent les comètes dans leur révolution, et celle que décrivent les planètes; c'est à la circonstance, qu'elles ajoutent par leur présence à la somme collective des forces primaires planétaires existant déjà dans le système solaire, combinée avec le fait de leur approximation aux planètes en se dirigeant vers le soleil ; que l'on doit attribuer que l'action des comètes sur les phénomènes des planètes est nécessairement plus puissante que celle qui résulte de l'action coopérative que j'ai décrite de ces corps les uns sur les autres, — bien plutôt qu'aux dispositions invariables des planètes dans leurs orbites respectifs, en supposant toutefois, comme je le fais, que l'action des comètes et leur apparition soient perdues pour les phénomènes des planètes régulières, lorsqu'elles avancent au-delà d'un certain point dans les régions de l'espace qui servent de limites au système solaire. Ainsi, comme ces observations ont spécialement pour objet l'action des forces électriques primaires opposées, et comme j'ai avancé que le principe de la température planétaire a sa source dans l'action électrique, et conséquemment que la température actuelle de notre atmosphère, dans laquelle que ce soit de ses régions, *est l'expression exacte de l'action des forces électriques opposées qui se trouvent exister au même instant dans ces régions ;* lorsqu'il arrive que la température de l'atmosphère s'élève considérablement en été, ou pendant l'hiver descend au-dessous du degré commun ; la cause d'une déviation aussi remarquable peut être attribuée, avec raison, à l'action soit positive, soit négative, d'une comète, quoique dans le dernier cas elle puisse ne pas être visible. En effet, la masse de ces corps en général, inférieure à celle du plus grand nombre des planètes, l'étendue immense de leurs orbites, et la différence que l'on remarque dans la vitesse du mouvement, en approchant du soleil, comparée à ce qu'elle était au moment de l'apparition, sont autant de circonstances qui peuvent être causes que les comètes fassent un assez long séjour dans les régions plus éloignées de notre système solaire, et donner lieu à leur action négative sur la température des planètes, amenant un extrême degré de froid pendant l'hiver, avant qu'elles soient visibles sur la terre, et par conséquent avant que nous connaissions leur présence ; tandis qu'un plus grand rapprochement peut être suivi par des effets directement contraires, amenant, par leur action positive, un degré excessif de chaleur dans l'été. Il est presque inutile d'ajouter que, pendant quelque temps, l'action des comètes, et plus particulièrement leur action négative, pendant qu'elles s'éloignent du soleil, peut avoir, sur la température des planètes, la même influence que pendant leur approche.

Si, pour appuyer cette théorie des comètes, nous comparons à ces assertions le petit nombre de faits qui peuvent s'y rapporter, nous trouverons que, quelque limité que soit le nombre de ces faits, il existe une concordance entre eux et les assertions précitées. Ainsi, si nous considérons le nombre d'années employées par une seule révolution orbiculaire de quelques-unes des planètes les plus éloignées de notre système, et l'étendue immensément plus grande encore des orbites des comètes, il ne nous paraîtra pas impossible, ni au-delà de ce qu'on peut accorder à l'action des causes naturelles, que la mémorable gelée de l'hiver de 1739 à 1740 qui, en Irlande, malgré la douceur des hivers ordinaires, se prolongea pendant trois mois, soit due à l'action négative de la grande comète qui parut en décembre 1743, tandis qu'elle traversait, dans sa marche vers le soleil, des régions plus éloignées de notre système.

Malheureusement, dans la circonstance précitée, il n'est pas de faits à produire, quant aux effets opposés que je dis être produits par l'action positive de ce corps, attendu qu'il ne reste pas de souvenirs relatifs à la température de l'été de cette année. Cependant cette lacune est heureusement remplie par des faits plus récens : par exemple, la température des étés de 1811 et 1825 fut tellement élevée, que, si je ne me trompe pas, l'Institut de France proposa, comme solution d'un problème, de déterminer si elle ne tenait pas aux comètes qui parurent pendant ces années. Quant aux effets opposés de l'action négative de ces corps sur la température de l'hiver des années suivantes, les désastres qui accablèrent l'armée française en Russie, pendant la campagne de 1812 (en admettant qu'ils aient été produits par l'action négative de la comète de 1811), en fournissent un exemple assez remarquable. Le froid extraordinaire de Russie fut cette année plus précoce de vingt jours, qu'il ne l'avait été pendant les cinquante années précédentes, ainsi que l'a rapporté Napoléon (1). Ceux qui se rappellent l'hiver de 1825, savent que l'intensité du froid fut plus grande en Angleterre, qu'elle ne l'avait été pendant un grand nombre d'années précédentes ; et que le froid excessif de

---

(1) *Voyez* l'ouvrage du docteur O'Méara, intitulé : *A Foice from Sainte-Hélène,* London, 1822, vol. 1, p. 191.

cétte année se fit plus remarquer encore dans l'Amérique septentrionale.

Ainsi, si nous réunissons ces circonstances remarquables avec l'apparition, à l'époque où elles eurent lieu, des comètes dont il a été question ; si, ensuite (malgré la brièveté comparative de l'action consécutive du même *nom* de la lune, par opposition à celle des comètes), nous observons les effets de l'action lunaire sur la température de l'atmosphère, plus particulièrement vers l'époque des équinoxes, lorsque, par l'approche à une égalité d'action existant entre les forces électriques opposées, l'action lunaire, soit *positive*, soit *négative*, sur sa température, est plus remarquable qu'à aucune autre époque de l'année ; nous reconnaîtrons que l'étroite analogie qui existe entre la dernière et l'action des comètes, ne peut manquer, par les coïncidences palpables qu'elle présente, de frapper de conviction les capacités les plus ordinaires ; et par conséquent, de démontrer la justesse de la présente théorie sur ces deux actions. Dans notre admiration pour la justesse des vues de l'astronome Lalande, qui, dans l'importance qu'il attachait à la connaissance de l'action des comètes, s'écriait : « Il me semble que presque tout dépend des comètes ; la seule chose que je recommande à mes correspondans est de chercher et d'étudier les comètes ; la connaissance des comètes est la seule chose qui manque pour compléter l'astronomie (1). »

____

(1) *Histoire de l'astronomie*, 1801.

Nous aurons lieu de reconnaître que ce savant aurait eu un motif de surprise, s'il avait su que la solution de ce problème était si près de nous; et qu'elle était l'objet d'observations journalières.

Rapportons-nous en maintenant aux données précédentes, pour expliquer quelques phénomènes de l'année dernière, c'est-à-dire la faiblesse de la température et l'élévation extraordinaire de la crue du Nil. Quant à la faiblesse de la température, l'été dernier fut tel à Paris, où j'habitais alors, que les Français disaient que c'était une année sans été. Cet état de l'atmosphère, qui n'était point partiel ni restreint à un hémisphère exclusivement, démontre l'action universelle des causes dans lesquelles la température planétaire a sa source; car nous savons, par des documens arrivés récemment de la Nouvelle-Galles, que, dans l'intérieur, le froid, pendant le mois de juin, qui se trouve dans l'hiver de cette contrée, parut d'une rigueur inaccoutumée, le sol ayant été couvert de neige, etc. Réunissons donc cette circonstance d'un abaissement aussi général dans la température, avec la dernière inondation du Nil qui, comme on sait, s'éleva huit degrés au-dessus de sa crue ordinaire, causant de très grands ravages, ainsi que les journaux l'ont rapporté. Comme les inondations du Nil, ainsi que celles de quelques autres rivières, sont occasionnées par les eaux qui, dans la saison des pluies, tombent entre les tropiques; comme ces saisons des pluies constituent l'hiver de ces contrées, et que par-là la chute périodique de ces pluies est un effet de *l'action négative* de la terre, concentrée dans son hémisphère d'hiver, sur l'atmosphère de ses latitudes plus basses ; il en résulte que, lorsque l'action de cette force, par suite de quelqu'une des circonstances précitées, dépasse son degré commun, son action se balance si exactement avec certains phénomènes atmosphériques, que cet accroissement amène une augmentation correspondant dans leur intensité ; ainsi, les inondations du Nil étant un effet des pluies des tropiques de l'hémisphère d'hiver, il paraît évident que l'élévation extraordinaire de ses eaux, dont il a été question, fut amenée par un degré également *extraordinaire* de force dans l'action électrique négative de la terre, à cette époque, sur les régions de l'atmosphère entre les tropiques, où ces pluies sont tombées. Maintenant, puisqu'il paraît, par les almanachs, que toutes les planètes supérieures sont en opposition cette année, ne pouvons-nous pas, dans la circonstance de la position de l'un ou de plusieurs de ces corps, à l'égard de la terre et du soleil, pendant l'année dernière, tandis qu'ils approchent des positions qu'ils occupèrent pendant cette année, trouver, dans leur action négative sur l'atmosphère, tandis qu'ils étaient dans ces positions, ou plutôt, dans l'augmentation causée par leur influence négative sur l'action négative de la terre, une cause assez puissante pour amener, avec ses effets (y compris celui d'un hiver aussi précoce et aussi rigoureux que le dernier), l'abaissement de la température de l'année ; quand même la présence dans

les régions éloignées de notre système planétaire,
de la comète annoncée pour 1832, n'aurait pas
lieu. D'un autre côté, par le changement qui doit
avoir eu lieu dans la position des planètes supérieures, pendant l'année actuelle, et par l'augmentation que, d'après les principes émis, la
somme réunie de leur *action positive*, tandis
qu'elles sont ainsi en *opposition*, ajoutera à celle
de la terre et de la lune; nous pouvons naturellement prévoir, pour cette année, *un été d'une*
chaleur tout autre que celle du dernier, et ajouter
ainsi un nouveau témoignage au degré de confiance
que doit mériter la présente théorie de la température planétaire.

La circonstance de la *distance* n'est pas seulement liée avec l'action des forces électriques primaires sur les planètes, mais encore, ainsi qu'on l'a déjà
dit, en parlant de l'accroissement que l'on observe
dans la vitesse du mouvement des comètes, à mesure qu'elles approchent du soleil, elle fait également remarquer ses effets sur leurs forces magnétiques (1). Car, en admettant que le mouvement
elliptique des corps célestes soit dû à l'action magnétique, il est évident, non seulement par cet
accroissement de vitesse dans le mouvement des
planètes, à mesure qu'elles approchent du soleil,

---

(1) C'est depuis que ce passage a été écrit que l'auteur a
découvert l'*identité* qui existe entre l'action électrique et
l'action *magnétique* planétaires, ainsi qu'il le développera
en parlant de la température.

mais encore par celui de la lune, dans son approche des époques des *syzigies*, par celui de la terre et des autres planètes, quand, d'un côté ou d'autre, elles se rapprochent du soleil, que la force avec laquelle le magnétisme planétaire agit sur les corps célestes, est toujours en raison inverse des distances. Cette loi, du reste, est beaucoup plus apparente dans le mouvement des comètes, que dans celui des planètes régulières; attendu que les forces magnétiques des premières, ainsi que je l'ai dit, sont beaucoup plus puissantes que celles des autres. Cependant, cette loi d'action magnétique sur les deux classes de corps célestes, étant également apparente partout, par suite de la stricte analogie qui se remarque dans leurs mouvemens, nous fait apercevoir l'importance qui doit être attachée à la circonstance de *grandeur*, et de *distance*, dans l'économie de la nature, pour ce qui regarde les phénomènes des planètes. Comme la nature ne fait rien séparément ou sans objet; comme le but le plus noble qu'elle puisse se proposer dans la création des corps célestes est de les rendre, ainsi que la terre, des *théâtres d'intelligence*; où, comme sur celle-ci, se déploient dans les règnes animal et végétal une variété et une beauté infinies, qui reportent cette intelligence à la contemplation et à l'admiration de la *source suprême, de l'*Auteur premier de toutes choses : il en résulte l'indispensable nécessité d'une *température* sur les planètes, pour qu'il y existe, ainsi que sur la terre, une juste consonnance entre les deux règnes animal et végétal, dont je suppose qu'elles sont le dépôt : et si une exacte assimilation de conformation et constitution existe entre ces règnes, et ceux de la terre, il en résulte la nécessité d'une étroite approximation dans la température de tous les corps célestes. En considérant l'immense différence de grandeur qui existe entre les planètes primaires parmi elles, comme entre elles et leurs satellites, de même que la différence qui se trouve dans leur éloignement du soleil : pour trouver une échelle commune de température dans ces corps, qui s'accordât également avec des effets si opposés que ceux dont il est question, outre que (semblable aux phénomènes de leurs mouvemens elliptiques), le principe de cette température ait source dans l'action de forces, *moitié locales, moitié venant du dehors;* à moins que cette action des forces dans lesquelles il aurait sa source, ne dépendît de circonstances particulières à lui-même, et totalement distinctes de celles qui déterminent l'action des forces primaires de gravité et de magnétisme, comme je l'ai dit; il serait impossible d'évaluer son résultat sur ces corps, et de connaître comment il peut propager, ainsi que je l'ai avancé, *le même degré de température dans tout le système.* Comme, à l'exception du mouvement de *rotation*, il n'existe aucune autre circonstance liée à ces corps, sur laquelle puisse s'établir un pareil principe; il en résulte que, par une admirable disposition à leur égard, la nature paraît avoir, non seulement doué les planètes de ce mouvement de rotation, mais encore en avoir uni le principe à celui de la température, afin d'obtenir le résultat qu'elle se proposait. C'est ainsi *qu'elle a établi le premier phénomène, de manière à ce que ses degrés fussent déterminés par le second.*

Admettons donc que le principe de la température planétaire soit électrique ; que la force primaire électrique ait deux modes opposés, solaire et planétaire ; et conséquemment que l'action de ces deux modes opposés soit moitié locale, moitié venant de dehors dans sa source, pour ce qui concerne le soleil et les planètes respectivement : — il s'ensuivra que la circonstance par laquelle, dans la production de leur température, le résultat de cette action sera également réparti sur tous les corps planétaires du système solaire, sera celle que j'ai appelée *durée d'exposition;* c'est-à-dire, l'espace de temps pendant lequel les mêmes localités, ou régions de l'atmosphère et de la surface des planètes, sont consécutivement exposées à l'action solaire. En preuve de l'influence exercée par la circonstance de durée d'exposition sur l'action solaire, et de la manière admirable avec laquelle, nonobstant l'invariabilité de ses lois, la nature a formé cette partie de *sa table d'équation*, en effets approximatifs, qui semblent ne pouvoir se concilier avec l'action de ses forces, on peut citer (par un résultat de l'angle d'inclinaison formé par l'axe de la terre avec le plan de l'écliptique), la manière différente avec laquelle, surtout pendant l'été, l'action diurne ou consécutive du soleil est répartie aux régions opposées du même hémisphère. Ainsi, malgré la distance qui sépare les régions tropicales des régions arctiques et antarctiques de la terre, et l'obliquité de la direction de l'action solaire sur ces dernières, comparativement aux premières ; malgré que l'action de la température, comme on l'a dit, converge à un foyer principal, entre les tropiques, où ses effets sont nécessairement plus puissans ; cependant le fait d'une similitude de température des pôles pendant leurs courts étés, avec celle des latitudes plus basses, résultat de l'*inégale longueur des jours*, ou de l'action consécutive du soleil sur ces régions opposées, ressort des observations et erremens qui suivent : « Dans aucune partie du monde, dit un voyageur moderne, les saisons opposées de l'année ne présentent un contraste plus frappant, et nulle part les approches alternatives de l'hiver et de l'été n'offrent un changement plus soudain et plus remarquable, que dans les pays situés au-delà du cercle polaire (1). » Le docteur Halley a prouvé que, abstraction faite de l'influence des nuages, des brouillards, et des montagnes de glace, la plus forte chaleur, pendant l'été, pouvait avoir lieu, même sous les pôles, *la durée de la lumière du soleil* étant une compensation plus que suffisante pour l'obliquité de sa direction. M. Kirwan observe que « la promptitude de la végétation dans les latitudes élevées est un résultat de la durée du soleil sur l'hori-

---

(1) De Capell Brooks', *Winter in Lapland and Sweden*. London, 1827.

son (1). » Ainsi, parmi le petit nombre des hommes que les obstacles opposés par la distance et par les élémens n'ont point empêchés de visiter ces solitudes boréales, nous en trouvons un qui, sans soupçonner peut-être que de pareils faits puissent, de la manière la plus éloignée, donner une base aussi importante pour l'astronomie que celle qui conduirait à connaître les moyens employés par la nature pour répartir leur température avec égalité, parmi les divers membres planétaires du système solaire, frappé de surprise à l'aspect de ces faits, rappelle les merveilleux résultats produits sur la température par la *durée d'exposition* à l'action solaire, même sur les régions polaires. D'autres savans en même temps remarquables par la profondeur de leurs vues, quoique partageant les idées erronées qui ont prévalu jusqu'à ce jour sur la nature de la chaleur solaire, par la simple force d'une conviction émanée de l'observation, ont formé des conclusions exactes sur les effets produits par ce principe sur la température. Cette admirable disposition de la nature n'est pas seulement perceptible aux extrémités opposées du même hémisphère, mais elle se retrouve dans l'ensemble des régions intermédiaires qui les séparent; la longueur des jours, ou l'action consécutive du soleil augmentant graduellement, à mesure que la position des lieux s'éloigne du cercle de son action verticale. Ainsi, si

_____

(1) Rees's *Cyclopedia*, article *Temperature of the atmosphere.*

nous intervertissons les degrés opposés de distance et de durée d'exposition de l'un à l'autre, pour trouver une approximation aussi juste que possible des résultats de l'action solaire sur l'ensemble de la température,—et il faut observer que l'approximation de ces résultats serait plus exacte dans les régions intermédiaires dont il vient d'être question, si elles n'étaient pas le principal théâtre de *l'action électrique inverse*, qui a lieu dans leur atmosphère; nous trouverons que les effets de cette action sur la température sont directement opposés à ceux de *l'action directe* de la force alors *dominante* primaire électrique, soit positive, soit négative, qui existe dans ce moment.

Ces faits nous mettent à même de reconnaître d'abord avec quelle exactitude les trois circonstances de *distance du soleil, grandeur*, et *durée d'exposition* à l'action solaire, produites par ses mouvemens de rotation, ont été adaptées les unes aux autres, et se balancent entre elles, par rapport à la terre, pour établir l'état existant de sa température : car si réunissant les circonstances de distance et de grandeur avec celle de durée d'exposition à l'action solaire, dépendant du mouvement de rotation, nous verrons que si une révolution de la terre autour de son axe, au lieu de s'effectuer dans vingt-quatre heures, s'était prolongée seulement pendant une *heure de plus*, on peut en inférer, d'après les effets sur la température qui, dans les latitudes élevées, comme on l'a vu, sont le résultat de la prolongation de l'action solaire; que ce changement, tout léger qu'il paraît, aurait amené dans l'atmosphère une augmentation de chaleur, capable de détruire en peu de temps les animaux et les végétaux, sur une grande partie de la surface de la terre.

Cependant, si l'application de ces faits se bornait à la sphère que nous habitons, la moitié la plus importante de leurs avantages serait perdue, relativement à l'astronomie ; car, ainsi que je l'ai avancé avec raison, comme des principes semblables déterminent et régissent les phénomènes de l'ensemble des corps célestes, nous sommes par-là mis à même de nous servir de ces faits, et d'autres dont l'existence est reconnue, pour expliquer les phénomènes des autres planètes, avec la même certitude que ceux de la terre.

Ainsi, pour récapituler les principales circonstances que la présente théorie suppose influer sur les phénomènes des corps célestes, afin de mieux apprécier jusqu'à quel point les données qu'elle pose peuvent s'appliquer aux faits que nous possédons,—nous observerons, dans la disposition générale des planètes à l'écliptique, relativement au soleil, mettant en ligne de compte l'influence que je dis être exercée sur les phénomènes de leur température, etc., par les circonstances de distance et de grandeur, semblables à la disposition de l'action solaire, sur l'atmosphère et les surfaces des régions opposées du même hémisphère, afin d'effectuer une approximation de leur température, et pour mieux parvenir à ce but ; que la nature, dans la disposition des planètes, a réparti les échelles de distance et de grandeur de l'une à l'autre, — compensant par la dernière les variations de la première. Ainsi, nous reconnaissons que la grandeur des planètes, y compris nécessairement les satellites qui leur sont attachés, comme parties intégrantes pour ce qui regarde leurs phénomènes, croît progressivement avec leur éloignement du soleil ; de telle manière que ces corps, pris comme un tout, ont quelque ressemblance avec un *cône renversé*, horisontalement étendu sur le plan de l'écliptique,— l'assemblage des élémens de chaque côté, dans lesquels sont déposés les modes opposés des trois forces primaires du système solaire, dont l'action, comme je l'avance, le soutient et le vivifie, étant placés aux extrémités opposées, comme pour se contrebalancer mutuellement. Commençons donc notre examen de ces données, par une comparaison de la différence ou des rapports de température, qui, d'après ces bases, doivent se trouver entre la terre et la lune, — la circonstance de distance moyenne du soleil, pour ce qui regarde ces astres, étant la même; il reste à examiner les relations qui existent entre les circonstances de leur grandeur relative, et leur durée d'exposition à l'action solaire. Mais il faut observer que, par suite de diverses circonstances qui influent sur la température planétaire, que nous ignorons, et que nous ignorerons toujours, il nous est impossible d'évaluer, avec une exactitude mathématique, les effets relatifs de l'action des forces électriques primaires sur la température de la lune et des autres planètes plus éloignées, comparés avec leur action sur celle de la terre. Conséquemment, nous devons nous contenter d'approcher de ce degré désirable de certitude, par l'aspect de leurs effets sur les régions opposées de la terre, ainsi que je l'ai dit ; en quoi résultent des degrés de contraste ou de mélange dans les circonstances fondamentales en question, ainsi que nous le voyons présenté par la disposition, le mouvement et la grandeur relative de ces corps. Parmi ces circonstances influentes, qui nous demeureront toujours inconnues, on peut citer le degré d'influence, soit positive, soit négative, que l'action de la terre ou des autres planètes exerce sur la température de leurs satellites. Heureusement, il reste assez de documens pour démontrer l'exactitude de la supposition que j'ai présentée, d'une mesure commune de température dans toutes les planètes. Ainsi, dans le renversement de leurs échelles opposées de grandeur et de durée d'exposition à l'action solaire que l'on remarque sur la terre et dans la lune, ne trouvons-nous pas une preuve tellement évidente que cette mesure commune de température existe dans ces astres, que ce serait donner presque dans le scepticisme, que de douter de la réalité de ce fait ? La différence existant dans l'échelle de leur grandeur se trouve compensée d'ailleurs par celle de leur mouvement de rotation, dans la proportion de un à vingt-neuf et une fraction, comme on le sait.

Si nous étendons l'application de ces données aux planètes plus éloignées, nous trouverons, dans les phénomènes présentés par ces corps, de nouvelles preuves de leur exactitude. Ainsi , le diamètre de Jupiter à celui de la terre , étant comme 11 1/2 à 1 , et sa distance du soleil , comme 5 1/3 à 1 , la longueur de ses jours n'est environ que 1/3 des nôtres, son mouvement de rotation s'effectuant en 9 heures 55′ 37″. Ainsi , la différence dans l'échelle de sa grandeur est compensée par celle de son ex-position à l'action solaire, par sa différence en ra-pidité dans le mouvement de rotation. Il en est de même des autres planètes , autant du moins que nos connaissances nous permettent d'en juger. La rotation de Saturne est d'une durée proportionnel-lement plus longue que celle de Jupiter, attendu que son diamètre est plus petit. Nous reconnaissons donc avec admiration que l'action des forces élec-triques primaires , dans la production de la tempé-rature planétaire , est mise en harmonie, et adap-tée de manière à produire de pareils résultats dans tous ces corps,—circonstance due à ce que le prin-cipe ou la source de leur mouvement de rotation est lié, comme je l'ai dit, à celui de leur tempéra-ture , de manière à ce *que le premier dépende du second*, ainsi que je l'ai dit.

Il est nécessaire de présenter maintenant quel-ques observations, sur la manière par laquelle l'ac-tion des forces électriques opposées, en maintenant la température des planètes , est en même temps la cause de leur mouvement de rotation , comme je l'ai avancé, ainsi que quelques autres circonstances liées à ce sujet.

Comme le mouvement de rotation de la terre ,

autant que nos traditions astronomiques nous permettent d'en juger, n'a jamais éprouvé aucun
changement (1), il s'ensuit que le principe dans
lequel il a sa source, a été toujours uniforme dans
son action, n'éprouvant ni diminution, ni accroissement par son action, mais qu'il est demeuré invariablement et constamment le même. Conséquemment, le principe de ce mouvement doit être (comme
je l'ai avancé de chacune des trois forces primaires,
dans une autre partie de ces observations) *uniforme dans son action, et permanent de sa nature.*
Ainsi, en admettant, comme je le fais, que la
température planétaire soit produite par l'action
électrique, si la température moyenne de la terre
et des autres planètes était sujette à varier, on peut
dire que leur mouvement de rotation ne pourrait
être lié avec ce principe. Mais, d'un autre côté, si
la température moyenne de la terre, qui est le seul
corps sur lequel, pour le cas en question, nous
puissions avoir des données certaines, n'éprouve
pas *de variation* qui puisse influer sur son mouvement de rotation, mais se trouve, comme ce dernier, toujours la même, — on admettra, comme un
point essentiel pour ce qui regarde mon assertion,
que l'action électrique est en même temps liée à la
rotation et à la température des planètes.

Nous serons convaincus que la température

____

(1) La durée du jour n'a point changé d'un centième
de seconde centésimale, depuis le siècle des Ptolémées.
(*Mécanique céleste*, livre XVI.)

moyenne de la terre, pour ce qui concerne le phénomène de son mouvement de rotation, est toujours la même, malgré la variation continuelle de
température qu'éprouvent les diverses localités, en
considérant que les changemens diurnes qui ont
lieu à cet égard dans quelques points, sont produits
par les changemens qui surviennent dans la position du soleil, relativement à ces points, par suite
du mouvement diurne de la terre autour de son axe;
comme des changemens de température ont lieu
sur les surfaces de la terre, dans toute l'étendue du
même cercle de latitude, dans chacune de ses révolutions diurnes, il en résulte qu'il n'y a pas de
variation dans la température moyenne de ces cercles; mais que, pour le jour, elle est toujours la
même. De plus, pendant les révolutions annuelles
de la terre autour du soleil, aux époques des oppositions extrêmes de température annuelle, quel que
soit le degré de cette température, acquis ou perdu
par chaque hémisphère, il est toujours compensé
dans l'hémisphère opposé, de manière que, *comme
tout*, on peut dire qu'il ne survient pas de variation dans la température moyenne de la terre à ces
époques. On peut remarquer de plus, que ce qui
paraît être perdu dans la température des deux hémisphères, à l'époque des équinoxes, est compensé
par la plus grande extension de sa capacité sur
l'un et sur l'autre, à ces époques. Ainsi, à l'exception de l'influence que j'ai dit être exercée par
les comètes et par les planètes, sur la température
moyenne de leurs saisons, à des époques particu-

lières, ainsi que je l'ai déjà dit, la température moyenne de ces corps, en supposant que l'analogie se conserve, peut être considérée comme étant toujours la même.

Si, comme nous l'avons avancé, le passage des comètes, ainsi que la position relative des planètes, exercent, à certaines époques, une influence capable d'amener un changement dans la mesure de la température moyenne de chacun de ces corps, on observera que ces changemens sont très peu importans, et d'une durée temporaire, quoique leurs effets aient une pareille influence; et que l'échelle d'action de ces corps, sur la température les uns des autres, semblable à celle de la lune sur l'atmosphère, est disposée de telle manière, que ce qu'ils peuvent enlever de la température moyenne l'un de l'autre, par leur action négative, tandis qu'ils se trouvent dans certaines positions, est promptement compensé par les changemens qui ont lieu lorsqu'ils passent à l'action positive; et que par une conséquence de leur mouvement elliptique, ils se trouvent placés dans des circonstances opposées pour ce qui regarde l'action des forces électriques primaires sur leur température. Ainsi, si nous admettons l'effet d'une impulsion une fois donnée au mouvement de masses aussi énormes que celles des planètes, suspendues dans un milieu aussi léger que celui de l'éther général ou atmosphère, qui est supposé lier les différentes parties du système solaire; si nous nous figurons par conséquent les planètes aussi libres d'obéir à l'influence de cette impulsion, nous concevrons, ainsi que nous l'avons fait observer pour les marées, que, quand même l'impulsion cesserait entièrement, *ses effets* se prolongeraient long-temps encore après sa cessation, comme si elle n'avait pas eu lieu. D'après tout cela, nous sommes en droit de supposer que la déviation de la température moyenne des planètes ne peut être considérée comme d'une nature à amener le moindre changement dans le mouvement de rotation de ces corps.

Il est nécessaire ensuite d'examiner la nature et le mode d'action des forces électriques primaires opposées sur l'atmosphère et la surface de la terre, pour voir si nous pourrons y découvrir quelque autre preuve évidente que ces forces soient, comme je l'ai dit, les agens de son mouvement de rotation, comme rapports entre la cause et l'effet.

J'ai déjà fait remarquer que les modes opposés de la force électrique primaire, semblables à ceux du magnétisme, dans leur action locale sur les corps célestes, ont une direction qui leur est propre ; c'est-à-dire *est et ouest,* ou à-peu-près à angles droits avec leurs méridiens magnétiques et du plan de l'écliptique : c'est par conséquent la *direction exacte* qu'il était nécessaire de donner à l'action des forces destinées à imprimer à ces corps leurs mouvemens de rotation. J'ai dit aussi que, dans l'action locale de ces modes opposés de la force électrique primaire sur le soleil et les planètes, ils convergent vers des foyers principaux où leur action est plus puissante, et que la position des foyers principaux de l'action électrique positive du soleil sur les planètes, est toujours sur les points des cercles décrits par leur mouvement de rotation, où se trouve pour le moment le plus haut degré de chaleur solaire sur leur surface ; et par conséquent est toujours sur les lignes centrales où l'action verticale du soleil divise leurs hémisphères opposés, se trouvant précisément sur la partie de leur surface, où l'application d'une force destinée à leur communiquer le mouvement de rotation, *serait appliquée avec le plus d'effet*. Il faut ajouter à cela que les forces électriques primaires possèdent encore une autre qualité particulière, qui n'est guère moins essentielle que celles qu'on vient d'énumérer, comme agens dans le phénomène de rotation des planètes : c'est *l'obliquité d'action*. Pour mieux comprendre ceci, il faut remarquer que l'action de ces forces, se rapportant toujours aux durées, et les durées de leur action sur la température planétaire étant plus fortes au moment des solstices, si leur action était *directe*, le plus haut, comme le plus bas degré de température annuelle, auraient nécessairement lieu à ces époques opposées de l'année. Comme il n'en est point ainsi ; mais que les époques des degrés extrêmes opposés de la température annuelle, ont lieu *après les solstices*, cette circonstance prouve que l'action de ces forces dans la création du maximum de leur effet sur la température, n'est pas *directe*, mais *oblique dans sa direction*. La même loi, dans l'action de ces forces, se remarque dans le cercle diurne, comme dans le cercle annuel de leur mouvement : le plus haut et le plus bas degré de température diurne n'ont lieu ni à minuit ni à midi ; mais à des périodes subséquentes ; la plus forte chaleur du jour ayant lieu, comme on sait, ordinairement sur les deux heures de l'après-midi.

Si donc, en même temps que l'action des foyers principaux du soleil sur les surfaces des planètes, amène le plus haut degré de leur température diurne, elle formait dans les régions de leurs atmosphères respectives, où elle crée une *force propussive*, dont l'action, comme celle de la température, vient directement en contact avec les mêmes parties de leurs surfaces : si l'action, dis-je, des foyers principaux du soleil formait un angle (par rapport avec la position relative du soleil et des parties de leurs surfaces) auquel s'appliquât le plus haut degré de cette force d'impulsion ; *c'est là que certainement son application sur leur mouvement de rotation serait le plus efficace.* Ainsi, pour récapituler ce que nous venons de dire, et en raisonnant par analogie, les forces électriques primaires, soit qu'on les considère sous le rapport de l'égalité de leur action, sous celui de leur direction relativement à l'axe des corps célestes, — à la position locale des cercles journellement traversés par les foyers électriques du soleil autour de ces corps, ou à l'angle auquel ces derniers sont soumis ; sont celles qui sont le plus admirables sous tous les rapports, pour donner naissance à la rotation des planètes.

Comme, cependant, il faut d'autres preuves pour établir que la rotation des planètes est un effet de l'action électrique, il nous reste à voir si nous ne les trouverons pas dans les effets opposés sur le volume de l'atmosphère, particulièrement dans ses régions inférieures, et les courans qui y sont amenés, par suite de l'action alternative des forces électriques primaires opposées dans le cercle diurne de leur mouvement. C'est par ces courans, par la direction opposée et par la force de leur action sur la surface des planètes, particulièrement sur les parties opposées des cercles traversés journellement par les foyers principaux du soleil, que, comme je l'ai dit, l'action de ces forces devient principalement la cause de ce mouvement.

Nous avons à regretter ici que tout ce qui se rapporte aux vents ou courans de l'atmosphère, ne soit pas mieux connu : car, si nous avions à cet égard des notions plus positives, je ne doute pas que toutes les incertitudes qui peuvent rester encore sur la cause de la rotation des planètes, ne fussent bientôt levées, par la connaissance de la cause des vents alizés, qui est, je pense, liée de très près à celle du mouvement de rotation de la terre, et dont le principe éloigné, comme je l'ai dit, doit se trouver dans les effets opposés sur le volume de l'atmosphère de ses hémisphères opposés, ou d'hiver et d'été ; par suite de l'action dominante sur chacun, de la force électrique primaire à la même époque. Comme ces courans, dans les basses latitudes des hémisphères opposés, ont des directions presque opposées l'une à l'autre ; ces directions changent régulièrement à des intervalles fixes ; et il est admis que le plus *faible* de ces courans est celui qui souffle du côté de l'hiver de l'équateur, étant un effet de la réaction de l'atmosphère dépendant du mouvement du courant principal, sur le côté opposé, ou d'été, ainsi que nous voyons dans les rivières, des contre-courans remonter sur les bords par un effet de la rapidité des eaux qui coulent au centre. Ainsi, le courant principal des vents alizés, est supposé être celui qui souffle *sur le côté d'été de l'équateur*, et avoir sa source dans la *condensation du volume* de la région inférieure de l'atmosphère, dans ses basses latitudes, d'après la prépondérance existante de l'action électrique positive du soleil sur l'action électrique négative de la terre à la même époque; ainsi, ce courant principal est amené par l'action solaire sur le cercle journellement traversé par elle.

C'est une idée commune, comme on sait, que l'action solaire, en élevant la température, *raréfie*, comme le froid *condense* son volume ; erreur qui, comme on peut l'observer, a la même origine que celle qui veut que la chaleur solaire ait les mêmes principes que la combustion. Le contraire a lieu, ainsi que j'espère l'établir d'une manière concluante. En effet, l'action solaire, en élevant la température de l'atmosphère, *est condense*, comme l'action négative de la terre en l'abaissant, *raréfie* le volume d'air. S'il n'existait pas d'autre preuve de ce fait, on en trouverait une suffisante dans l'air, dont le plus chaud est celui qui se trouve le plus près de la terre, comme le plus froid est celui qui en est le plus éloigné, suivant les degrés de l'échelle montante. C'est comme si on prétendait que l'eau est plus légère que l'huile, parce que ce dernier liquide surnage sur le premier, et que l'air froid des régions supérieures de l'atmosphère est plus pesant que l'air chaud des régions inférieures sur lequel il est supporté. Mais, quant à ce qui concerne cette question, et pour ajouter à la preuve incontestable déjà donnée, on doit observer que la direction générale des courans de l'atmosphère dans les régions élevées des deux hémisphères pendant le printemps, comparée à ce qu'elle est pendant l'automne, établit suffisamment le fait que la force croissante de l'action solaire, dans la première de ces deux saisons, par le courant qui se forme des pôles dans la direction de l'équateur, *condense*, ainsi que la force décroissante de cette action dans l'automne, par le courant opposé qui se forme de l'équateur aux pôles, *raréfie* le volume d'air. On peut ajouter encore à ces preuves le phénomène *des brises de terre et de mer de la zône torride*. Ainsi, par suite de l'*action réfléchissante* supérieure de la surface de la terre, par rapport à celle de l'eau pendant le jour, en répondant à l'action positive du soleil, et par suite de la différence de degré de *condensation* dans les régions inférieures de l'atmosphère de la terre, relativement à celles de la mer, due à l'élévation supérieure de sa température diurne; il se forme une brise de mer, dans les régions précitées, qui, comme on sait, souffle à terre avec la force croissante de l'action solaire, ou

à-peu-près à dix heures du matin, et augmente jusqu'à ce que l'action diurne du soleil ait passé son
plus haut degré ; ou à-peu-près à trois heures de
l'après-midi, où cette brise de mer diminue, pour
cesser entièrement au coucher du soleil. Par la
même raison, et par suite de la réflexion supérieure
de l'action négative de la surface de la terre par
rapport à celle de la mer, *en abaissant la température de l'atmosphère pendant la nuit;* peu de
temps après que le soleil a disparu, cette action
négative de la terre sur son atmosphère, et la plus
grande raréfaction de son volume, comparativement à celle qui a lieu sur l'atmosphère de la mer,
sont cause qu'il s'établit un contre-courant de la
terre à la mer, qui, dans ces régions, succède pendant la nuit à la brise de mer qui a régné pendant
le jour. Ces effets, en expliquant la cause de ces
vents rafraîchissans, prouvent, par une transition
rapide, les effets opposés de l'action des forces électriques primaires positives et négatives, pour condenser ou raréfier le volume d'air.

Or, comme la condensation du volume d'air
doit avoir pour effet d'accroître, ainsi que sa
raréfaction de diminuer la somme de sa gravité
spécifique, et ensemble sa pression relative sur la
surface de la terre ; admettons, par les raisons
assignées, que l'action solaire diurne, en élevant
la température de l'atmosphère par l'accroissement
de pression qu'elle produit sur la partie où elle a
lieu, *imprime une impulsion* à la masse de la terre
sur le côté comme dans la direction de son applica-

tion : et au contraire, l'action négative de la terre
pendant la nuit, en abaissant la température de
l'air, et par la raréfaction de son volume qui en
est la suite, *diminue la pression* de l'atmosphère
sur sa surface, partout où cette action a lieu. Ces
faits une fois posés, tous les doutes sur les principes
dans lesquels la rotation de la terre et des autres
planètes ont leur source, doivent disparaître immédiatement. En effet, au moyen des effets opposés de l'action des forces électriques primaires opposées, dans le cercle diurne de leur mouvement
sur les sections opposées dans lesquelles cette action diurne divise l'atmosphère de ces corps, sur
l'étendue de leurs hémisphères oriental et occidental,
se prolongeant, on peut dire, d'un pôle à l'autre,
nous pouvons apercevoir, non seulement une application de forces *propres* à produire ce mouvement, mais encore l'admirable simplicité des principes par lesquels elles agissent pour arriver à ce
résultat ; nous y voyons encore, ainsi que je l'ai dit,
comment la nature, dans ses dispositions, a fait
résulter le phénomène de la rotation des planètes
de celui de leur température. Quelque exacte que
puisse être cette théorie de la rotation des planètes,
on peut y faire une objection ; et c'est la seule, je
crois, qu'on peut faire raisonnablement. La voici :
Dans les régions inter-tropicales de la terre, où l'action positive du soleil, en produisant ce mouvement,
est supposée avoir le plus d'influence, les changemens
de pesanteur dans l'atmosphère indiqués par le baromètre, se trouvent être moins considérables que dans

les latitudes élevées; puisque, pendant le jour, le mercure au lieu de s'élever, se baisse ordinairement d'un demi-pouce à-peu-près, et remonte à sa première hauteur pendant la nuit (1); tandis que le contraire semblerait devoir avoir lieu. Il est nécessaire de présenter quelques observations pour expliquer les causes qui amènent ces circonstances. Pour en finir tout d'un coup avec cette objection, il suffit seulement de faire observer que, dans les impulsions les plus violentes de l'atmosphère sur la surface de la terre, telles que celles qui sont amenées par des ouragans, etc., même au moment où leur action a le plus d'effet sur la mer dont elles attirent les eaux jusqu'aux nuages; au lieu d'élever le mercure dans le baromètre, elles produisent un résultat tout contraire puisque c'est dans de pareilles circonstances que le mercure tombe le plus bas. Nous pouvons reconnaître par là que l'impulsion la plus violente peut être donnée par l'atmosphère à la surface de la terre, sans qu'elle soit indiquée par une élévation correspondante du mercure du baromètre; qui au contraire, comme on l'a vu, éprouve par la présence de ce phénomène un mouvement opposé. Conséquemment les changemens du baromètre doivent être attribués à d'autres causes qu'aux *causes apparentes* qu'on leur a assignées jusqu'à présent. Mais comme on trouvera, dans une autre partie de cet ouvrage, un chapitre sur les variations

----

(1) Rees's *Cyclopedia*, art. *Weight of the atmosphere.*

du baromètre, il suffit pour le moment à notre objet, de citer le fait en question, pour démontrer que l'objection précitée ne peut être d'aucun poids dans la question qui nous occupe : et de plus, que la chute du mercure du baromètre pendant le jour, dans les régions inter-tropicales, est en partie due aux mêmes causes que celles qui se présentent pendant les orages; c'est-à-dire, l'*obliquité du courant dans l'atmosphère*, amenée par l'action électrique positive du soleil, opposée à la *direction verticale* de l'action de gravité et à la diminution de l'effet de cette dernière sur le corps de l'atmosphère, que ce courant électrique traverse, en opérant une collision sur cette action.

On peut remarquer de plus, comme un fait qui corrobore cette assertion, que la rotation des planètes en commun, a sa source dans l'action du même principe, et que *la direction de ce mouvement*, tant dans les planètes que dans leurs satellites, *est la même*; c'est-à-dire de l'ouest à l'est. Il existe, il est vrai, quelque incertitude à cet égard, pour les satellites de la planète d'Herschell; mais, d'après la petitesse comparative de ces masses et l'immense distance où elles se trouvent de nous, il n'est pas étonnant qu'à l'aide même de nos meilleurs télescopes, la direction de leur mouvement de rotation ne puisse être déterminée avec certitude. Si cependant on parvenait avec le temps à perfectionner ces instrumens d'astronomie d'une manière qui nous mît à même de déterminer ce point, je ne doute pas que la rotation de ces corps ne fût trouvée conforme dans sa direction à celle des autres planètes : et que d'ailleurs la force même dans laquelle le mouvement de leur rotation a sa source, soit, comme je l'ai déjà avancé, purement locale ; car une *variété aussi sensible que celle qu'on remarque dans les époques* pendant lesquelles le soleil et les planètes accomplissent respectivement ce mouvement, ne peut être produite que par une cause *locale et particulière* à chacun de ces corps.

Poursuivons notre investigation des principaux phénomènes planétaires auxquels est supposée donner lieu *l'électricité,* — la plus fertile des *forces primaires* dans leur production. Outre le beau phénomène de la *lumière,* dont la nature a voulu se servir comme d'un voile transparent pour couvrir ses merveilleuses productions ; la *température,* destinée à répartir la chaleur et la fécondité dans les règnes animal et végétal, établis dans les planètes, et le mouvement de rotation dont la mesure règle et proportionne ces phénomènes sur chaque globe : la nature a voulu doucr encore l'action de cette force, d'un autre phénomène, qui n'a guère moins d'importance et d'utilité que la *lumière* et la *chaleur* dans l'économie particulière de la terre, et, par analogie, dans celle des autres planètes : ce sont les *marées de l'océan.* Il faut avouer que probablement, nous ne connaissons pas toute cette utilité, par une suite de notre ignorance de l'étendue de l'action des marées, soit sur les eaux de la mer, soit sur l'atmosphère qui les entoure.

Depuis Isaac Newton jusqu'à nos jours, la cause des marées a été attribuée, comme on sait, à l'action de *gravité*. Cette partie de la théorie de l'astronomie de Newton avec ses autres assertions fondamentales, passeraient probablement intactes jusqu'aux générations futures, sans la découverte accidentelle, *qu'il existe une analogie entre l'action lunaire sur les marées et la température de l'atmosphère*, faite, il y a quelques années, par l'auteur. C'est à cette circonstance, tout accidentelle qu'elle fût, qu'est due l'origine du présent ouvrage. Après s'être convaincu par une longue observation, de l'existence de cette analogie; persuadé de l'impossibilité qu'il y a que *l'attraction* puisse n'être pour rien à cet égard, et de la nécessité de trouver une autre source; après une infinité d'efforts inutiles et de conjectures erronées, l'auteur se vit enfin contraint de chercher la solution dans l'action *électrique; à l'existence* de laquelle, il avoue qu'il ne *croyait* pas peu de temps auparavant. Chaque jour d'observation subséquent ne servit qu'à lui prouver davantage la justesse de sa manière de voir, et à lui démontrer que l'électricité est un principe dont l'action dans la nature est aussi étendue que le système planétaire que nous habitons, et que son action sur les corps célestes est extrêmement variée; ce qui a été démontré par des expériences subséquentes dont il est question ailleurs. C'est par de laborieuses observations, et une persévérance à toute épreuve que la théorie des *trois forces primaires*, qu'on met sous les yeux du public, a enfin été moulée dans les formes sous lesquelles elle se présente aujourd'hui.

Ainsi, c'est à *la même impulsion* par laquelle les principales forces de l'action électrique positive du soleil sur la terre, lui communiquent son mouvement de rotation, — variant continuellement dans ses degrés, avec les variations de la force de l'action électrique positive de la lune, que *les phénomènes des marées sont supposés* devoir leurs causes (1). En effet, cette *impulsion* étant communiquée aux eaux de l'océan le long de la ligne traversée journellement par le foyer principal de l'action solaire entre les tropiques; c'est, comme on peut l'observer, le point exact où son action, sur l'étendue de leur surface dans les deux hémisphères, doit produire les plus grands effets. On peut remarquer de plus que, *l'action électrique inverse*, ou la formation de la pluie dans l'atmosphère, qui seule peut intercepter l'action produite par le foyer principal du soleil sur la surface de la terre, *n'a lieu que dans un certain état de la température*; et par conséquent dans les régions les plus élevées comme les plus basses, seulement

---

(1) Pour montrer que la pression atmosphérique est une force qui, appliquée comme il a été dit, est parfaitement propre à occasionner la rotation de la terre et les phénomènes des marées, il ne faut que citer le calcul de M. Cote, qui fait le poids collectif de l'atmosphère qui presse sur la surface de la terre, égal à la pression d'un globe de plomb d'environ 60 milles de diamètre. (REES's *Cyclopedia*, art. *Atmosphere.*)

pendant les périodes de transition qui séparent l'action annuelle principale, des forces primaires électriques opposées, dans ces régions opposées. Il en résulte que l'impulsion, soit sur les marées, soit sur la surface de la terre, imprimée par le foyer principal de l'action solaire, est toujours uniforme, parce qu'elle n'est pas un seul instant interrompue dans le cercle qu'elle traverse. Comme la longueur des jours, entre les tropiques, n'éprouve pas de variation, et que l'action de l'impulsion donnée journellement aux eaux de l'océan est toujours de *six heures dans sa progression*, comme *dans son déclin*, et par conséquent à une durée de. douze heures ; comme l'intervalle de sa suspension, pendant la nuit, est exactement de la même longueur de temps ; ainsi, chaque impulsion diurne est simplement, par *réaction*, le produit d'un second flot pendant la nuit ; car il a été remarqué avec raison que « quoique l'action du soleil et de la lune sur leur mouvement viendrait à cesser, les marées n'en continueraient pas moins à avoir leur cours pendant quelque temps (1). » Conséquemment, par suite de la *division égale* du temps pris par la rotation de la terre, entre les marées *diurne* et *nocturne*, aucune variation n'a lieu ni ne peut avoir lieu dans le mouvement des eaux amené par ce principe. Ainsi nous pouvons reconnaître la justesse des expressions de Pope, que « la nature bien connue,

______

(1) Rees's *Cyclopedia*, art. *Tides*.

les prodiges s'évanouissent, » en les appliquant aux marées.—Sujet dans lequel Laplace reconnaissait plus de difficultés, que dans tout autre relatif à l'astronomie ; et c'était avec grande raison, puisqu'il essayait d'expliquer les marées par le principe d'*attraction*. Mais, en connaissant une fois leur cause, ces difficultés cesseront d'exister, car la nature n'aura pas fait à leur égard une exception à ses règles générales : pour nous servir des expressions de Newton, nous la trouverons « toujours simple et d'accord avec elle-même. » Ainsi, en admettant que la force d'impulsion exercée par le foyer principal de l'action solaire, dans l'atmosphère, sur les eaux de l'océan, soit le principe primaire dans lequel les marées ont leur origine ; il s'ensuit que, quoique *l'action lunaire* cessât entièrement, ces phénomènes continueraient cependant à avoir leur cours comme auparavant, quoiqu'ils ne fussent peut-être pas sujets aux mêmes changemens, ou peut-être à la même étendue dans leurs degrés montans et descendans, qu'ils le sont à présent. Comme les oscillations des marées paraissent avoir exactement le même principe que celles du pendule, il doit en conséquence s'écouler *un intervalle* entre l'expiration de la force impulsive, et le commencement de son opération de *gravité* opposée, pour amener le mouvement de *réaction* ou descente, et *vice versâ*. Si nous faisons entrer dans le calcul, l'étendue de mer à partir des tropiques, qui est sujette à la même action ; et si nous admettons que l'espace de temps employé alternativement, pour communiquer l'impulsion opposée à ce corps qui soutient le mouvement de ses marées, a *une durée de six heures*, nous trouverons aisément qu'il ne doit pas s'écouler moins de *douze minutes* dans les intervalles de suspension qui doivent survenir dans l'action de ces forces opposées sur la masse de l'océan : la période du flux et du reflux des marées étant, comme on sait, de *douze heures vingt-quatre minutes*, c'est-à-dire *six heures* pour le flux, avec un intervalle de *douze minutes*, entre son expiration et le commencement du reflux, et *vice versâ*. Ainsi, il paraîtrait que, parmi ces admirables coïncidences que nous voyons introduites aussi heureusement par la nature dans ses dispositions, le jour *lunaire* excéderait le jour solaire, et par conséquent, l'action diurne solaire sur les eaux de l'océan, *justement autant qu'il faudrait*, pour donner lieu à ces intervalles indispensables de suspension entre l'action et la réaction des marées ; de manière à limiter et à circonscrire toujours leurs révolutions par celles de la lune, dont l'influence sur l'action solaire, quant à leurs variations, est telle, qu'on peut l'appeler la *roue-balancier* dont le mouvement règle éternellement et met en harmonie ces révolutions.

On verra, par ces observations, que les phénomènes des marées étant compris dans ceux de l'atmosphère, il était impossible d'arriver à une connaissance des premiers, avant que la source des autres fût connue, puisque c'est une des découvertes importantes mises en lumière par la véritable théorie de l'atmosphère.

Ainsi l'on appréciera l'insignifiant *fatras* de tout ce qui a été dit sur les variations supposées résulter des collisions des marées *solaires*, *lunaires*, *atmosphériques* et *renversées*, et la longue série des argumens mis en avant pour soutenir la théorie de Newton sur ces phénomènes. Nonobstant l'application de ces faits, un rédacteur du QUARTERLY, appelant à son aide *Laplace*, *Lagrange*, *Du Buat*, etc., et torturant ses explications pour leur faire prendre toutes les formes possibles, en traitant des intervalles qui s'écoulent entre la *nouvelle* et la *pleine lune*, et des périodes auxquelles ont lieu, sur certaines côtes, les plus hautes marées, est cependant forcé d'avouer qu'*il ne connaît aucune méthode pour obtenir une solution parfaitement exacte de ce problème*, et que les difficultés inhérentes à cette investigation, paraissent presque insurmontables (1).

On observera maintenant, comme circonstance venant à l'appui de la présente théorie des marées, que les intervalles en question, dont l'auteur avoue franchement ne pouvoir rendre raison, surviennent, suivant cette théorie, en effet, à cause de

---

(1) *Voyez* un article du *Quarterly Review*, Londres, 1811, vol. VI, intitulé : *Nouvelle théorie des marées*, par *Ross Cuthbert*, attribuées à l'expansion de la mer, causée par les variations journalières de la chaleur solaire.

l'*obliquité* de l'action des forces électriques primaires, soit, comme on l'a vu, dans le *cercle diurne*, *lunaire* ou *annuel* de leur mouvement, et qui, dans la circonstance présente, est cause que le plus haut degré de l'action électrique positive de la lune sur les marées, comme sur la température, dans les régions inter-tropicales, n'a pas lieu à l'époque des *syzigies*, *mais à des intervalles qui leur sont en général postérieurs de deux jours*. Ce plus haut degré d'action positive de la lune sur la température, à l'époque de la nouvelle lune, lorsque par sa plus grande proximité du soleil elle est *plus puissante*—à l'époque du plus haut degré annuel de température en été, ayant lieu ordinairement dans nos latitudes aux *intercalaires*, ou *quatrièmes jours*, après la *nouvelle lune;* est un effet dépendant de la plus grande *concentration* de son action positive à cette époque de l'année, au moment où commence l'action de ses marées lunaires opposées ou négatives; différence à laquelle peut contribuer probablement la circonstance de *distance*.

Avant de terminer ces observations sommaires sur les phénomènes des marées, je dois rapporter une autre circonstance qui leur est relative, et qui par conséquent tient à cette théorie. *Les marées du soir, en été, sont plus fortes que celles du matin; et les marées du matin, en hiver, sont plus fortes que celles du soir.* Cette différence est, à Bristol, de quinze pouces, et à Plymouth, d'un pied (1). Je ne doute pas qu'il ne soit aussi difficile d'expliquer cette circonstance par l'*attraction*, que le *retard* dont il a été question ; tandis que ma théorie en rend facilement raison. Car il en résultera immédiatement que la différence entre la hauteur des marées du soir et du matin, en été et en hiver, a sa source dans la *différence de position dans les cercles* traversés journellement par le foyer principal de l'action solaire aux saisons opposées de l'année. La proximité de ce cercle en été, relativement à celui que décrit l'action solaire en hiver, donne lieu, en été, à la marée *solaire* ou primaire qui arrive dans la soirée sur nos côtes où, attendu la plus grande distance à laquelle ce cercle est placé de nous pendant l'hiver, ce premier flot solaire ne parvient que le matin suivant, n'étant que le flot secondaire, ou celui qui est produit par la *réaction*, lequel, en hiver, arrive le soir sur nos rivages. Cette explication démontre que, non seulement, pendant tout le courant de l'année, un flot plus important et un plus faible ont lieu toutes les vingt-quatre heures, comme on l'a dit; mais encore que la différence dans le temps qu'ils mettent à parvenir à nos côtes, est conforme à la proximité et au prolongement de la durée de l'action solaire qui leur donne lieu.

Je croirais ces observations préliminaires incomplètes, si je n'y ajoutais une autre circonstance liée à l'action électrique : c'est que *les dif-*

---

(1) Rees's *Cyclopedia*, art. *Tides.*

férens cercles dans lesquels les forces électriques primaires agissent, sont et ont toujours été les *divisions naturelles*, par lesquelles, comme l'espace, *le temps se mesure*. En effet, quoique, ainsi que je l'ai dit, ce soit à l'action des *forces magnétiques* que *le mouvement orbiculaire* des planètes doive être attribué, et que ce soit ce mouvement qui détermine la longueur de leurs années ; cependant si le changement des saisons ne résultait pas des changemens de l'action des forces électriques primaires dans ce cercle annuel de leur mouvement, nous connaîtrions à peine les changemens et complément de cette importante mesure du temps, par laquelle nous apprécions, non seulement la durée de la vie des hommes, mais encore celle des empires et du monde lui-même. Vient ensuite, dans l'ordre d'étendue, le *cercle lunaire* de l'action électrique et la mesure qui en résulte ; et enfin le plus faible dans l'ordre de ces divisions naturelles du temps, c'est-à-dire le *cercle diurne* de l'action électrique, plus fortement prononcé que les autres par ses oppositions de *lumière* et d'*obscurité*, et qui constitue la première figure, ou la somme déterminée, par laquelle les autres diverses mesures se forment. Ainsi on remarquera que, quoique les divisions qui mesurent le temps soient de deux sortes, *naturelles* et *artificielles*, et que ces dernières occupent les extrémités opposées de sa vaste échelle, les premières, placées au centre, constituent la base sur laquelle sont fondées les autres divisions.

Comme liée à l'astronomie, à l'exception des phénomènes de la *lumière* et de l'obscurité qui divisent cette action en diurne, et en partie annuelle, la même analogie caractérise l'action des forces électriques opposées dans chaque cercle de leur mouvement. Ainsi, dans chacun, leur action est *alternative*; dans chacun, le mouvement direct de l'action électrique positive du soleil sur l'atmosphère et la surface de la terre produit la *chaleur*, comme l'action négative de la terre et de la lune, le *froid*. Dans chaque cercle, ces forces procèdent du degré inférieur au degré supérieur d'action, et *vice versâ*; dans chacun, leur action sur la température est *oblique*; le plus haut degré de température amené par l'un, étant un effet de l'action commençante de l'autre, au moment où il se met en action. Dans chacun, les changemens de position de positive à négative et de négative à positive, amènent des collisions électriques dans l'atmosphère, entre les bases respectives de ces forces électriques opposées, ainsi que les phénomènes qui en dépendent. Dans chaque cercle, également, le plus haut degré de l'action de chaque force est suivi par ce qui, dans la présente théorie, est appelé un *intercalaire*, ou période pendant laquelle l'action des deux forces paraît comme suspendue; mais où la température et autres phénomènes de l'atmosphère tiennent plus de la nature de l'action électrique précédente que de celle qui lui succède. Ces *périodes intercalaires*, étant proportionnées à la grandeur relative des cercles, plus fortement marqués sur la température et le temps , dans le *cercle* annuel , comme également de plus longue durée que dans le *lunaire ;* et plus dans celui-ci que dans le *diurne :* la brièveté comparative de l'action de ces forces dans le dernier, rend difficile de distinguer les intercalaires diurnes. Cela cependant n'a point lieu dans le cercle annuel ; ces périodes intercalaires , selon la latitude , à des saisons opposées de l'année , lorsqu'elles arrivent , sont d'une durée plus longue ou plus courte , ou de quinze à trente jours : les époques de leur arrivée se trouvant subséquentes aux phénomènes équinoxiaux du printemps et de l'automne , amènent à la première époque ces retours de froid, à la seconde ceux de beaux temps , qui rendent ces saisons si remarquables. Ainsi , l'action des forces électriques primaires , dans le cercle annuel de leur mouvement, se divise naturellement en six périodes , savoir : les *solstices ,* lorsque l'*action directe* des forces électriques opposées est alternativement à leur plus haut et à leur plus bas degré : les *équinoxes ,* lorsque , avec l'égalité de leur action , *quant aux temps ,* le *renversement de position* qui , à ces époques , a lieu dans le foyer principal de l'action électrique négative de la terre , du pôle de l'hémisphère de l'été qui suit , au pôle de celui de l'hiver suivant, amène ces phénomènes atmosphériques qui se font remarquer dans ces saisons ; enfin les intercalaires de printemps et d'automne , qui , comme je l'ai dit , succèdent aux phénomènes équinoxiaux. La division d'action électrique qui a lieu dans le *cercle lunaire*, diffère de l'annuelle en ce que l'action des forces électriques primaires du premier, est, *quant au nombre de ses changemens*, égale à *deux* cercles annuels ; car, comme dans le cercle annuel, il n'y a pas plus d'une marée atmosphérique positive et une négative, il y a dans chaque cercle lunaire, deux marées électriques *positives* et deux *négatives*. Cela fait que le cercle lunaire d'action électrique est naturellement divisible en *huit* périodes, savoir : celles des *syzigies*, les *quadratures* et *les quatre périodes intercalaires* qui remplissent l'intervalle entre ses marées positives et le commencement de ses marées négatives, et *vice versâ*, ayant environ un jour de durée chacune. Ainsi, dans chaque cercle lunaire d'action électrique, il y a deux marées positives et deux négatives, chacune de six jours de durée, qui se présentent aux époques suivantes : — *les marées positives, trois jours avant* les époques de *nouvelle* et *pleine lune,* et continuant *trois jours* après chacune de ces périodes; les *marées négatives, trois jours* avant l'époque des *quadratures,* et continuant, comme les précédentes, trois jours après ; — chaque marée électrique positive et négative, étant, comme on l'a vu, suivie par une *période intercalaire* pendant laquelle, comme par une espèce d'*épuisement* de ses forces, l'action lunaire paraît être comparativement suspendue; mais semblable aux intercalaires annuels, inclinant toujours plus vers la nature de la marée précédente, que de la suivante. Il est à remarquer qu'à l'exception de la désignation d'action *électrique* et de l'application des mots *positif* et *négatif*, aux marées opposées, cette division de l'action lunaire sur l'atmosphère ne diffère en rien de celle qui depuis long-temps est admise par *l'opinion publique*, qui se trompe rarement sur des sujets de cette espèce; ses erremens étant fondés ordinairement sur des *observations générales* et soutenues. Le passage suivant, extrait de l'article *Lune* de l'encyclopédie de Rees fournira une preuve de cette assertion. « L'opinion commune sur le temps et l'influence que la lune exerce sur la constitution du corps humain, généralement rejetée maintenant par les savans, quoique fort ancienne, veut que cette influence s'exerce aux *syzigies* et *quadratures, et pendant trois jours avant et après chacune de ces époques.* » Ainsi, comme on verra, les *intercalaires* ou périodes de suspension comparative dans l'action lunaire ont été observées long-temps avant moi ; et semblables au *sabat* des juifs, dont elles paraissent avoir été le *type*, elles ont toujours été placées au *septième jour ;* et cette coïncidence est telle, attendu la haute antiquité du sabat, que, par plus d'une raison, elle me paraît extrêmement remarquable. Il reste peu à dire sur le cercle *diurne*, le plus petit de ces cercles traversés par l'action électrique; car c'est ici que, par les phénomènes de *chaleur* et de *froid*, de *lumière* et d'*obscurité*, l'action opposée de ces forces est plus fortement marquée, puisqu'elles divisent ce cercle, comme on l'a dit, en *jour* et en *nuit*.

Ainsi, ces cercles électriques qui, semblables à autant de liens indissolubles, entourent et pressent de tout côté, par un triple effort, la planète que nous habitons; et dont l'action consécutive, en maintenant l'entière révolution de ses élémens et de ses saisons, sur laquelle reposent les phénomènes de la salubrité des premiers et du renouvellement des secondes;—phénomènes indispensables à l'existence des règnes organiques de la terre, et sur lesquels sont basés les besoins, les institutions et les habitudes de ses habitans,—nous présentent le spectacle mystérieux de l'*union de trois agens en un*, toujours en activité, mais dont l'action cependant est tellement combinée et adaptée à la détermination des résultats voulus, que, quoique parfaitement distincts, ils concourent mutuellement au grand œuvre de dérouler la merveilleuse chaîne d'effets naturels dont leur mouvement a été doué.

On peut observer du reste, que telles sont les divisions naturelles de temps, *chez nous;* identifiées comme elles le sont avec les forces électriques primaires. Mais en portant d'ici nos regards aux corps planétaires du système solaire, nous verrons que cette division naturelle du temps n'est pas celle d'aucun autre de ces corps. En effet, comme se complaisant dans la variété, ou pour montrer l'immensité de ses ressources, sans se départir en rien cependant des principes du système et de l'harmonie qui caractérisent l'ensemble de ses opérations, la *nature*, dans chacun de ses ouvrages, nous offre quelque variété ou quelque singularité qui prouve à-la-fois ses ressources et l'étendue de sa puissance. Car, dans les autres planètes du système solaire, quoique

le temps soit susceptible, dans ses divisions artificielles, de la même échelle de gradation que chez
nous; cependant nous reconnaîtrons que dans ses *divisions naturelles* il varie continuellement dans chacune de ces planètes, soit par le nombre, soit par la
grandeur des cercles qui le divisent. Ainsi, dans *Mercure, Vénus, Mars* et les *Astéroïdes,* les cercles dans
lesquels agissent les forces électriques primaires,
étant, parce que ces planètes sont privées de satellites, seulement *doubles;* c'est-à-dire *orbiculaires*
et de *rotation,* la différence qui a lieu dans la division naturelle de leur temps, provient de la différence
existant entre la grandeur de leurs orbites ainsi que
celle de leurs mouvemens de rotation; tandis que dans
les planètes supérieures, cette différence est causée
par celle de leurs orbites et par le nombre de satellites
qui les accompagnent. Car, comme le cercle lunaire
donne lieu, chez nous, à une division particulière de
temps; ainsi, les cercles décrits par chacun des satellites des planètes supérieures, donnent lieu à
une division particulière du temps sur ces corps.
Ainsi, comme la division naturelle du temps, chez
nous, est *triple,* parce que nous ajoutons *le cercle
lunaire* aux cercles orbiculaire et de rotation;
dans *Jupiter,* cette division est *sextuple;* dans *Saturne,* indépendamment des divisions qui peuvent
être causées par le mouvement de ses anneaux,
elle est en *neuf parties;* et enfin, dans *Uranus* ou
Herschell, elle est en *huit,* si toutefois de nouvelles
observations ne viennent pas ajouter au nombre de
ses satellites, ainsi que cela a eu lieu pour Saturne.

Or, pouvons-nous supposer qu'une différence aussi marquée que celle-ci entre les planètes *infé-rieures* et *supérieures* du système solaire, *dans la division naturelle de leur temps*, puisse être sans objet ? Que ce soit simplement comme ornement, et pour rompre la monotonie des saisons qui, sans cela, aurait lieu dans ces planètes, attendu la grandeur extraordinaire de leurs orbites, que la nature a pourvu si abondamment les planètes supérieures de satellites qu'elle a refusés aux inférieures, à l'exception de la terre ? Ne reconnaissons-nous pas plutôt que cette nature, qui paraît se complaire également dans le *beau* et le *varié*, et qui mieux que tous nos artistes connaît les moyens d'unir la beauté à l'utilité, ou plutôt de faire de la première de ces qualités une conséquence de la seconde, a voulu, par ces arrangemens, donner une nouvelle preuve de sa facilité à rapprocher les extrêmes, en établissant, autant que possible, *une égalité de saisons* et de température dans tous les corps ; et que le moyen qu'elle a adopté pour arriver à ce but, entre les planètes supérieures et inférieures, est l'action auxiliaire des satellites attachés aux premières? D'après les principes de l'action électrique, tels qu'ils sont présentés par ma théorie, et l'application qu'on peut en faire à ce mécanisme, pour parvenir au but en question, nous pouvons concevoir que c'est réellement ce qui a lieu ; en observant en même temps qu'il serait impossible de donner des explications satisfaisantes par tout autre principe que le principe électrique.

De même que les ombres du matin se dissipent devant l'éclat naissant de la lumière, qui, écartant le voile de ténèbres dont les traits de la nature étaient enveloppés, découvre progressivement à nos regards enchantés ses beautés et ses presti- ges ; de même, à mesure que les lumières de la science déchirent le voile dont cette même nature a voulu couvrir ses opérations, elle nous apparaît ornée d'une beauté et d'une symétrie nouvelles.

Ainsi, si nous admettons l'exactitude entière de cette théorie des forces primaires de *gravitation*, de *magnétisme* et d'*électricité*, nous serons à même d'expliquer jusqu'à leur origine, les effets de cette action étonnante qui, dans son grand ensemble comme dans ses plus petits détails, développe tout-à-la-fois la variété infinie et l'harmonie de l'univers.

DE L'ATMOSPHÈRE

ET

DE SES PHÉNOMÈNES.

⸻ ❖ ⸻

« L'action du soleil et de la lune sur la mer et sur l'atmosphère, excite dans ces deux masses fluides, des oscillations dont il est intéressant de déterminer la loi. Les oscillations de la mer sont connues sous le nom de flux et reflux ; elles sont très sensibles dans nos ports : *celles de l'atmosphère sont peu sensibles en elles-mêmes , et peuvent être d'autant plus difficilement observées, qu'elles se confondent avec les vents irréguliers dont l'atmosphère est sans cesse agitée.* » (La Mécanique céleste, liv. IV, par M. LAPLACE.)

L'ATMOSPHÈRE est de tous les sujets qui entrent dans le domaine de la science , celui qui peut-être a le plus occupé l'attention des philosophes. La raison en est, qu'indépendamment des grands intérêts auxquels elle se lie, elle présente sans cesse à nos yeux des phénomènes nombreux et variés qui, semblables aux chimères d'une imagination en délire, échappent constamment aux efforts que nous faisons pour en pénétrer le mystère. Il suffit, pour prouver son importance, de se rappeler le grand nombre d'ouvrages qui en traitent, et qui se rattachent à la science de l'astronomie par une étroite connexité. Si le mérite de ces ouvrages était en raison de leur nombre; il resterait peu de choses à dire sur le sujet qu'ils traitent. Mais il en est tout autrement : car, si l'on est parvenu à constater *avec certitude* un très petit nombre des phénomènes qui se passent dans cet immense océan des airs, dont l'étreinte élastique embrasse notre planète de tous côtés, et qui nous fournit les élémens de la vie ; on peut dire que tout le reste est entouré de doutes et d'incertitude. Quoique le phénomène de l'arc-en-ciel présentât une solution du problème, l'on regarda avec raison comme l'une des plus belles découvertes de l'illustre Newton, et dont son génie seul était capable, la résolution de la *lumière* en ses élémens primitifs ; c'est-à-dire, en autant de rayons distincts qu'il entre de couleurs dans sa formation. Mais, si l'on estime les découvertes par le degré d'utilité qu'elles présentent, l'humanité serait encore bien plus redevable à celui qui parviendrait à résoudre le problême présenté par l'atmosphère elle-même, et à décrire les lois qui produisent ses phénomènes toujours variés ; et qui les décrirait avec assez de précision pour qu'on prédît les époques où ils doivent s'opérer ; pour qu'on tirât parti de leurs effets, ou qu'on les neutralisât quand ils sont dangereux. En démêlant les ressorts cachés des variations du climat qui affectent la santé, de manière à indiquer par quels moyens on pourrait combiner

la salubrité des latitudes élevées avec la fertilité de celles plus voisines de l'équateur, il avancerait également les intérêts de la science et ceux de l'humanité;
car les bienfaits qu'il aurait ainsi conquis, se répan-
draient dans toutes les ramifications de l'ordre social.

Tel est le but que j'ose me proposer dans cette
dissertation sur l'atmosphère, parce que je suis
convaincu qu'il peut être atteint. Mais, si je me
trompais, si je succombais dans une entreprise où personne n'a encore réussi, on ne devrait pas en éprouver plus de surprise que je n'en
éprouverais de découragement, et mon succès seul
devrait exciter l'étonnement; car, tout ce que j'a-
vance étant le fruit de mes propres études, le résultat d'une longue et pénible observation, et non
le produit des efforts communs d'un grand nombre
d'auteurs, comme il arrive généralement dans les
traités sur les sciences, je me confie à la bienveil-
lance du public, et je crois y avoir d'autant plus
de droit, que si mes travaux recélaient le germe
de quelques bienfaits, c'est lui qui en retirerait
le plus d'utilité. Je terminerai cette courte suppli-
que, en me servant des expressions si pleines de
sens de M. Laplace : « Je désire qu'en considération
de l'importance et des difficultés de la matière, les
savans le reçoivent avec indulgence, et qu'ils en
trouvent les résultats assez simples pour les employer
dans leurs recherches. »

L'auteur d'un article de *Rees's Cyclopedia*, au
mot *atmosphère*, rapporte qu'un écrivain distingué
compare l'atmosphère à un vaste bocal, contenant

en solution la matière dont se composent tous les corps terrestres, et continuellement soumis à l'action de l'immense foyer du soleil; d'où suivent des opérations innombrables, des sublimations, des séparations, des compositions, des digestions, des fermentations, des putréfactions, etc., etc. Si la terre était le seul corps soumis à l'influence du soleil, cette définition de l'atmosphère, toute fautive qu'elle soit dans son principe, aurait du moins quelque apparence de raison. Mais il est impossible de la lire sans être frappé de l'aspect extrêmement retréci, sous lequel l'auteur représente l'atmosphère qu'il renferme, pour ainsi dire, dans les étroites limites de son propre laboratoire. Il nous met sous les yeux la fournaise, indispensable meuble du chimiste; le matras, la retorte, l'alambic; en un mot, tout l'attirail du laboratoire construit seulement sur une échelle de dimensions plus grandes. Mais, quelque indispensables que soient tous ces objets au chimiste, il faut trouver d'autres moyens pour expliquer les procédés de la nature; lesquels affectent des corps planétaires si nombreux, si vastes, si éloignés les uns des autres et du soleil, leur centre commun, et dont la disposition est le résultat, selon moi, de *l'égalisation des principes vitaux de la lumière et de la chaleur dans tous ces corps.* On ne doit pas s'étonner que ceux qui considèrent la terre et son atmosphère dans leurs généralités, sans tenir compte des autres corps planétaires, tous membres d'un même système, n'aient pas conçu de cet atmosphère et de ses phénomènes, une plus juste idée que celle que je viens de citer. Cette théorie, en effet, fondée sur des principes qui lui sont propres et exclusifs, comme l'est aussi celle de Newton, est détruite de fond en comble, dès qu'on veut l'appliquer aux planètes. Il suffit d'ailleurs, pour prouver l'erreur de la théorie communément admise, de la chaleur solaire, de la lumière, etc., d'indiquer la différence qui existe entre les principes qui produisent la lumière comme la chaleur solaire, et ceux qui produisent les mêmes phénomènes dans la combustion. Leur opposition est telle que, si un corps en état de combustion est soumis à l'action immédiate des rayons solaires, ces derniers contribuent puissamment à l'éteindre : de là cet adage « que la force du soleil éteint le feu. » Ce fait se passe tous les jours devant nous, et, malgré tout ce qu'il présente de propre à exciter notre attention, je ne me rappelle pas qu'on ait jamais cherché à l'expliquer ; cependant, il est certain que son analyse résoudrait le problème des principes qui produisent la température planétaire, puisque ce résultat de l'action des rayons solaires sur un corps en état de combustion, paraît provenir de ce que l'action de ce dernier est purement *chimique*, tandis que celle des rayons solaires est *électrique*. La différence radicale qui existe dans la nature de ces principes, est telle qu'il y a entre eux une opposition, une rivalité qui les contrarie mutuellement, dès qu'ils sont en contact. La différence de l'action de ces forces ressort encore mieux de ce que le *foyer* de la chaleur et de la lumière, produites par un corps en combustion, est *dans ce corps même,* tandis que le foyer de l'action solaire est, au contraire, dans la *surface du corps sur lequel elle opère.* La chaleur d'un corps en combustion, et la lumière qui en procède, diminuent en raison directe des distances, jusqu'à ce qu'enfin elles cessent tout-à-fait. La chaleur du soleil et la lumière qu'elle produit, partant de la surface du corps affecté, s'élèvent, en se dirigeant vers le soleil, à une certaine hauteur dans l'atmosphère, où elles cessent tout-à-fait. Je ne considère même pas comme une exception la *lumière réfléchie* de notre atmosphère. Ainsi, sous quelque rapport qu'on veuille comparer l'action solaire et la combustion, comme sources de lumière et de chaleur, on verra que, malgré la coïncidence qui existe sur quelques points, leurs principes sont tout-à-fait dissemblables. Par là, l'on reconnaîtra les erreurs dans lesquelles sont tombés Newton et quelques autres. En assignant différentes températures aux différentes planètes, on a élevé celle des comètes, au moment de leur périhélie, à une chaleur deux mille fois plus forte que celle du fer rougi.

Mais pour faire encore mieux ressortir la différence essentielle qui existe en astronomie entre les opérations chimiques et celles qui sont dues à l'électricité, et pour qu'on apprécie combien celles-là sont *convenables et propres* au rôle d'agent primaire dans la nature, tandis que celles-ci y sont tout-à-fait *impropres,* il suffira de remarquer que l'opération chimique se fait par le moyen de la *combustion*, et que son action ne se continue qu'autant qu'on l'alimente de matières combustibles, lesquelles, précisément à cause de leurs propriétés combustibles, s'anéantissent bientôt. Si donc la combustion constituait un des agens primaires de la nature, il est évident qu'elle détruirait les corps que ces agens sont destinés à conserver : tandis que les forces primaires électriques et opposées du système solaire étant déposées dans les élémens de l'*air* et de l'*eau*, l'action électrique est, au contraire, incessamment continuée dans le soleil et les planètes, en ce qui touche la température, par l'accomplissement des phénomènes opposés de la *composition* et de la *décomposition*, qui résultent de la *circulation* établie entre ces élémens, tant dans le soleil que dans les planètes; circulation qui est due à l'action alternativement produite sur chacun de ces élémens par les forces électriques primaires dans les différentes sphères de leurs mouvemens, combinée avec l'*action inverse* de ces mêmes élémens dans les atmosphères de ces corps. De sorte donc que l'électricité est d'elle-même une source intarissable qui, sans altérer en aucune manière sa quantité totale ou sa vertu primitive et inhérente, supplée perpétuellement les élémens nécessaires à l'exercice de son action sur les corps célestes.

C'est pourquoi je dis que, sans recourir à d'autres preuves, la nature même des choses démontre la fausseté des théories qui représentent la température comme un effet de la *combustion*, laquelle dépend d'un principe variable et en même temps éminemment destructif. En observant la régularité extraordinaire qui a lieu dans certaines révolutions de l'atmosphère, en tout semblable à celle que l'on remarque dans les phénomènes des corps célestes, on conviendra que les agens primaires dont ils émanent, tant les uns que les autres, ne peuvent dépendre, comme dans le cas de la combustion, du temps, des accidens ni de l'excitation d'une cause extérieure : ils sont en quelque sorte l'union et l'incorporation mystérieuse de forces régies par des lois immuables, qui se manifestent dans ces phénomènes, et qui pénètrent les élémens constitutifs des corps célestes ; d'où il suit qu'ils sont, comme je l'ai dit de l'électricité, aussi inaltérables dans leur nature que les corps sur lesquels ils agissent. Je répète donc qu'à défaut de toute autre preuve, cette régularité suffit pour démontrer que le phénomène de la température planétaire est produit par l'action de quelque principe interne comme celui de l'électricité.

Heureusement pour la science, on peut prouver que le phénomène de la température planétaire est un effet de l'action électrique par des faits plus concluans que ceux auxquels on a eu recours jusqu'à présent ; et la nature se trouvera ainsi affranchie du reproche de tomber dans des anomalies, comme le supposent ceux qui attribuent cette température à un principe différent de celui que j'indique. Il est presque inutile d'ajouter que c'est aux découvertes des modernes que nous sommes redevables de ces preuves.

On doit se rappeler que par une des propositions fondamentales de la présente théorie, j'établis que les élémens dont se composent le soleil et les planètes sont parfaitement *homogènes* et cependant d'espèces opposées ; que la différence qui existe entre les élémens du premier et ceux des derniers, est simplement ce qu'on appelle *sexuelle* ou d'une nature analogue : de-là résulte, comme il a déjà été dit, que chacune des trois forces primaires qui concourent à la production des phénomènes de ces corps, est d'*espèces opposées*, c'est-à-dire qu'elle est à-la-fois planétaire et solaire. C'est aussi une conséquence ultérieure de cette proposition, que dans les circonstances où ces forces ont pu se diviser d'une manière locale en espèces opposées, soit dans le soleil, soit dans les planètes (comme il arrive lorsqu'il s'agit de magnétisme et d'électricité), une incorporation de ces espèces opposées s'est opérée dans ces corps jusqu'à un certain degré. Admettant donc que l'électricité forme dans les corps célestes une de ces trois forces primaires de la nature, et qu'elle peut se diviser d'une manière locale dans chacun de ces corps en espèces opposées, c'est-à-dire en solaire et en planétaire, ou en *positive* et en *négative ;* admettant aussi, comme nous l'avons déjà fait, que les élémens de *l'eau* et de *l'air* attachés à ces corps, composent, dans toutes les parties du système solaire, les vastes *réservoirs* des forces électriques primaires ; nous sommes conduits, par cette théorie, à conclure que ces mêmes élémens de *l'eau* et de *l'air*, sont aussi parfaitement homogènes, qu'ils sont mutuellement une incorporation de ces bases opposées, ou bases électriques solaires et planétaires, maintenues ensemble dans ces états opposés, par la seule puissance de leurs affinités électriques opposées, ou l'action de pôles opposés ; et qu'enfin ces élémens, représentant les forces électriques primaires opposées, peuvent mutuellement se résoudre en *deux bases électriques primaires* qui les composent, à savoir : l'*oxigène* et l'*hydrogène* réunis et incorporés comme je l'ai avancé.

Pour démontrer la justesse de cette dernière conclusion, il suffit de se reporter au résultat des expériences que firent, je crois, les premiers, MM. Carlisle et Nicholson : en décomposant l'eau, par le procédé de la pile de Volta, ils s'assurèrent que la loi qui préside à cette décomposition est, que les bases essentielles de l'eau étant d'*espèces opposées,* elles se trouvent séparées par cet appareil, puisque l'*oxigène est amené au pôle positif, tandis que l'hydrogène est amené au pôle négaif.* Le fait « qu'on ne connaît aucun fluide qui *ne contienne de l'eau* dont on puisse faire un moyen de connexion entre les métaux qui forment l'appareil de Volta ; » et de plus « que la faculté qu'a l'eau de recevoir des polarités doubles et d'émettre l'oxigène et l'hydrogène, est indispensable pour effectuer constamment le jeu de cet appareil. » — L'action électrique identifiant ainsi avec la présence de l'eau. Un autre fait qui ressort de cette expérience, c'est que « *les acides* ou *les corps salins redoublent l'énergie de son action*, en mettant en contact des élémens qui possèdent des électricités opposées, lorsqu'ils sont mutuellement excités. Ce fait est surtout remarquable si on se reporte à l'océan qui est la grande source de l'électricité planétaire, puisque ses eaux étant imprégnées de sels, sont, comme on le voit par ces expériences, d'autant mieux adaptées à reproduire l'action des forces électriques primaires et opposées, soit solaires, soit planétaires, auxquelles elles sont alternativement soumises. Les précieux travaux de sir H. Davy agrandirent encore la sphère dans laquelle s'exerce l'électricité par rapport aux diverses autres substances : il découvrit que la loi fondamentale des décompositions électro-chimiques est « que les métaux, les corps inflammables, les alkalis, les terres et les oxides, sont amenés à la *surface négative* ou au *pôle négatif* de la batterie de Volta; et que l'oxigène, la *chlorine*, l'*iodine* et les *acides*, le sont *au pôle positif* (1). » La découverte de cette loi fixe les limites qui séparent, dans les élémens de l'eau et de l'air, les bases électriques solaires des bases électriques planétaires, dont l'incorporation en est, comme je l'ai avancé, le résultat; et celles qui séparent aussi ces bases dans les substances déjà énumérées, l'*oxigène*, la *chlorine*, etc., que j'ai dit être *bases solaires*; comme l'*hydrogène*, les mé-

---

(1) Voyez *Dictionnaire de Chimie*, par le docteur Ure, art. *Électricité*.

taux, les *terres*, etc., sont les bases *planétaires* des corps à la formation desquels ils concourent. Ainsi, par une conséquence de la liaison intime qui existe entre les diverses branches de la science, ces découvertes ont frayé le chemin, même à l'insu de leurs auteurs, à un plus ample développement des principes de l'astronomie que celui qu'il était possible d'effectuer jusqu'à ce jour; puisque, sans la connaissance de ces lois et de leurs effets, il n'était pas possible de prouver, *par les faits*, l'existence de la nature de cette incorporation des élémens opposés, solaire et planétaire, dont l'atmosphère et la masse du globe se composent.

Les expériences faites avec le procédé de Volta, ont donc secondé les efforts tentés jusque-là pour pénétrer les secrets de la nature dans la formation des corps, au moyen d'élémens primaires opposés; mais quelque important que fût ce résultat, il ne suffisait pas pour conduire à cette parfaite connaissance des données astronomiques, qui seule pouvait donner à cette science universelle, tout le développement dont elle était susceptible.

Dès le temps de l'ingénieux docteur Franklin, on savait que l'électricité était liée à certains phénomènes de l'atmosphère; mais il était réservé à des temps postérieurs d'agrandir le cercle de son influence, en démontrant qu'elle s'identifie avec le principe même de la *température*, et d'une manière si directe, qu'il ne saurait exister de doute sur le point que j'ai avancé, savoir : que *la source de la température planétaire est dans l'action électrique.* A l'appui de cette vérité, je dois citer au long le mémoire suivant :

Mémoire ayant pour titre : RECHERCHES SUR LES INFLUENCES QU'EXERCENT LES PHÉNOMÈNES MÉTÉOROLOGIQUES SUR LES PILES SÈCHES, *lu par M. Donné à la séance de l'Institut de France, le 13 juillet* 1827. (Voy. *le Globe*, journal imprimé à Paris, le 22 juillet 1829.)

Quand le génie entreprenant de Franklin parvint à démontrer la connexion qui existe entre l'électricité et le phénomène de la foudre, son succès dut lui causer une joie qu'il est facile de concevoir ; mais cet ardent admirateur de la science eût été transporté d'un sentiment encore plus vif, s'il avait pu prévoir les immenses résultats qui devaient bientôt suivre le développement du principe qu'il eut le bonheur de découvrir. La découverte faite par Volta ouvrit un nouveau champ aux expériences ; et la science fit encore un pas important. Celle du *galvanisme* sous la direction d'un *Davy*, donna lieu à des expériences chimiques qui révélèrent au monde, par leurs résultats inattendus, que les découvertes antérieures étaient bien loin d'avoir épuisé le sujet. — Quoique j'eusse, depuis *deux années*, fait des observations qui établissaient le principe que l'atmosphère et ses phénomènes ont leur source dans l'électricité, et que ce principe s'accorde parfaitement avec les expériences des piles de *Zamboni*, qu'on appelle aussi *piles sèches*, bien que cette découverte n'en soit pas *une conséquence* nécessaire ; ces expériences, dis-je, ont servi à constater l'évidence de la part immense qu'a l'électricité dans l'économie de la nature.

Les expériences faites avec l'appareil de Volta ont eu pour principal résultat de nous faire pénétrer dans bien des secrets liés à l'astronomie et à la chimie ; mais les expériences faites avec la pile zambonique reportent nos connaissances bien plus haut dans la première de ces sciences, puisqu'elles nous ont découvert les sources de la *température planétaire*, dont l'explication était indispensable au perfectionnement de l'astronomie.

Mémoire de M. Donné.

« Les piles sèches, imaginées par Zamboni, n'avaient pas été étudiées jusqu'à présent d'une manière suivie et complète sous le rapport des variations qu'éprouve leur tension sous l'influence des phénomènes météorologiques. Il était donc important de rechercher, par des expériences dirigées dans ce but, quelle est l'action particulière de l'humidité, de la température, de la pesanteur atmosphérique, de l'électricité, sur cet instrument, et de l'observer ensuite pendant un long espace de temps, lorsqu'il est sous l'influence de toutes ces causes réunies.

» La première partie de ce Mémoire comprend le résultat de ces observations ; la seconde a pour objet de rechercher si les piles sèches peuvent être comparées à la pile de Volta, et s'il est possible de lui faire produire quelque action chimique.

» *Humidité.* — L'air humide n'agit que comme corps conducteur, en élevant plus ou moins d'électricité, et nullement en modifiant la fonction de la pile.

» *Pesanteur atmosphérique.* — Il n'y a aucun rapport entre les variations de tension des piles sèches et les hauteurs barométriques. Si l'on place une pile sous la cloche d'une machine pneumatique, et que l'on fasse le vide, elle n'éprouve aucune diminution dans sa tension, même lorsqu'on maintient le vide aussi exactement que possible pendant plusieurs jours. Ceci est en contradiction avec l'expérience connue qui tend à prouver que l'air est nécessaire pour coercer le fluide électrique dans les conducteurs, mais le fait est constant, et il a été vérifié dans plusieurs expériences.

» *Température.* — *C'est de toutes les circonstances atmosphériques celle qui agit de la manière la plus variée et la plus immédiate sur les piles sèches,* et son action est extrêmement compliquée.

» En effet, l'expérience et l'observation ont démontré : 1°. Que ses effets sont différens suivant que les variations sont brusques et instantanées, ou qu'elles se font progressivement et avec lenteur. Dans le premier cas, la tension de la pile est considérablement diminuée, et peut même être réduite à 0°. ; dans le second, cette action est beaucoup plus modérée. 2°. La température agit mécaniquement en dilatant ou en contractant la pile, et par conséquent en augmentant son énergie par la pression plus grande que subissent les élémens lorsque la pile s'allonge, ou en la diminuant lorsque l'effet contraire a lieu. Elle agit aussi sur la fonction de la pile en favorisant l'action chimique qui produit l'électricité. 3°. *La température ne produit pas subitement ses effets, mais seulement après un certain temps.* Elle n'agit pas d'une manière absolue, c'est-à-dire que tel degré de tension ne répond pas à tel degré du thermomètre, *mais son action est relative à la température qui a existé quelques heures auparavant.* 4°. Enfin, souvent la chaleur ne fait qu'augmenter la rapidité du courant, et non la quantité de l'électricité produite.

» *Électricité atmosphérique.* — La question de savoir si l'état électrique de l'air et les autres phénomènes météorologiques ont une influence directe sur la tension des piles sèches, est sans contredit la plus intéressante et la plus difficile. *Il est incontestable que les causes énoncées jusqu'ici ne peuvent pas rendre compte de toutes les variations que l'on observe dans la tension des piles.* Est-ce dans les influences électriques qu'on doit chercher l'explication des anomalies que présente leur action pour qui ne considère que les variations atmosphériques énumérées jusqu'ici? Voici ce que l'expérience apprend sur ce sujet :

» Si l'on fait arriver, au moyen de la machine électrique, de l'électricité positive au pôle — la tension augmente considérablement au pôle positif, tandis que si c'est au pôle + que l'on fait arriver de l'électricité positive, la tension est réduite à oo. au pôle négatif. En un mot, l'électricité arrivant au pôle de même nom elle réduit la tension de l'autre pôle, et l'électricité arrivant au pôle de nom contraire augmente la tension à l'autre pôle.

» Maintenant les piles que l'on observe étant ordinairement placées sous un globe de verre et communiquant par un pôle avec le réservoir, et l'autre étant isolé dans un milieu peu accessible à l'humidité, ce n'est donc pas à celui-ci que l'électricité peut se transmettre, *et l'on ne peut concevoir son action qu'en supposant qu'elle vienne de la terre.*

» Mais n'arrive-t-il pas en effet, lorsqu'un nuage orageux s'approche de la terre, qu'une certaine quantité du fluide naturel du réservoir commun soit décomposée et attirée par l'électricité contraire. La surface de la terre doit ainsi présenter, à l'endroit où il existe un orage, du fluide positif ou négatif qui se recompose avec l'électricité des nuages, lorsque la pluie vient à servir de conducteur. On peut vérifier ce fait par l'expérience directe, puisqu'il suffit pendant un temps orageux de mettre un électromètre très sensible en rapport avec le réservoir commun pour obtenir des signes d'électricité. *Il est vrai que ce n'est point pendant les orages que surviennent les grands changemens dans les variations de la tension des piles sèches. Mais n'est-il pas possible qu'il y ait des orages dans le sein de la terre,* comme il y en a dans l'atmosphère? Que dans les tremblemens de terre surtout il se fasse de grandes décompositions de fluide électrique qui répondent à de grandes distances, et qui viennent agir sur nos instrumens bien plus puissamment que les orages de notre atmosphère ? Mais il sera toujours fort difficile d'arriver en cela à un résultat certain, attendu qu'il nous est impossible de savoir comment le fluide électrique se propage et se distribue dans les couches si variées de la terre ; que tel effet qui se produit ici peut très bien être insensible ailleurs, et que souvent il doit arriver que les effets de la température sont confondus avec d'autres.

» Mais ce qui paraît démontré quant à présent, c'est *que la terre pouvant fournir dans certains cas de l'électricité aux piles sèches, leur tension peut être augmentée ou diminuée.*

» L'appareil zambonique peut-il produire quelque action chimique, et peut-on comparer son action à celle de la pile de Volta? Un chapelet formé de cinquante-deux piles sèches de mille disques chacune a donné de fortes étincelles, mais son action chimique a été absolument nulle. Il a été impossible, même en employant la méthode de Wollaston, de décomposer l'eau ou de changer la couleur des teintures les plus faibles. Ce n'est point ici la force qui a manqué pour agir chimiquement sur les corps, mais c'est qu'il n'y a pas de courant dans les piles sèches comme on l'entend de l'électricité voltaïque ; leur action est toute de tension et nullement galvanique. Pour bien comprendre les piles sèches, il ne faut point les comparer à la pile de

Volta, mais à une machine électrique qui se recharge d'elle-même. Le courant qu'elle produit n'est qu'une suite de décharges, une série d'étincelles qui se suivent à de très courts intervalles, et qui ne peuvent par cela même produire aucun effet chimique. »

Ainsi les expériences faites par M. Donné, sur la pile zambonique, montrent que les variations sur le *poids* ou sur l'humidité de l'atmosphère, ne produisent aucun effet sensible sur les changemens de sa tension, mais qu'il en est tout autrement pour *les variations de sa température*. Ces *piles sèches* répondent (quoique d'une manière toute différente) aussi régulièrement que le thermomètre aux changemens de la température atmosphérique et sont, en un mot, l'*écho* exact ou l'expression de *l'action directe* des forces électriques primaires du soleil et de la terre sur l'atmosphère, dans lequel le principe de sa température a sa source. Ces effets, produits par les changemens de température atmosphérique sur les *piles* sèches, ne se bornent pas à montrer les sources de ce principe dans l'atmosphère; ils montrent encore le mode de leur action dans sa création, c'est-à-dire que ce n'est point avec le *froid* et le *chaud* qui suivent l'action des forces électriques primaires du soleil et de la terre sur l'atmosphère, comme le froid et le chaud produits artificiellement ou par *combustion* et *radiation immédiate ou directe*, mais *oblique ou postérieure*. Le plus haut effet de l'action extrême de laquelle que ce soit de ces forces électriques primaires sur la température de l'atmosphère journellement ou annuellement, comme le plus haut effet de l'action extrême de la température sur ces piles, n'ayant pas lieu aux périodes de l'une ou de l'autre action, mais subséquemment ; dans les deux cas, les plus hauts effets sont amenés par la concentration des deux actions aux époques de leurs changemens. Il paraît bien évidemment que je n'ai rien emprunté des bases sur lesquelles repose ma théorie de la température planétaire à ce *Mémoire* de M. Donné, puisqu'il dit lui-même qu'il ignorait les causes des phénomènes produits par les changemens de température de l'atmosphère sur la pile zambonique, ainsi qu'il résulte des assertions explicatives de ces phénomènes, auxquelles il s'abandonne dans ce Mémoire même, où il attribue ces phénomènes à l'action *des orages dans le sein de la terre.*

Il faut observer ici que dans l'erreur précitée, relative à la nature de l'action électrique planétaire, nous reconnaissons la source de celle qui, en donnant une fausse direction aux observations sur ce sujet, a formé le plus grand obstacle pour arriver à la connaissance des vrais principes où la température planétaire a son origine; car on observera que le seul mode d'électricité reconnu jusqu'à présent dans l'atmosphère, est celui qui est lié à la formation de l'eau, c'est-à-dire l'action électrique *inverse;* de même que pour indiquer les changemens qui ont lieu dans ce seul mode d'action électrique, on ne se sert que du seul *électromètre* employé jusqu'ici. Cependant, la pile zambonique étant, je pense, le véritable et, comme tel, le seul électromètre découvert jusqu'à ce jour, qui indique les changemens dans l'action directe des forces électriques primaires du soleil et de la terre sur l'atmosphère, non seulement n'a pas été employé de cette manière, mais encore, comme nous le voyons, les causes dans lesquelles ses variations ont leur source, ne sont pas venues à l'esprit du savant qui rapporte le résultat des observations dont elles ont été l'objet.

Cependant, la connaissance des véritables causes dans lesquelles les phénomènes de la pile zambonique ont leur source, et, par conséquent, des principes qui donnent naissance aux phénomènes de la température planétaire et les continuent, ne pouvait être long-temps un secret. A l'appui de cette assertion, on peut présenter, non seulement l'attention ultérieure donnée aux phénomènes de cette pile zambonique, par suite du Mémoire de M. Donné, mais encore une foule de circonstances ressortant d'expériences faites par d'autres physiciens sur le même sujet, et, entre autres, un Mémoire de M. Becquerel, intitulé : *Du Pouvoir thermo-électrique des métaux*, lu à la séance de l'Institut de France du **3** août 1829, où il dit, relativement aux découvertes de nouvelles analogies entre l'électricité et la chaleur :

« Les effets électriques qui ont lieu pendant le refroidissement et le réchauffement du corps *font naître plusieurs conjectures*. Une partie de l'électricité atmosphérique ne serait-elle pas due à une cause semblable ?.... Tant qu'il y a rayonnement de la chaleur d'une molécule à l'autre, il y a également ment actions électriques à distance : deux effets qui ont de l'analogie ensemble, et qui concourent à établir un nouveau rapport entre la chaleur et le fluide électrique, etc., etc. (1) »

Ainsi, en admettant qu'il n'est pas de fluides, excepté ceux qui contiennent l'*eau*, qui puissent servir de moyen de liaison entre les métaux de la pile voltaïque, et que la faculté qu'a l'eau de recevoir double polarité et d'émettre de l'hydrogène et de l'oxigène, est *nécessaire* à l'opération constante de l'appareil de liaison ; nous avons montré par la dépendance totale de la batterie voltaïque de la présence de l'eau, l'identité de l'électricité avec cet élément, et par conséquent que ce n'est autre chose qu'un instrument qui, par la décomposition et le changement subséquent de propriétés qu'il amène, met en mouvement les forces électriques inertes concentrées dans ce fluide. Ayant de plus signalé la divisibilité de l'eau en deux modes opposés, solaire et planétaire, aussi bien que l'identité de l'électricité avec quelques phénomènes atmosphériques désignés par les expériences du docteur Franklin, j'ai définitivement établi, je pense, par des expériences sur la pile zambonique, une identité entre le principe de la température atmosphérique et l'électricité, de manière à satisfaire les esprits les plus difficiles, sur l'exactitude du fait important que le principe

---

(1) Voyez *le Globe*, imprimé à Paris, en date du 12 août 1829.

de la température planétaire est entièrement produit par l'action électrique, quand même ce fait
ne serait pas suffisamment démontré par l'analogie
de l'action lunaire sur les marées et la température.
Cette découverte me donna la conviction qu'il
devait en être ainsi long-temps avant que la dernière expérience fût connue du public, n'y ayant
dans la nature d'autre principe que l'électricité,
auquel on puisse attribuer cette liaison.

Admettons donc comme un fait dont l'authenti-
cité ne peut plus être mise en doute, que l'ensemble des phénomènes atmosphériques, de jour ou
de nuit, est dû à l'action électrique, depuis les
ouragans et le tonnerre, qui portent le ravage et
la destruction dans leur cours, jusqu'aux zéphirs
rafraîchissans des soirées d'été; — depuis la température embrasée, et l'éclat éblouissant produit par
l'action verticale du soleil du tropique, jusqu'aux
épaisses ténèbres, et à l'influence funeste du ciel des
pôles. Avant d'entrer dans la discussion de ces phénomènes, il faut essayer de les soumettre à une
classification, en suivant autant que possible le
rang et la liaison qui paraissent, dans la nature,
exister entre eux.

Revenons donc aux premiers principes. C'est sur
la circulation existant entre les élémens de l'eau et
de l'air, que nous admettons qu'est fondé le principe de leur renouvellement et de leur salubrité;
c'est avec les phénomènes liés à ces élémens,
que sont identifiées les révolutions de la température atmosphérique, en avançant et re-

culant alternativement à leurs extrêmes degrés
annuels opposés. Dans une classification de ces
phénomènes , ceux qui sont plus particulièrement liés à cette circulation entre les élémens de
l'eau et de l'air, et à ces révolutions annuelles
de température, étant ceux d'où les autres phénomènes dérivent, doivent nécessairement occuper la première place. Ces phénomènes principaux
de l'atmosphère par lesquels le principe de circulation est produit, semblables aux forces électriques primaires, sont divisibles en modes opposés
ayant leur source dans la décomposition et la composition. C'est par la première, au moyen de l'action des forces électriques primaires sur l'élément
de l'eau, que les bases aériformes de l'atmosphère
sont renouvelées ; de même que, par la réunion
subséquente de ces bases, dans son corps, amenée par la décomposition, et leur chute en eau sur
la terre, le dernier élément est renouvelé. On peut
dire que ces phénomènes étant, comme ils sont ,
entièrement opposés dans leur nature et leurs effets, constituent la balance dans les oscillations ou
l'action alternative, règlent continuellement et
mettent en harmonie les mouvemens des autres
phénomènes. Ainsi, si la décomposition de l'eau
était causée par l'action seulement *d'un mode* de la
force électrique primaire, comme ces phénomènes sont simplement de modes opposés, ils ne pourraient, dans leur classification , être divisés qu'en
modes opposés ; mais comme l'action par laquelle
la décomposition de l'eau est effectuée, ainsi que

les forces électriques primaires, est en elle-même divisible en modes opposés, il en résulte que les principaux phénomènes de l'atmosphère liés à la circulation existant entre ces élémens, sont divisibles en *trois classes*, savoir : *l'action électrique positive* du soleil avec les phénomènes de la chaleur, et *la condensation calorifique* de la base positive de l'atmosphère dans sa région inférieure qui en résulte ; *l'action électrique négative* de la terre avec le phénomène du froid, et *la condensation frigorifique* de la base électrique négative de l'atmosphère spécialement dans sa région supérieure qui en dépend, et *l'action électrique inverse, ou condensation aqueuse* des bases électriques opposées aériformes, dans la recomposition de l'eau dans son corps, qui en résulte.

A ces phénomènes primaires de l'atmosphère, il faut en ajouter *deux autres* qui, quoique inférieurs, sont nonobstant, soit qu'on les considère sous le rapport de leurs relations avec la classe précédente, ou sous celui des effets qu'ils produisent, trop importans pour ne pas mériter une mention particulière. Ces phénomènes, semblables aux premiers, sont appelés, dans ma théorie, d'après les effets qu'ils produisent, les condensations *méphitiques* et *météoriques* de l'atmosphère ; les premières, d'après leurs effets délétères sur la constitution humaine, particulièrement en certaines localités ; les secondes par la naissance qu'elles donnent aux météores. Or, comme les phénomènes de la première classe, d'après l'influence reconnue qu'ils exercent sur la température et autres principaux phénomènes de l'atmosphère, sont appelés *ses condensations parfaites*; de même les autres, qui ne sont que des approximations à une partie des premiers, c'est-à-dire la *condensation aqueuse*, sont considérés comparativement comme ses *condensations imparfaites*. Ainsi, ces derniers, comme il est dit, étant simplement des *diminutifs* de la condensation aqueuse, il est reçu qu'ils diffèrent dans leurs effets des autres, principalement en raison de la différence qui existe entre les bases électriques des régions opposées de l'atmosphère dans l'échelle de leur ascension où elles arrivent, — la condensation méphitique, et la formation de la rosée qu'elle amène, étant concentrées dans la *base calorifique* et région *inférieure* de l'atmosphère, comme la météorique à la *base frigorifique* et région *supérieure* de l'atmosphère. Ainsi on peut voir que chacun de ces phénomènes, appartenant, soit à la première, soit à la seconde division, a sa *place* particulière, dans le corps de l'atmosphère. Les condensations calorifique et frigorique, étant amenées par l'action alternative des forces électriques primaires opposées, dans le cercle annuel de leur mouvement, résident spécialement dans ses régions *supérieures et inférieures*; la condensation aqueuse, comme résultat de la réunion de ces bases opposées électriques, a lieu sur la ligne qui sépare leurs grands *dépôts* opposés, ou dans la région *intermédiaire* de l'atmosphère; tandis que les condensations méphitique et météorique, qui sont simplement, comme on l'a dit, des modifications de la condensation *aqueuse*, amenées par *l'action renversée* de ses pôles électriques opposés sur leurs *bases opposées*, sont nécessairement limitées aux régions opposées, qu'occupent leurs grands agrégats opposés.

Quant aux circonstances de la *hauteur* et de la *figure* de l'atmosphère, comme aux termes de *haut* et *bas*, relativement à l'astronomie, il est admis, par une assertion de cette théorie, qu'ils ne peuvent être considérés, dans leur application, que comme *relatifs*; car, comme sans un *conducteur* il serait impossible aux forces primaires du soleil d'agir sur celles des planètes, et à celles des planètes sur celles du soleil ; comme il est admis par-là *que ce conducteur existe*, et que c'est l'*éther universel* ou atmosphère qui occupe l'ensemble des régions de l'espace traversé par le soleil et les planètes, et dans lequel ces corps font leurs révolutions; comme ce conducteur universel, participant des modes opposés des forces primaires, dérive du soleil et des planètes, il en résulte que la hauteur et la figure de l'atmosphère locale de la terre, comme de celles du soleil et des autres planètes, ne doivent être considérées que comme signifiant l'ensemble des phénomènes de la *lumière*, les *météores*, etc., ou l'*extension locale* des phénomènes produits par l'*action locale* des forces électriques primaires opposées de ces corps dans le voisinage de leurs surfaces, sur les points de cette atmosphère universelle, occupés par les masses de ces corps. On verra cependant, en parcourant le chapitre suivant, que j'établis une distinction entre cette atmosphère universelle du système solaire et celles qui entourent particulièrement le soleil et les planètes.

Après avoir posé ces observations préliminaires, je vais traiter des divers phénomènes des atmosphères locales du soleil et des planètes, d'après les principes de ma théorie ; admettant, comme je le fais, que ces phénomènes ont leur source dans les mêmes principes, et sont régis dans leur développement par les mêmes lois. Dans l'exécution de ce travail, je commencerai par m'occuper de cette première merveille, que je suppose produite par l'action électrique positive concentrée du soleil sur les planètes, comme par l'action négative concentrée des planètes sur le soleil ; — la *lumière*, don céleste, premier bienfait du Créateur, que le docteur Arnott, dans ses *Élémens de Physique*, désigne avec raison comme « le moyen de communication absolument nécessaire entre les créatures vivantes et l'univers qui les entoure. » Quant « aux vérités établies maintenant sur sa nature, » et à celles qui se rapportent à cette autre merveille, la vision, le même docteur fait observer que, « dans le vaste champ des recherches humaines, elles sont peut-être celles qui, même en agissant sur des intelligences ordinaires, mettent le plus directement les individus comme en présence d'une intelligence créatrice, et qui éveillent le mieux les plus nobles pensées que l'esprit humain peut concevoir. »

LUMIÈRE SOLAIRE ET PLANÉTAIRE.

L'émanation la plus belle, la plus nécessaire, et la plus vaste, résultant de l'action électrique positive du soleil sur les planètes, comme de l'action électrique négative de celles-ci sur le soleil, dans ces corps respectivement, est le beau phénomène de la lumière : qui est non seulement l'objet des méditations du philosophe, du peintre et du poète, et même du rustre le plus obscur ; mais encore un sujet de reconnaissance et de plaisir pour tous les individus composant la grande famille de la nature, dispersés sur tous les points qui sont doués par elle de la faculté de la vision, — don précieux sans lequel le magnifique spectacle que cette nature présente ne serait qu'un informe chaos.

Supposer, d'après l'idée commune, que la lumière est matérielle, et qu'elle est projetée du corps du soleil, dans les régions de l'espace, en une suite de rayons composés de petites parties dont la force ou l'action répulsive les uns des autres est telle, que, selon l'opinion d'un savant moderne, ces rayons constituent un principe, au moyen duquel on peut, d'une manière satisfaisante, expliquer le mouvement des planètes ; c'est comme si on supposait que la lumière produite par une chandelle a été une substance qui existait d'abord dans l'atmosphère où on la voit, et avec laquelle la combustion n'a qu'une liaison fortuite. En effet, si la lumière émanait du soleil dans un *état parfait*, comme on le prétend, toutes les parties de l'espace compris dans le système solaire, semblables à un appartement éclairé artificiellement, se trouveraient par-là tellement éclairées, que la nuit disparaîtrait, ou plutôt serait inconnue sur les planètes; l'ombre de ces corps sur le côté opposé à l'action directe de cette lumière, n'étant pas suffisante pour les empêcher d'en être éclairés quoique à un moindre degré que l'autre partie, réfléchie que serait une lumière de cette nature par les régions voisines de l'espace. C'est ce qui a lieu, même pour des corps qui, dans le rapport qui existe entre eux et l'espace éclairé d'un appartement, sont comparativement plus grands que les planètes; toutes les parties qui sont dans l'action de la lumière se trouvent éclairées, et même celles qui se trouvent aux côtés opposés, quoique dans un degré moindre; circonstance qui, comme on peut le voir, est fatale à la théorie en question de la lumière solaire.

Ce n'est pas un des moindres sujets d'étonnement pour ceux qui se livrent à l'étude de la nature, de voir que, malgré les ressources sans bornes qui sont à sa disposition, *elle est tellement économe dans la manière de les appliquer,* que s'il en est une qui, mieux que les autres, paraisse remplir la stricte utilité de ses desseins, en constituant la dernière limite où doivent s'arrêter les effets qu'elle veut produire, c'est précisément celle-là qu'elle choisit. Ceci se remarque, non seulement dans l'application des parties l'une à l'autre, et à l'existence des divers objets nécessaires aux besoins de chaque espèce particulière, dans l'organisation établie par la nature, dans tous les êtres, animaux et végétaux; mais il s'étend encore à la conformation générale, à l'arrangement intérieur, et enfin aux phénomènes locaux de ces immenses théâtres qui sont leur séjour, les corps célestes. Ainsi, nous voyons que le principe vital de la *chaleur* est si strictement limité dans sa distribution aux objets de *simple* utilité, qu'une partie de la surface solide de la terre elle-même, c'est-à-dire le sommet des plus hautes chaînes de montagnes, est éternellement étrangère à son influence créatrice. On verra qu'elle n'a point dévié de cette règle à l'égard de sa création jumelle, le phénomène de la *lumière;* en étendant son action, comme plus essentielle que celle de la chaleur, à une plus grande élévation dans l'atmosphère, elle l'a cependant renfermée dans les limites de la *simple utilité.*

On observera, en raisonnant par analogie, que, comme les systèmes du ciel se divisent en corps d'espèces opposées, *solaires* et *planétaires,* qui sont les dépôts respectifs des modes opposés des forces primaires, dont l'action, à-la-fois, les soutient et les vivifie; pour ce qui est du système dont la planète que nous habitons fait partie, malgré l'*existence d'une atmosphère universelle qui s'y trouvé ,* comme j'ai dit, servant de conducteur à l'action de ces corps l'un sur l'autre, et constituant, comme le dernier, le lien mutuel qui les unit en un tout, dont les différentes parties sont essentielles à l'existence les unes des autres; il paraît évident que, d'après la *circulation locale* qui a continuellement lieu entre les grands réservoirs locaux des forces électriques de ces corps, les élémens de l'*eau* et de l'*air*, sur lesquels repose le principe du renouvellement de ces élémens; que le courant continuel d'exhalaison du premier au second élément, résultant de sa décomposition en air amenée par l'action des forces électriques primaires sur lui, comme de l'existence de l'action opposée dans le dernier élément, par laquelle ses bases aériformes sont réincorporées dans l'état primitif de leur union dans la formation de l'eau au sein de l'atmosphère; et que l'ensemble des phénomènes amenés par ces actions opposées étant borné à une certaine limite pour ce qui regarde la surface de ces corps; que l'activité continuelle produite dans ces limites par les phénomènes opposés, doit avoir pour effet de créer autour de chacun d'eux une *atmosphère locale*, dans laquelle, comme je l'ai dit, ces phénomènes locaux sont plus particulièrement renfermés. Il en résulte que cette atmosphère est douée d'une densité de volume proportionnellement plus grande, aussi bien que d'une certaine *différence* dans sa nature, étant continuellement chargée des élémens les plus grossiers de cette action comparée à l'éther plus pur qui l'entoure. De plus, comme les sources d'où elles dérivent diffèrent si essentiellement, ainsi que les grands dépôts de forces élec-

triques primaires, *positive* et *négative*, du système,
l'atmosphère locale du soleil, comparée à celle des
planètes, ne peut être la même, et par conséquent
une variété dans les mêmes phénomènes des atmosphères solaire et planétaire, doit nécessairement résulter de cette dissemblance dans leurs
élémens. A cette circonstance, comme je l'ai dit,
est due la différence que l'on observe entre la *lumière solaire* et celle des planètes; le soleil étant
considéré comme faisant partie des *étoiles fixes*,
comme les planètes des globes qui en dépendent.
Il faut ajouter que, comme une proportion relative doit exister entre l'étendue de ces atmosphères locales et la grandeur des masses qu'elles
entourent, l'atmosphère locale du soleil doit être
plus étendue que celle des planètes, et l'atmosphère de celles-ci plus que celles de leurs satellites,
toutes les autres circonstances demeurant les mêmes.
Mais non seulement l'étendue comparativement plus
grande de ces atmosphères locales des comètes,
mais encore celle de la planète *Mars*, comparée
à celles qui sont plus près du soleil, montrent que
dans quelques-uns de ces corps il existe une circonstance qui s'écarte de cette règle, en amenant
une augmentation de grandeur ou une contraction
dans leur étendue adaptée à leur masse ou à leur
position particulière, ou l'excentricité de leurs orbites relativement au soleil. L'objet de cette exception est évidemment de rapprocher *les résultats*
plus particulièrement pour ce qui a rapport à leur
température.

Ainsi, on voit que les difficultés qui se sont présentées pour déterminer la *hauteur de l'atmosphère*, et qui ont, pendant si long-temps et on peut ajouter si inutilement, occupé l'attention des astronomes, peuvent s'expliquer par les principes les plus simples et les plus satisfaisans. En effet, le *domaine de la lumière* étant reconnu occuper l'étendue de *cette atmosphère locale*, les calculs relatifs à ses effets de réfléchir et d'intercepter la lumière du soleil à la hauteur de *quarante* à *cinquante milles*, peuvent être, je crois, considérés comme assez exacts, pour ce qui regarde la *hauteur* de l'atmosphère locale de la terre ; tandis que la présence supérieure de certains météores, que l'on évalue être de *quatre-vingt-dix* à *cent milles* de la terre, en démontrant l'existence supérieure de l'influence exercée par l'action des pôles électriques de la terre à celle de l'étendue de cette *atmosphère locale*, et de la présence de la lumière dans l'échelle de son ascension, prouve, par l'aspect de ces météores à une telle élévation, la *présence d'un médium différent au-delà*, démontrant ainsi l'existence de l'*atmosphère universelle* qui entoure, comme je l'ai dit, les atmosphères locales du soleil et des planètes.

Il faut observer de plus, que, comme l'assemblage des élémens de la force *électrique positive* du système solaire, est concentré en un seul point, le *soleil;* tandis que l'ensemble de ces élémens de la force opposée, *la négative*, est divisé et dispersé dans les masses des planètes ; l'action des premiers, à ce point de leur union (d'après les principes posés dans les *Observations générales*), par suite de leur concentration, doit être plus puissante que celle de ceux-ci, en conséquence de leur distribution et séparation. Par conséquent, les phénomènes produits par cette force sur le soleil doivent être plus parfaits *dans leur mode* qu'ils ne le sont dans les planètes. On verra par-là que si, semblables à ceux de la force positive, les élémens réunis de la force électrique négative du système solaire, au lieu d'être séparés comme ils le sont, étaient réunis en une seule masse,—en raisonnant par analogie, leur action sur le soleil et celle du soleil sur eux, ainsi concentrée, en serait accrue à un tel degré, qu'à moins que ces masses fussent placées à une plus grande distance les unes des autres, que les dernières limites du système polaire, il en résulterait pour elles des effets destructeurs.

Mais si nous admettons que le mouvement de rotation du soleil soit produit par l'action négative des planètes, comme le mouvement de rotation de celles-ci par l'action positive du soleil sur elles, ce qu'on peut regarder comme prouvé par la *direction opposée* de ce mouvement du soleil, par rapport aux planètes, c'est-à-dire de *l'est à l'ouest,* comme résultant de l'action de modes opposés du même principe;—la *lenteur* de ce mouvement du soleil comparé avec celui des planètes, c'est-à-dire vingt-cinq jours, quatorze heures, huit minutes, reconnue, comme dans les planètes, pour être liée avec le principe de sa *température moyenne,* montre, par la division et la dispersion des élémens de la force électrique négative du système, comme je l'ai dit, la manière modérée dont elle agit sur la masse du soleil.

On peut opposer à cette théorie de la lumière et de la température, d'après une de ses assertions, que c'est par la *disposition* des pôles électriques opposés dans les atmosphères des planètes, causée par l'action solaire sur elles, c'est-à-dire en plaçant ses *pôles positifs* en contact avec les surfaces de ces corps, que le phénomène conjoint de la *lumière* et de la *chaleur* y est produit; — que l'action négative des planètes sur le soleil, aurait pour effet, d'après ce principe, d'amener une disposition contraire des pôles électriques dans l'atmosphère du soleil, en plaçant le pôle négatif en contact avec sa surface; et conséquemment, qu'au lieu de lumière et de chaleur, cette disposition des forces électriques amènerait les phénomènes contraires d'*obscurité* et de *froid*, dans la région inférieure de l'atmosphère solaire. Un peu de réflexion pourtant, fera voir qu'il ne peut en être ainsi, d'après l'exemple de l'action lunaire, et celle de la terre elle-même : cette action, comme je l'ai dit, étant essentiellement *négative*, de sa nature, est, par la présence de l'action positive, changée de *négative* en *positive*; et par conséquent, ces corps exercent seulement leurs forces négatives sur les phénomènes de l'atmosphère, lorsque l'*angle* auquel ils rencontrent l'action solaire est tel, qu'en diminuant la force de l'action positive à un degré moindre que celui de leurs forces négatives inhérentes, il donne de la prépondérance à ce dernier, ou lorsque, comme durant la nuit, la surface de la terre en est totalement éloignée. La raison de cette circonstance , et qui prouve que l'action réciproque des planètes sur le soleil et du soleil sur les planètes, doit, dans l'un comme dans l'autre cas , produire la même distribution locale des pôles électriques opposés dans leurs atmosphères , c'est que , différente de l'action *négative* des planètes ou du soleil , au lieu d'être *une action simple résultant d'une seule force ,* l'action électrique qui produit les phénomènes de la *lumière* et de la *chaleur* dans le soleil et les planètes , est une *action combinée* des modes opposés de la force électrique primaire produite localement sur le soleil , comme sur les planètes, par le principe de leur *réflexion mutuelle.* De là , comme cette action est reconnue résulter exactement des mêmes principes, dans le soleil et les planètes , il s'ensuit qu'elle doit produire la même distribution de pôles électriques et les phénomènes qui en dépendent dans l'atmosphère solaire et dans ceux des planètes. On doit observer de plus que, selon les principes de cette théorie , d'après la nécessité qui existe , tant sur le soleil que sur les planètes, de cette action combinée ou réflétée pour produire la *lumière ,* sa présence dans l'atmosphère solaire prouve l'étendue de l'action exercée par les planètes sur les phénomènes locaux de ce grand flambeau du jour. On peut trouver une idée de cette action électrique positive concentrique sur les surfaces des corps célestes dans lesquels ces phénomènes conjoints de leur *lumière* et *chaleur* sont supposés avoir lieu, dans l'*appareil du gaz* pour l'éclairage, si l'on substitue au *gaz* les atmosphères locales de ces corps ; et à la combustion, l'intensité de ces modes d'action électrique à ses foyers principaux, sur les surfaces de ces corps. Ainsi, dans l'un ou l'autre cas, quelle que soit *la distance du soleil aux corps planétaires*, sur lesquels il agit, comme du gazomètre au robinet,—lorsque cette intensité d'action électrique est, *par durée d'exposition*, portée au degré nécessaire dans l'un, ou que la combustion agit dans l'autre, leur pouvoir pour produire les phénomènes de lumière et de chaleur est le même. L'on ne peut dire, dans un cas comme dans l'autre, que ces phénomènes, excepté par *réflexion*, existent dans les espaces *intermédiaires* qui séparent les points extrêmes séparés par le gaz comme par l'appareil électrique de la nature.

Admettons donc que, semblable au *son*, aux *couleurs* et à son phénomène conjoint, la *chaleur*, la *lumière*, soit solaire, soit résultant de toute autre source, *n'est pas matérielle*, mais simplement *une qualité fortuite des corps*, produite par une certaine intensité d'action et de changement de propriété de ces corps, amenée par des moyens mécaniques, chimiques ou électriques, au moment où ces changemens de propriétés ont lieu ; circonstance qui s'offre bien plus rarement que pour les couleurs et la chaleur, mais dont on trouve un exemple dans la pierre de Bologne et quelques autres substances qui ont la propriété d'absorber et de conserver quelque temps la lumière.

Admettons encore que la lumière solaire et planétaire est, comme la chaleur, *essentiellement électrique dans son origine,* que d'après les différences existant entre les forces électriques du soleil et des planètes, elle est, comme ces corps, *divisible en pôles opposés;* que, de même que la chaleur planétaire, elle est, ainsi que je l'ai dit, un phénomène *strictement local* de sa nature, ne se trouvant pas au-delà des limites d'une certaine élévation autour des corps qu'il entoure, excepté *par réflexion,* dans les régions de l'espace qui séparent le soleil et les planètes, — étant simplement une émanation produite sur les points de collision le long des chaînes électriques d'action présentées par les corps célestes.

Il est admis de plus, que le phénomène de la lumière étant produit conjointement avec la chaleur, par l'action concentrique des forces électriques primaires opposées dans les atmosphères locales du soleil et des planètes, sa première émanation, semblable à celle de la chaleur, est *intimement liée avec les foyers principaux* formés par cette action sur les surfaces de ces corps,—exigeant, je pense, pour sa création, *une certaine intensité de cette action* qui approche beaucoup, par sa nature, de l'énergie de la combustion, et qui ne peut exister que dans ces foyers principaux et leur voisinage. Conséquemment (ainsi que cela doit être, si ces principes sont exacts), la lumière, comme la chaleur, *doit être plus puissante et plus parfaite à ces foyers principaux et dans leur voisinage,* d'où son extension, dans les régions plus éloignées de ces atmosphères locales, comme nous le voyons, est portée principalement par radiation, à travers ces medium-conducteurs. — Ces premières émissions de lumière des foyers principaux, étant nécessairement prolongées ou plutôt multipliées longitudinalement de chaque côté sur les hémisphères opposés de ces corps, par l'action des modes secondaires de foyers locaux formés par cette action, sur les surfaces de ces corps qui y sont exposées, et dont l'obscurité produite par les éclipses de soleil est une preuve, — ont toujours, comme je l'ai dit, dans le *degré de leur force*, une proportion correspondante à celui du phénomène de la chaleur, et par conséquent, à la proximité des points des cercles traversés par les foyers principaux, et *vice versâ*. Il s'ensuit, que si les faits liés avec les différens degrés d'intensité des phénomènes de *la lumière* et de *la chaleur*, dans les différentes régions de notre atmosphère, ainsi que cela est, se trouvent en accord parfait avec les principes dans lesquels ils sont reconnus avoir leur source (et cela ne pourrait jamais avoir lieu, si les principes étaient défectueux), cet accord doit être regardé comme une preuve de l'exactitude de ces principes.

Il ressortira de là qu'aucun des modes de la force électrique primaire, solaire ou planétaire, n'est *en lui-même* capable, au degré le plus éloigné, de produire les phénomènes de la *lumière* ou de *la chaleur;* mais que ces phénomènes, dans ces modes opposés, résultent de l'action concentrique combinée de ces forces (amenées par le principe de leur réflexion mutuelle l'une de l'autre) dans les atmosphères locales de ces *miroirs électriques* opposés, les surfaces du soleil et des planètes ; — cela prouve aussi l'existence de la loi de l'action électrique de converger toujours à un foyer, et par conséquent celle de *foyers principaux* de cette action réfléchie ou *positive* de ses pôles opposés par les surfaces de ces corps respectivement ; lesquels, avec la brillante émanation de lumière qu'ils émettent, semblables aux *feux sacrés* des anciens, dont ceux-ci étaient les types, quoique leur *position locale* change toujours, avec les corps célestes, ne sont jamais suspendus ni éteints ; mais suivent toujours leur mouvement, et continuent à répandre leur heureuse influence sur les cercles du temps et de l'éternité (1).

On peut remarquer encore comme une circonstance de la perfection de la *mécanique céleste,* dans l'admirable application de ses différens membres planétaires l'un à l'autre, quant à la création de leurs phénomènes locaux ; que, comme nous le voyons dans les *éclipses de soleil,* l'interposition d'un corps opaque ne suspend pas, comme cela devrait

---

(1) « Le feu éternel, ou Vesta, était le plus ancien objet du culte des Romains : des vierges étaient chargées de l'entretenir dans le temple de cette déesse, comme les Mages en Asie dans leurs Pyrées ; car c'était le même culte que celui des Perses. C'était, dit Jornandès, *une image des feux éternels qui brillent au ciel.* » (*Abrégé de l'Origine de tous les cultes,* par Dupuis, page 30.)

être, cette action réfléchie du soleil et des planètes ; mais que c'est seulement notre satellite qui , dans sa position à l'écliptique, peut, par son interposition, interrompre momentanément cette action par rapport à nous ; de même que, d'après l'harmonie existant entre la *grandeur* et la *distance* des planètes , leur interposition entre nous et le soleil n'interrompt pas cette action sur la terre, non plus que l'interposition de la terre ne l'interrompt dans la planète de Mars.

Revenant sur la liaison reconnue exister entre les phénomènes de lumière et de chaleur solaires dans notre atmosphère , et nous rappelant l'action du premier supérieure à celle du second sur son corps, nous reconnaîtrons que, selon *la saison, la latitude et la nature de la surface réfléchissant inférieurement,* l'analogie entre ces phénomènes , dans tous les temps et sous toutes les circonstances, sera parfaite, excepté avec un *ciel couvert de nuages.* Ainsi , partout où la chaleur solaire est plus puissante et s'étend à une plus grande distance dans le corps de l'atmosphère , le phénomène de la lumière sera plus puissant, selon que son action est plus élevée ; les différens degrés de force ou de perfection de la lumière dans son échelle *ascendante ,* comme dans son échelle horizontale des atmosphères nord et sud, c'est-à-dire sa plus grande puissance en bas, sa puissance plus faible au loin ; — dans le premier cas, sa puissance étant plus grande aux tropiques , et plus faible sous le ciel des pôles dans le second cas ; la différence marquée qui existe dans ce phénomène, sous le tropique et sous le ciel des pôles, comme sous les mêmes latitudes, aux saisons opposées de l'année, l'été et l'hiver, en fournissent des preuves suffisantes; indiquant par cette diminution de sa force, graduée sur celle de son phénomène conjoint, la chaleur, qu'à une certaine élévation dans l'atmosphère, comme je l'ai avancé, la lumière *cesse aussi d'exister tout-à-fait, excepté par réflexion.* L'éclat éblouissant du soleil, regardé de la terre, est reconnu provenir en grande partie des *pouvoirs réflectifs* du milieu éclairé de l'atmosphère inférieure, à travers laquelle on l'aperçoit : — comme sa *grandeur apparente* est due à la densité de ce milieu. Car d'après un fait prouvé par une expérience de tous les jours, chaque augmentation de densité ou d'opacité, comme dans le cas de légers brouillards, etc., a pour effet d'agrandir les objets que l'on voit à travers, et *vice versâ*.

Maintenant supposons une personne placée à une certaine élévation dans notre atmosphère, à un point au-dessus de la *courbe de congélation, mais en-deçà de celle du domaine de la lumière;* il est admis que la lumière qu'elle trouverait à une pareille élévation serait une lumière faible et en *grande partie réfléchie;* tandis que, d'un autre côté, la *lumière solaire,* n'existant que *par ré-flexion* et se trouvant privée du pouvoir rayon-nant et fortifiant des régions plus denses et plus lumineuses de l'atmosphère inférieure, perdrait considérablement de son éclat, tandis que l'aspect du soleil se rapprocherait, pour la grandeur et la lumière, de celui d'une étoile fixe. Par un effet semblable, la lumière et l'aspect de la terre ressembleraient à ceux de la lune, si la personne était placée à une élévation plus grande encore et si elle était en-delà de la courbe de la lumière ou de l'atmosphère locale de la terre ; cette ressemblance serait parfaite ainsi que celle de la lumière et de l'aspect du soleil à ceux d'une étoile fixe, n'y ayant, comme je l'ai dit, dans ces régions aucune lumière que par réflexion. L'éclat et la forme du soleil, comparativement aux étoiles fixes, seraient nécessairement plus grands, en raison de sa proximité, comme aussi la lumière et l'aspect de la terre comparativement à la lune, et indépendamment de la plus forte grandeur réelle, seraient beaucoup plus grands, sans que l'exactitude de la comparaison cependant en fût affaiblie dans les deux cas. Si les bornes du domaine de la lumière, dans la lune et les autres planètes, et dans le soleil même, n'étaient pas clairement déterminées par l'aspect de ces corps, suffisant en lui-même pour prouver la *localité* de ce phénomène ;—la *couleur bleue* du firmament, pendant le jour, pourrait être présentée comme une preuve suffisante , *qu'il n'existe pas de lumière* dans l'atmosphère au-delà d'une certaine élévation, puisqu'on peut dire que cette couleur n'est qu'une modification de l'absence de *lumière* ou *obscurité* qui, à partir des bornes de notre atmosphère locale, remplit les régions qui sont au-delà ; la teinte foncée de cette couleur, vue dans ces régions comme à travers un *milieu éclairé*, augmente pendant la nuit, par suite, à cette époque, de l'absence de ce milieu éclairé.

Si le docteur Wollaston eût connu cette circonstance, en estimant la distance relative du soleil et des étoiles fixes, par une comparaison faite sur la lumière que nous recevons de ces corps, il eût probablement apporté des changemens importans à ses calculs à ce sujet. Dans son Mémoire, lu à la Société royale, partant de cette donnée, il place Syrius à une distance de la terre qui est 141,421 fois celle du soleil; ce qui prouve de quelle importance peut être pour l'astronomie la découverte de principes plus exacts.

J'ai, comme j'ose croire, dans les observations précédentes, pleinement établi l'identité du phénomène de la température planétaire avec l'action électrique, et, dans ce chapitre, l'identité du phénomène de la lumière avec celui de la température, et conséquemment que sa source est électrique. J'ai signalé également que, semblable aux forces électriques opposées, *négative* et *positive*, le phénomène de la lumière qu'elles produisent, est divisible en deux modes opposés, solaire et planétaire; étant une conséquence nécessaire de la différence des élémens électriques du soleil avec ceux des planètes; et, comme un effet subséquent de cette différence dans l'ensemble de ces élémens électriques opposés, réunis dans les masses du soleil et des planètes, que les phénomènes de ceux de ces derniers corps qui sont le plus près du soleil, doivent, par ce voisinage du grand foyer des forces électriques du système, recevoir une influence qui produit entre elles et le soleil une analogie plus étroite que celle qui existe entre ces astres et les planètes qui en sont plus éloignées, attendu que celles-ci sont liées de plus près au mode négatif de cette force. Par cette circonstance est expliquée la différence de l'éclat de la lumière réfléchie par *Mercure* et *Vénus*, avec celle qui est réfléchie par les planètes du système qui sont éloignées.

Enfin j'ai démontré, je crois, d'une manière satisfaisante, que le phénomène de la lumière, soit dans le soleil, soit dans les planètes, *ne peut exister que par les moyens de l'action réfléchie des modes opposés de la force électrique,* et conséquemment que dans les étoiles fixes, comme dans le soleil, la présence de la *lumière* présuppose celle d'une réunion planétaire, dont la réflexion donne lieu à cette lumière. Si nous appliquons cette manière de considérer le phénomène de la lumière à cette multitude infinie d'étoiles que nous contemplons dans le ciel, quelle idée ne nous formerons-nous pas des myriades de corps planétaires, semblables à la terre que nous habitons, et qui, d'après ce principe, seraient nécessaires pour produire cette clarté répandue dans l'immensité du firmament?

TEMPÉRATURE PLANÉTAIRE.

Pour mieux entendre la nature de la température planétaire, telle qu'on la comprend dans cette théorie, il faut se reporter aux premiers principes. — La comparaison de *l'enclume et du marteau*, dont Voltaire se sert dans une autre occasion, nous paraît s'appliquer également bien aux relations qui existent entre les élémens de *l'eau* et de *l'air* par rapport au phénomène de la température ; — car, sous ce rapport, l'action de l'un, sans la coopération de l'autre, devient immédiatement nulle et de nul effet; — comme nous prétendons d'ailleurs que le dernier de ces élémens doit sa naissance au premier, il devient nécessaire de placer ici quelques observations sur cette première source de température.

Dans un ouvrage moderne sur la chimie (1), l'on décrit l'eau comme un fluide si *universellement connu*, qu'il est à peine nécessaire d'en donner aucune définition ni aucune description : dans un certain sens, la même remarque pourrait également bien s'appliquer aux phénomènes solaires de la chaleur et de la lumière : toutes deux, en effet, étant aussi communément, aussi universellement connues, du moins quant à leur présence ;

-----

(1) *Voyez* docteur URE, *Dictionnary of Chemistry*, art. *Water*. (*Dictionn. de Chimie*, art. *Eau.*)

mais, sous un autre point de vue, sous le point de vue scientifique, la définition de *fluide universellement inconnu* eût été peut-être plus convenable et plus juste. En effet, c'est quelque chose de fort étonnant, si nous considérons l'étendue et l'intimité des relations qui subsistent entre les élémens de l'air et de l'eau, attachés à notre planète, et la fréquence de la pluie, — que, bien que l'on n'ait rien épargné, soit par la *décomposition*, soit par la *composition*, pour connaître avec certitude les principes constituans de l'eau, l'on ait en même temps donné si peu d'attention à la dépendance qui existe entre ces élémens, quant à leurs relations astronomiques. Les jours, les mois, les années se succèdent, ramenant dans leurs saisons accoutumées, la sécheresse et la chaleur, l'humidité et le froid, et cependant combien l'œil de la science est loin d'avoir aperçu et retracé l'enchaînement qui rattache à la révolution annuelle le retour consécutif de ces phénomènes ; et cela, si long-temps après que des données, telles que les *polarités opposées* des principes constitutifs et opposés de l'eau—*l'oxigène* et *l'hydrogène*—ont été publiées et démontrées.

Si nous considérons la terre comme un anneau, un chaînon du grand appareil électrique que présentent à notre observation les corps qui composent le système solaire; si nous considérons *l'eau* comme l'incorporation des deux forces électriques contraires, c'est-à-dire *positive* et *négative*, qui, au moyen de leurs pôles atmosphériques, reçoivent

l'action des deux forces électriques du soleil et de
la terre, forces que nous prétendons contraires,
nous en déduirons le principe vivifiant qui rend
cette dernière planète un séjour aussi convenable
que nous le voyons à l'existence des animaux et
des végétaux. En jetant un coup-d'œil sur ce que
l'on peut appeler le *mécanisme* de la superficie de
la terre, il est digne de remarque que l'on voit
ce fluide électrique fondamental, *l'eau*, s'étendre
consécutivement de l'un de ses pôles à l'autre, en
même temps qu'il enveloppe presqu'entièrement
son centre. Voilà pourquoi semblable à l'atmosphère, l'élément de l'eau doit à son étendue d'être
exposé dans les deux hémisphères, par l'action des
deux forces électriques, premières et opposées, à
toutes les variations qui ont lieu dans le cercle annuel de leurs mouvemens ; — et que le résultat général de cette action sur l'élément de l'eau, soit
sous le pôle, ou à l'équateur, n'est nulle part détaché ou perdu, mais se réunit et se combine dans
l'atmosphère ambiante.

Il faut observer de plus que le grand agrégat des
eaux sur la terre — *l'océan, est éminemment sa-
lin,* mais plus particulièrement dans *les régions
placées près des tropiques,* où l'action du soleil
sur lui se trouve la plus forte, et que, comme l'on
en a fait ailleurs la remarque, les acides ou *les
corps salins augmentent l'action de la pile de
Volta,* parce que leurs élémens constituans contiennent des électricités contraires l'une à l'autre,
quand elles sont mutuellement développées. Ainsi,

cette circonstance que les eaux de l'océan sont *salines*, les rend plus particulièrement propres à répondre à l'action des forces électriques primitives à laquelle elles sont exposées ; et même les marées qui donnent le mouvement à ces eaux, par *le changement continuel de surface* qu'elles présentent à l'action des forces électriques primitives, ne semblent point du tout des phénomènes accidentels ou sans objets ; mais peuvent au contraire être considérées comme des accessoires indispensables au développement complet de cette même action, qui, ayant pour conducteur l'atmosphère, qui joue ici le rôle du fil métallique dans l'appareil de Volta, doit se faire sentir et se répondre à elle-même d'un pôle à l'autre. De tout cela, nous concluons qu'il n'y a rien d'accidentel ou de fortuit dans la nature de la connexion qui existe entre les élémens de l'eau et de l'air, mais que la totalité de leurs dispositions relatives et des phénomènes qui en résultent, montre évidemment que ces relations étaient préparées d'avance, et que l'un et l'autre ont été admirablement adaptés aux rapports qui devaient s'établir entre eux.

L'on a posé en principe dans les *Observations préliminaires* que chacune des trois forces primitives a une *direction* qui lui est particulière, dans son *action locale* sur le soleil et les planètes ; que la direction de la *gravitation* est de leurs superficies à leurs centres ; que celle des *forces magnétiques*, par cela qu'elles sont localement divisibles dans des espèces opposées, est de leurs centres à leurs pôles opposés ; et enfin, que les *forces électriques* étant également divisibles dans leur action locale sur des corps d'espèces différentes, divergent également du centre, mais dans des directions opposées à celles des forces magnétiques, étant absolument *est et ouest* du méridien magnétique ; c'est-à-dire que l'action des forces magnétiques et celle des forces électriques *se croisent à angles droits*. Il faut observer que ce principe est l'un de ceux énoncés dans les aphorismes astronomiques que j'ai présentés au comité de la Société astronomique de Londres, le 13 novembre 1829.—(*Voyez* à la fin de cet ouvrage, Aphorisme XI.) Dernièrement, dans un discours de M. Ritchie à l'établissement appelé *Royal Institution*, le professeur, parlant d'un télégraphe d'un nouveau genre, proposé par M. Ampère, après avoir établi brièvement les relations découvertes entre les courans électriques, produits, soit par les machines ordinaires, ou par la pile de Volta, et les aimans, *s'est particulièrement arrêté sur ce fait si important dans le cas présent, que l'aiguille se place invariablement dans une position directement perpendiculaire au fil métallique conducteur du courant électrique.* (Voyez *Literary Gazette*, du 27 février 1830.)

On remarquera qu'en annonçant ce fait, le savant professeur n'en fit aucun rapprochement, aucune application à la nature de la connexion qui existe entre les forces magnétiques et électriques dans l'atmosphère. Quelque important que ce même fait puisse paraître par rapport au sujet, à propos duquel il a été énoncé, on peut le regarder comme d'une importance infiniment plus grande sous celui de son application à l'astronomie. Il en est de ce fait comme de ceux annoncés par M. *Donné*, à propos des effets produits sur *la pile de Zamboni* par les changemens de la température atmosphérique.—Depuis long-temps j'étais arrivé à la même conclusion, savoir : que la source de la température planétaire était d'origine électrique ; j'y avais été conduit par l'analogie qui existe entre l'action de la lune sur les marées et la température, par l'impossibilité de rapporter une telle connexion à aucune autre cause. —Maintenant les expériences citées par M. *Donné* ayant prouvé d'une manière directe et palpable que *le fait est tel*, en ont rendu la vérité doublement sûre, et tranché la question.—De même, admettant comme démontré le fait cité par M. Ritchie ; outre qu'il confirmera davantage l'origine électrique de la température, et la direction particulière de l'action des forces magnétiques et électriques dans l'atmosphère, telle que j'ai avancé qu'elle est ; il ira encore plus loin, et prouvera que, tandis que la *source* de ces forces est centralisée dans les *masses* de la terre et du soleil, *le centre de leur action n'est pas*, comme leurs sources, *dans ces dernières, mais dans les atmosphères locales de ces corps, et à une certaine élévation de leurs surfaces ;* que, de plus, leur action mutuelle dans l'atmosphère de ces corps, *diverge des mêmes centres ;* et conséquemment que la *source primitive* d'où dérivent les élémens actifs de ces deux forces, est une seule et même source, c'est-à-dire l'*élément de l'eau*. Cette circonstance que les centres de l'action de ces forces sont détachés des masses de ces corps, — en les considérant comme les moyens employés par la nature pour les soutenir à-la-fois, et leur donner leurs mouvemens opposés, orbiculaires et de rotation, étant indispensable pour que cette action, par son *opération extérieure* sur les points respectifs de leurs surfaces vers lesquels elle était dirigée, pût donner à ces mêmes points les impulsions nécessaires pour la production des effets désirés. La nature nous présente ainsi le spectacle extraordinaire de forces tellement imaginées, qu'en même temps que leurs sources sont dans les masses du soleil et des planètes ; et que conséquemment leur action locale sur ces corps est réglée par les degrés différens dans lesquels elles s'y trouvent, — il arrive que les centres d'action dans les opérations auxquelles ces forces donnent naissance étant, comme je l'ai dit, placés hors de ces corps, ces opérations investissent ces mêmes corps de tous côtés, comme avec une main de fer. Comme ces forces sont opposées dans leur direction et leur mouvement, elles impriment à ces corps leur direction locale, qui devient, ainsi que nous l'avons observé plus haut, la source des positions qu'elles occupent dans l'écliptique, et aussi de la direction de leurs mouvemens opposés.

Considérant les élémens constitutifs et primitifs de *l'eau* et de *l'air* comme le même, et conséquemment, admettant qu'ils sont stricte-ment homogènes, — la grande différence distinctive que nous observons entre eux, c'est que, tandis que le dernier montre par ses phéno-mènes qu'*il est toujours sous l'influence des polarités électriques opposées*, l'élément de l'eau, soit pris comme partie, ou comme *un tout, ne découvre aucune semblable polarisation électrique*, (bien qu'en le regardant comme *un tout*, il n'est pas également certain que cette observation puisse s'appliquer à ses *propriétés magnétiques*); au point que, tant qu'il est dans cet état, semblable à la poudre à canon avant l'ignition, il est, quant à ses forces électriques latentes, *parfaitement inerte*. Toutefois, à peine la décomposition, amenant un changement dans leurs propriétés, a t-elle changé en air ces bases électriques de l'eau, et rendu à la vie et à l'activité leurs forces électriques, qu'obéissant à l'influence de leurs pôles électriques opposés, il s'opère une séparation partielle dans le corps de l'atmosphère : leur *base positive* ou oxigène, *convergeant vers le pôle positif*, et leur *base négative* ou hydrogène *vers le pôle négatif*. On peut observer que cette séparation est *plus parfaite en proportion que le degré de l'action* qui a opéré leur décomposition *est plus puissant*, et *vice versâ*.

Supposant donc que la *direction* de l'action électrique dans l'atmosphère est presque verticale, à partir de la surface de la terre, ou à *angle droit* avec le méridien magnétique, — que cette action, dans la totalité de l'atmosphère , est d'*espèces opposées* , positive ou négative , ou *solaire* et *planétaire* ; la positive étant la plus puissante , aussi bien que la plus prochaine de la surface de la terre pendant *le jour* , et la négative *pendant la nuit* ; que l'une et l'autre espèce d'action électrique dans l'atmosphère , *dès qu'elle en affecte directement la température* , est toujours amenée par *la présence d'un pôle électrique* dont elle est un effet , vers lequel cette même action converge ; que l'action directe de chacune des espèces de la force électrique , outre qu'elle est locale ou particulière à la partie de l'atmosphère et de la surface de la terre qui lui est exposée, *converge également dans l'agrégat vers un pôle ou foyer principal* , où ses effets sur la température et les autres phénomènes de l'atmosphère dans laquelle il exerce une influence, sont nécessairement les plus grands ; que, d'après la différence totale dans la nature de l'opération , et généralement des phénomènes produits par rapport à l'atmosphère par les espèces opposées de la force électrique primitive , combinée avec la distribution inégale de l'action des deux espèces sur les superficies de la terre ; conséquence de l'angle que forme son axe avec le plan de l'écliptique ; il serait impossible que leurs foyers principaux respectifs pussent exister *dans le même cercle local* de l'action électrique. — De là il suit que , comme le foyer principal de l'action positive du soleil , dont nous regardons le mouvement de rotation de la terre comme un effet , est toujours situé *entre les tropiques ;* le foyer principal de l'action négative de la terre est toujours à la partie de ses superficies la plus distante de ces mêmes tropiques, et conséquemment, qu'il se trouve constamment au pôle de son hémisphère d'hiver ; changeant à l'époque des équinoxes, du pôle de l'été qui approche, à celui de l'hémisphère d'hiver qui suit. Que le *centre de cette action électrique,* dans notre théorie, n'est point à la surface de la terre, mais à une certaine élévation dans le corps de l'atmosphère ; lequel, semblable au *méridien* d'un globe artificiel, s'étend ainsi longitudinalement au-dessus de la surface de la terre, formant une courbe dans l'atmosphère d'un pôle à l'autre, l'*environnant sur ses côtés opposés.* — La direction de cette courbe, qui forme le centre d'action électrique, et de laquelle dans son action locale, elle diverge verticalement à angles droits, devient *une seule et même ligne avec le vrai méridien magnétique ;* ce qui a pour cause cette circonstance que l'action de ces deux forces part d'un même centre. Que par suite des changemens qui ont lieu dans l'action des forces électriques, opposées et primitives dans le *cercle diurne de leur mouvement, leurs pôles électriques tournent journellement autour de ce même centre de leur action,* dans toute l'étendue de ces courbes longitudinales ou méridiennes ; le pôle électrique positif se dirige, *pendant le jour,* sur la région inférieure de l'atmosphère et de la surface de la terre ; tandis que le pôle opposé ou négatif étend son action dans la direction contraire, c'est-à-dire, de ce centre dans la région supérieure de l'air. — A l'approche de la nuit, cette *disposition est renversée;* le pôle négatif descend, tandis que le pôle positif monte dans la région supérieure de l'air. D'où il suit que, comme *l'action positive* ou *solaire embrasse la totalité de son hémisphère oriental,* comme l'action négative ou *planétaire* la totalité de son hémisphère occidental; *les positions des pôles électriques opposés* dans l'atmosphère des hémisphères opposés de la terre, *sont toujours renversées par rapport l'une à l'autre.*

Ainsi, du mouvement de rotation de la terre, dont l'effet immédiat est d'exposer pendant le jour le corps entier de l'atmosphère à l'action alternative de ces forces, résulte le *renversement de l'échelle de sa température,* aussi bien que de ses autres phénomènes, sur lesquels cette même action de ses pôles électriques exerce une influence. Parmi ces phénomènes, nous rangeons, 1°. *l'action de pression,* que l'atmosphère exerce sur la surface de la terre; 2°. *une classe des courans* de cette atmosphère ou vents. A l'appui de la *première* hypothèse, nous observons que l'*action directe* des deux espèces de forces électriques opposées et primitives sur la région inférieure de l'atmosphère, en même temps qu'elle affecte le principe de sa température, *exerce une influence marquée sur l'action de sa pression sur les superficies de la terre.* — Cette influence est prouvée par ce fait, que *même sous un ciel actuellement pluvieux,* le mercure s'élève dans le tube barométrique à l'approche du beau temps, ou au moment où *leur action directe recommence à se faire sentir.* De même *la direction opposée* de ce que l'on appelle *les brises du large et les brises de terre* de la zône torride, prouve non seulement que la classe de vents à laquelle ces brises appartiennent, a sa source dans l'action directe de l'une ou l'autre des forces électriques opposées et primitives ; mais encore l'effet causé sur eux par le changement ou *renversement* de l'action des pôles respectifs de ces forces sur la région inférieure de l'atmosphère dans le cercle diurne de leur mouvement. Le degré *maximum* de l'action directe des espèces opposées de la force électrique primitive sur la région inférieure de l'atmosphère, en ce qui touche l'influence exercée par leur action directe sur le poids, ou la pression de cette atmosphère sur la surface de la terre, comme on en a l'exemple dans le voisinage de leurs foyers principaux, est (ainsi que cela devait être) *presque égal.* — Ce qui est prouvé par l'approximation très rapprochée du degré d'ascension du mercure dans le tube barométrique, pendant les degrés extrêmes, annuels, opposés de la température atmosphérique, durant l'été et l'hiver, dans les régions opposées de la terre, dans lesquelles, ou près desquelles sont situés leurs principaux foyers opposés. On observera que ce balancement de l'action de pression exercée par l'une et l'autre de ces forces, sur les points opposés des superficies de la terre, loin de mettre en danger *l'équilibre* qui existe entre ses hémisphères opposés, — équilibre qui eût été compromis si l'on eût changé cette combinaison, aussi bien que la position de la terre dans l'écliptique ; cet effet égal de leur action opposée sur la pesanteur de la région inférieure de l'atmosphère, sert, au contraire, à maintenir cet indispensable équilibre. Nous avançons que l'effet amené par la direction opposée, verticale, sur le corps de l'atmosphère, de ses pôles électriques opposés, détache l'une de l'autre les masses aggrégées de ses bases électriques opposées, et les partage ainsi en régions opposées, dissemblables quant à leurs propriétés électriques, — régions qui ont pour limite commune la courbe ou le centre autour desquels ces pôles exécutent leur révolution, — nous avançons, dis-je, que l'effet nécessaire de l'action de tels points ainsi opposés d'attraction dans le corps de l'atmosphère *est de diminuer la pression de la région supérieure sur celle qui se trouve au-dessous.* Nous ne prétendons pas, toutefois, dire que cet effet s'étende au point d'empêcher absolument l'air de la région supérieure de presser lui-même, ou d'ajouter à la pression exercée sur la surface de la terre par celui de la région inférieure ; mais simplement qu'il diminue considérablement ce que cette pression *eût été*, s'il n'avait existé une telle division d'action dans le corps de l'atmosphère. Nous devons observer encore d'autres circonstances de la grande prépondérance de l'action électrique positive du soleil, *pendant le jour,* sur l'action électrique négative de la terre ; et de la grande supériorité au contraire de l'action électrique négative *pendant la nuit* sur l'action électrique positive du soleil, il résulte que dans la même région de l'atmosphère leurs *pôles* respectifs sont divisibles en *pôles actifs* et en *pôles passifs*. — Le pôle électrique actif sera celui de la *force électrique qui préside* dans le moment donné, comme celle qui se trouve en contact direct avec la région inférieure de l'atmosphère et la surface de la terre. — Le *pôle passif* sera au contraire celui qui, dans le même temps donné, divergera dans la région supérieure de l'air ; et conséquemment, encore que, dans aucun temps, l'on ne puisse dire qu'aucun de ces deux pôles soit absolument en repos, c'est le pôle *actif*, pour le moment, qui a le plus de part à l'influence que ces mêmes pôles exercent en commun sur la température et les autres phénomènes atmosphériques.

De plus, comme, dans notre théorie, l'action verticale sur le corps de l'atmosphère des pôles électriques opposés, produit une séparation partielle de ses bases électriques opposées dans l'échelle de son ascension, — séparation que nous avons dit être proportionnellement plus parfaite à mesure que le degré d'action de la force électrique prédominante sur sa région inférieure est le plus puissant ; de-là, comme les actions agrégées des espèces opposées de la force électrique primitive, convergent vers leurs foyers principaux respectifs, nous en inférons que *ces actions rassemblent les masses agrégées de leurs bases aériformes représentatives dans la direction de ces mêmes foyers.* Et de cette circonstance que ces foyers principaux opposés ne sont jamais situés dans le même hémisphère; de sorte que, quand le foyer principal de la position ou de l'action solaire est dans l'hémisphère septentrional, celui de l'action négative se trouve au pôle de l'hémisphère méridional, et *vice versâ :* de cette circonstance, dis-je, il suit que les masses agrégées de ces bases électriques opposées de l'atmosphère, ne sont jamais présentes dans le même hémisphère de la terre; — l'agrégat de la base positive ou solaire étant dans l'*hémisphère d'été,* et celui de la base négative, dans l'*hémisphère d'hiver.* De-là vient que, comme avec les pôles électriques opposés verticaux, il y a toujours dans les régions opposées de l'atmosphère *une portion* de ses bases électriques opposées, positives ou négatives; et que, comme en même temps leurs grands agrégats ne sont jamais dans le même hémisphère, *une continuelle disparité* existe toujours verticalement à travers les différentes régions de cette même atmosphère, dans la quantité relative de ses bases électriques opposées. Maintenant, des variations des saisons, suites des changemens qui ont lieu dans l'action des forces électriques primitives dans le cercle annuel de leur mouvement, et de cette variation continuelle que nous venons d'établir, quant à la quantité relative de ses bases électriques opposées dans toute l'étendue de l'atmosphère; — il résulte que *c'est seulement dans les zônes tempérées des hémisphères opposés, et seulement vers l'époque des équinoxes, qu'il arrive quelque chose de semblable à une égalisation de la quantité relative de ses bases opposées dans la même région de l'atmosphère.* De ces mêmes principes il suit encore que, quand la base calorifique ou solaire est plus abondante dans la région inférieure de l'atmosphère, la base négative est moins abondante dans la région supérieure; et que ce qui arrive en hiver, quand la base négative est plus abondante dans la région supérieure, la base positive l'est moins dans la région opposée.

Et, comme le degré *maximum* de l'action des forces électriques opposées s'accroît en proportion de la proximité de leurs foyers principaux opposés, et que nous voyons que les degrés *maximum* de leur action directe sur l'atmosphère dans les régions de ses hémisphères opposés, dans lesquelles sont situés leurs foyers principaux, ont pour effet *d'accroître sensiblement l'action de sa pression* sur la surface de la terre, et par la *compression* de l'air dans ces régions opposées, qui en résulte nécessairement, *d'accroître considérablement son volume* — c'est un des principes de la théorie que nous publions, que cette action *maximum* des forces électriques, primitives et opposées, sur l'atmosphère, dans le voisinage de leurs foyers principaux, outre cette compression et cet accroissement de volume de l'air composé des masses agrégées de ses bases électriques opposées, ainsi séparées et rassemblées dans leur voisinage, — a, de plus, pour effet, de produire une sorte de *cohésion élec-*

trique entre les particules dont sont composées ces masses opposées. — Cohésion qui sert comme de lien d'union entre ces particules quand elles se trouvent ainsi séparées et détachées ; d'où il suit que quand ce lien de cohésion électrique existe à un certain degré dans ces masses opposées, ni les *renversemens* qui ont lieu dans l'action des pôles électriques opposés verticalement au corps de l'atmosphère, dans le *cercle diurne*, ni même dans le *cercle lunaire*, *ne sont suffisans pour le rompre.* — Car il n'y a que les changemens qui ont lieu dans *le cercle annuel* de leurs mouvemens dans l'action de ces forces qui, dans le voisinage de ces foyers principaux, soient suffisans pour rompre ces liens de cohésion électrique : de-là naissent les *condensations calorifiques et frigorifiques* de l'atmosphère dont on a parlé dans les pages précédentes ; condensations qui exercent une influence si importante, non seulement sur le principe de sa température, mais sur ses autres phénomènes, ainsi qu'on le verra avec plus de détails dans la suite de cet ouvrage. Le degré de tenacité, exercé par ce lien de leur union ou cohésion électrique sur les masses opposées des bases aériformes positives et négatives de l'atmosphère, est, dans tous les temps, comme la force de l'action des forces électriques primaires qui en sont la cause.

Ainsi le phénomène entier de l'atmosphère, de quelque espèce qu'il soit, est toujours directement lié à, ou dérivé de *l'action directe* sur cette même atmosphère des forces électriques, opposées et primaires, par le moyen de leurs pôles; ou bien lié à , ou dérivé de l'*action inverse de ces derniers* sur ces bases électriques , pour les réunir dans l'état primitif de leur union électrique dans la *recomposition de l'eau*, qui s'opère dans le corps de l'atmosphère. De là , comme nous l'avons dit , *les trois espèces de condensations électriques parfaites* , dans lesquelles se peuvent diviser , ou auxquelles se doivent rapporter les phénomènes de l'atmosphère.—De là aussi les *condensations méphitiques* et *météoriques*, que nous appellerons *condensations imparfaites*, parce qu'elles ne sont que des *diminutifs* de l'action électrique inverse-parfaite. —Elles en diffèrent seulement *en degré* et dans les différentes régions de l'atmosphère, en proportion du point de son ascension où elles ont lieu ; amenées par l'*action directe* des pôles électriques opposés , dans le cercle diurne, lunaire, ou annuaire, de leur mouvement sur les condensations calorifiques ou frigides dans les régions opposées de l'atmosphère ; c'est-à-dire qu'elles sont amenées par *l'action directe du pôle négatif sur la condensation calorifique dans la région inférieure de l'atmosphère ; et par l'action directe du pôle positif sur la condensation frigorifique dans sa région supérieure :* la pesanteur spécifique , comparativement supérieure de la base solaire ou de *l'oxigène* , mise en contraste avec la pesanteur spécifique de la base négative ou de *l'hydrogène* , étant par elle-même , et indépendamment de l'action des pôles électriques opposés, suffisante pour opérer leur séparation partielle dans le corps de l'atmosphère. Ainsi, en y comprenant les *diminutifs* de l'action électrique inverse, ou *condensation aqueuse*, ces phénomènes pourront se diviser en *cinq classes*, savoir, en *condensations calorifiques, frigorifiques, aqueuses, méphitiques, et météoriques de l'atmosphère*. Et, comme la force de l'action électrique positive du soleil se trouve rassemblée *seule*, et réunie en un point à son foyer principal entre les tropiques, nous prétendons que c'est à cette circonstance que l'on doit rapporter les phénomènes suivans : *la lumière* et *la chaleur, les marées, le mouvement de rotation de la terre, et l'action magnétique*; — chacune de ces espèces de phénomènes se trouvant ou aidée ou multipliée, quoique dans des *degrés inférieurs*, le long des échelles ascendantes de latitude dans les hémisphères opposés, qui divergent du cercle traversé pendant le jour par ce centre, et ce foyer principal de l'action solaire étant proportionné aux divers degrés de sa force dans leurs parallèles ascendantes.

De là, en la rattachant à l'action magnétique, on apercevra la raison pour laquelle les variations de l'aiguille aimantée sont plus rares et moins considérables entre les tropiques, par suite du voisinage de sa source principale ; on apercevra aussi pourquoi ces variations sont plus fréquentes et plus considérables *dans de plus hautes latitudes*, particulièrement au voisinage du pôle de l'hémisphère d'hiver ; parce qu'alors le foyer principal de l'action électrique négative de la terre, et des phénomènes qui s'y rattachent, se trouvent fréquemment en collision avec, et dérangent l'action de son *foyer principal opposé*, sur le pôle magnétique voisin. Car, comme nous prétendons que l'action magnétique est le résultat de *l'existence des courans électriques* dans le corps de l'atmosphère, comme aussi le principe de sa température est dû à l'action *électrique*, on verra qu'*il y a des courans électriques continuellement en mouvement*, non seulement entre les tropiques, et dans le voisinage du foyer principal de l'action électrique positive ; mais encore, qu'il y en a, *quoique de force inférieure, dans toutes les diverses régions de l'atmosphère ;* — et qu'ainsi qu'on l'a déjà observé, l'action magnétique, s'identifiant avec leur présence, et ces courans électriques étant toujours présens, encore qu'*ils ne changent pas la direction principale* de l'action magnétique, due au courant produit par le foyer principal de l'action positive du soleil, et auquel les autres sont toujours soumis, — ces courans électriques secondaires de l'atmosphère servent à étendre et soutenir l'action magnétique le long des hémisphères opposés à leurs pôles respectifs.

Finalement, en résumant les données qui se rapportent au principe de la température de l'atmosphère, telle qu'on la conçoit dans cette théorie, comme nous prétendons que ce phénomène ne dérive pas exclusivement de l'action d'aucune des deux espèces de forces électriques primaires, mais qu'il est le résultat de l'action alternative de toutes deux dans les divers cercles de leur mouvement, nous dirons que *la température qui existe dans chacune de ses régions, est toujours la mesure exacte de leur action conjointe dans cette région.* Mais naturellement on demandera quelque chose de plus qu'une simple *assertion* pour adopter l'hypothèse que nous avons proposée, savoir : que le centre d'action électrique dans l'atmosphère est placé à une certaine élévation de la surface de la terre, d'où ses pôles opposés divergent dans des directions opposées verticalement par rapport à son corps ; autour duquel ces derniers exécutent une révolution diurne qui accompagne le mouvement de rotation de la terre ; et qu'en même temps, que leur révolution, l'action de ces pôles électriques occasionne encore un *renversement dans l'échelle de sa température*, et de ses autres phénomènes sur lesquels leur présence exerce une influence, ainsi que nous l'avons observé. Nous avons ajouté que cette révolution dans la direction de ces pôles n'est pas confinée exclusivement au *cercle diurne ;* mais que la même analogie se fait également remarquer, *jusqu'à un certain point*, dans les cercles lunaire et annuel de leur mouvement. En preuve donc de cela et de l'influence exercée également sur *la température* par les pôles électriques, actif et passif, et des autres phénomènes des régions opposées de l'atmosphère dans l'échelle de son ascension, et conséquemment de ce que, par suite du renversement de l'action de ces pôles *pendant la nuit*, l'échelle de sa température est aussi *renversée*, ainsi que nous l'avons avancé, nous citerons les observations de M. Six. Ce savant a trouvé que, dans les nuits pendant lesquelles il se forme de la rosée dans les couches inférieures de l'atmosphère ; c'est-à-dire quand le pôle négatif *agit directement* sur cette région de l'air, à la hauteur de 220 pieds, l'air est souvent *plus chaud* de dix degrés que celui qui se trouve à sept pieds seulement au-dessus du sol (1). De plus, à l'appui de la seconde partie de notre proposition, savoir, que par rapport au renversement de ces pôles, la même analogie peut, jusqu'à un certain point, se retrouver dans son cercle *lunaire* ou *an-....el* ainsi que dans son cercle *diurne*, nous citerons le fait suivant, qui est fort curieux, et que nous extrayons du *Constitutionnel*, du 7 février 1830.

« D'après les rapports unanimes de tous les voyageurs arrivant d'Italie, au moment où les routes dans l'intérieur de la France et de l'Italie sont encombrées de neiges et de glaces au point d'entraver partout la marche des fourgons accélérés, et même des diligences et courriers, la route du Mont-Cénis, en quelque sorte privilégiée, a été depuis le commencement de l'hiver exempte de neige, *et ce point si élevé a joui d'une température beaucoup plus douce que la nôtre.* » (Le *Constitutionnel*, 7 février 1830.)

Ainsi à une élévation de peut-être huit mille pieds au-dessus du niveau de la mer, dans l'un des hivers les plus rigoureux que nous ayons eus depuis

---

(1) *Voyez* Ure, *Dict. de Chimie*, art. *Dew* (rosée.)

un grand nombre d'années, nous voyons l'*échelle* de la température *atmosphérique renversée ;* phénomène dont il serait impossible de rendre aucun compte, autrement que d'après les principes que nous avons posés,—ce renversement devenant probablement plus palpable dans ses effets sur la température de ces régions prochaines, par l'*intensité de l'action du pôle électrique négatif sur la région inférieure de l'atmosphère* en ce moment, dans ce cercle annuel de son mouvement. Je serais en effet charmé de savoir comment ceux qui prétendent expliquer le phénomène du *froid*, sur le principe de la *radiation*, ou du *rayonnement nocturne* de l'école française, pourraient concilier cette circonstance avec le principe dominant de cette théorie, je veux dire l'*exposition?* Nous avons dit que les données principales de notre théorie, à nous, pouvaient supporter l'épreuve des faits ; ainsi dans le cas présent voyons-nous les principes que nous avions posés, savoir : que la température atmosphérique s'identifie avec la présence d'un pôle électrique ; que l'échelle de cette même température est *renversée* simultanément avec le renversement dans la position des pôles électriques opposés verticalement au corps de l'atmosphère dans les cercles de leur mouvement diurne, lunaire et annuel — prouvés vrais, non par des faits rassemblés exprès, mais conservés à cause de leur singularité, sans que ceux qui les ont publiés eussent la moindre idée qu'ils pussent se rapporter à aucune théorie particulière. Remarquons que le second principe peut être prouvé par l'expérience en tout temps, mais plus particulièrement pendant les *grandes gelées*, et de nuit, *par l'ascension d'aéronautes.*

Après avoir ainsi développé les principaux faits de cette théorie de la température atmosphérique et les circonstances qui s'y rattachent, il devient nécessaire de rappeler ici — que les forces électriques primaires, solaire et planétaire, dans l'action que nous leur attribuons sur l'atmosphère, *tournent dans trois cercles*, dont deux, le *cercle lunaire* et le *cercle diurne*, *sont compris dans le troisième ou cercle annuel.* — Que comme c'est dans celui-ci seulement qu'a son effet le dernier développement de l'action des forces électriques contraires sur la température et les autres phénomènes de l'atmosphère, *le cercle annuel*, par suite de la supériorité de ces forces en lui, est aussi celui qui exerce la plus grande influence sur les phénomènes atmosphériques. — Que de plus, dans leur action sur elle, les forces électriques contraires ayant leurs foyers principaux respectifs dans le corps de l'atmosphère, vers lequel leur action agrégée converge continuellement, par suite, ainsi que nous l'avons dit, de l'angle formé par l'axe de la terre avec le plan de l'écliptique, et de l'action inégale de ces forces sur les hémisphères opposés, inégalité qui provient de la dissimilitude radicale de la nature de leur action, — il faut se rappeler, dis-je, que ces foyers principaux de leur action ne tournent pas dans le même hémisphère, et par conséquent non plus *dans les mêmes cercles locaux*, dans le corps de l'atmosphère. De la position opposée de ces foyers principaux, et de l'influence supérieure qu'ils exercent sur les phénomènes de l'atmosphère, il résulte que de l'équinoxe du printemps à celui de l'automne, dans l'hémisphère d'été de la terre, l'*action agrégée* des forces électriques primaires, soit dans le cercle lunaire, soit dans le cercle diurne de leur mouvement, *a une tendance électrique positive ou solaire*, dérivée de l'action de *la force primaire* (la force solaire) *qui domine en ce moment dans le cercle annuel.* — Tandis que *par la raison opposée*, pendant cette même période *dans l'hémisphère d'hiver*, l'action agrégée de ces forces dans les cercles lunaire et diurne *a une inclinaison négative.* Cette circonstance fait que dans l'hémisphère d'été, l'action positive agrégée du soleil pendant le jour l'emporte en force sur l'action négative de la terre pendant la nuit ; et que l'action positive de la lune aux époques des *syzigies* est plus puissante que son action négative aux *quadratures ;* et quant à ce qui regarde l'hémisphère d'hiver, *vice versâ.* Il faut observer que cette *tendance* dans l'action agrégée des forces électriques, contraires dans l'hémisphère d'été et dans celui d'hiver de la terre, n'a pas moins d'influence sur la constitution de leur règne animal et de leur règne végétal, que sur la température et les autres phénomènes de leurs atmosphères. Et comme cette opposition de direction dans l'action des forces électriques primaires sur le corps de l'atmosphère, a pour effet de

la partager *en deux divisions égales ou hémis-*
phères, et que cette progression des phénomènes de
l'un est continuellement en opposition avec celle
des phénomènes de l'autre; de là il suit que l'époque
annuelle du plus haut degré de température dans
l'hémisphère du nord, arrive à-peu-près à l'époque du plus bas degré de température dans *l'hémis-*
phère du midi; et que l'époque de la plus grande
humidité dans l'un est celle de la plus grande sécheresse dans l'autre, et *vice versâ.*

Dans l'un des paragraphes précédens, nous avons
dit que les corps qui composent le système solaire
présentent le spectacle d'un immense appareil électrique, qui, si, comme je le crois, *nature* est synonyme de *perfection,* peut être regardé comme infiniment supérieur à tous les appareils inventés jusqu'à ce jour; car les meilleurs ouvrages de l'art ne
sont jamais que des imitations bien faibles, se rapprochant plus ou moins de ceux de la nature. Si
nous tournons plus particulièrement notre attention sur la planète que nous habitons, et que nous
la considérions comme l'un des anneaux de cette
chaîne électrique, nous verrons que, semblable
au monarque des forêts, elle peut se diviser en *trois*
grands compartimens électriques, qui ont une
certaine proportion relative l'un avec les autres.
Ce sont *la terre, l'eau* et *l'atmosphère;* la terre
peut être considérée comme la *racine,* l'eau comme
le *tronc,* et l'atmosphère *circum-ambiante* comme
le *feuillage étendu.* Par cette comparaison l'on
verra que la *surface terrestre* de la terre est bien

moins étendue en superficie que sa *surface d'eau*, et que toutes deux réunies sont grandement inférieures en superficie à l'atmosphère environnante, — qui comme un admirable conducteur étend son sommet conique dans toutes les directions, saisit et transmet au noyau qui est au-dessous, les impulsions électriques qu'elle reçoit du dehors, par l'action des forces électriques contraires du soleil et des planètes.

Si maintenant nous observons plus en détail l'action des forces électriques, primaires et opposées, sur l'atmosphère et ses phénomènes, nous verrons que, tant pour leur *action directe* que pour leur *action inverse*, il y a une sorte de *mécanisme* ou d'adaptation de ses parties sur les superficies de la terre, de telle sorte qu'elles coopèrent à accélérer ou à retarder, à accroître ou à diminuer la force de chaque espèce de cette action. — C'est au moyen de ce mécanisme que les grands changemens annuels qui ont lieu dans l'action de ces forces sur l'atmosphère sont plutôt annoncés par certaines parties des superficies de la terre, par leur plus grande aptitude à répondre à cette action et aux phénomènes qui en résultent ; de même que par l'action coopérative d'autres parties, l'action directe de ces forces, en ce qui a rapport au phénomène de la température, amène (toutes circonstances égales du reste), des *degrés maximum* plus élevés qu'ailleurs. Comme la coopération de ces parties est locale dans ses effets, je les désignerai sous le nom de *localités*.

Ces localités, quant à la *température*, peuvent

se diviser en espèces opposées, et consistent dans les grandes divisions du globe en *superficies de terre et d'eau*. La majeure partie des divisions inférieures de ces localités sont ce que l'on peut appeler fixes ou *permanentes;* il y en a cependant quelques-unes qui doivent être considérées comme *acquises*. Les subdivisions de la première classe consistent dans les montagnes et les plaines, dans lesquelles se partage la superficie terrestre du globe; les subdivisions inférieures de la terre et de l'eau sont les îles, les mers intérieures, les lacs, etc., auxquels il faut joindre *la ligne de voisinage*, qui réunit les grandes divisions opposées de ces localités, je veux dire, les régions qui s'étendent le long des côtes de l'océan. Dans la classe des localités acquises, nous rangerons *les forêts;* leur absence totale ou partielle de la surface de certains continens ou de certaines îles, contrastée avec leur présence dans certains autres, montre assez quelle influence importante elles exercent sur le climat d'un pays.

Considérant donc la *terre* comme la *racine des forces électriques*, et la nature de son action sur ses élémens actifs dans l'atmosphère étant *réflective*,— plus l'extension des superficies terrestres du globe présentées à l'action des forces électriques, primaires et opposées, dans chacune de ces divisions, est grande, — moins une telle extension est brisée par la présence des montagnes, des mers intérieures, etc.; et plus *son niveau se rapproche de celui de la mer*, plus *son action réflective* est puissante pour répondre à l'action directe de ces forces ; et conséquemment il affecte plus puissamment le principe de la température atmosphérique, soit en été , soit en hiver , et *vice versâ*. Et de-là vient que , toutes circonstances égales d'ailleurs , l'action des forces électriques , primaires et opposées , sur la région inférieure de l'atmosphère, est bien plus palpablement développée sur la température *par terre* que par *eau*.

Négligeant actuellement l'action des montagnes sur l'atmosphère , action qui , semblable à la classe des localités produites par la jonction des grandes divisions opposées du globe en superficies terrestres et en superficies d'eau , se lie moins avec le principe de sa température qu'avec ses autres phénomènes , — nous diviserons les *superficies terrestres* en deux *genres opposés,* quant à ce qui a rapport à la température de l'atmosphère , savoir : en *terres couvertes de forêts* , et en *terres non couvertes de forêts*. Car, puisque nous avons établi que l'essence de l'action exercée par les *surfaces terrestres* sur la température atmosphérique est *un pouvoir de réflexion,* tout ce qui aura pour effet de diminuer ou d'émousser ce pouvoir , lui enlevera nécessairement autant de l'opération par laquelle il aurait répondu à l'action des forces électriques primaires et opposées ; et comme rien ne contribue autant à diminuer cette action *réflectrice* des surfaces terrestres que la présence des forêts, il s'ensuit que les forêts dont l'influence est de diminuer la température d'été des contrées où elles se trouvent, ont aussi pour effet nécessaire de *diminuer la température annuelle moyenne de ces mêmes contrées;* comme la *destruction des foréts*, en produisant une élévation de la température d'été des pays où elles existaient avant, amène nécessairement aussi une élévation correspondante de la température annuelle moyenne de ces mêmes pays, particulièrement sous les latitudes les plus basses. De-là la source de ces changemens de climat que l'on a observés à la suite de la destruction des forêts tant sur le continent de l'Amérique, que dans quelques parties de l'Europe; changemens qui ont dernièrement si fort excité l'attention des savans (1).

A l'extrémité opposée de l'échelle des surfaces réflectrices, par rapport aux forêts, sont *les grandes plaines de sable*, dont l'action sur l'élévation de température pendant le jour, et sur son *abaissement pendant la nuit*, est si bien démontrée par les changemens soudains de température qui ont lieu dans les déserts de sable de l'Égypte.—C'est à tort que quelques-uns ont attribué le dernier de ces phénomènes à la présence du *nitre* dans le sol qui, employé comme *nitre éthéré* de Thompson, serait plus près de sa véritable origine.

---

(1) Voyez *Recherches sur les changemens produits dans l'état physique des contrées, par la destruction des foréts,* par M. Moreau de Jonnès, Bruxelles, 1825, imprimées par l'ordre de l'Académie; et le *Rapport verbal* fait sur cet ouvrage à l'Académie des Sciences, Institut de France, par M. Fourrier.

D'après ces observations, on voit qu'il y a *deux faits* qui se rattachent aux *localités* qui, toutes circonstances restant d'ailleurs les mêmes, exercent une influence très importante sur le phénomène de la température atmosphérique, savoir : ceux qui se rapportent aux *pouvoirs réflecteurs* des superficies terrestres du globe, et ceux qui se rattachent à son *extension* — qui, réunie à la loi de l'action électrique, qui fait que cette action, de quelque espèce qu'elle soit, *converge toujours vers des foyers particuliers*, est la cause qu'outre les *foyers principaux* formés par les espèces opposées, ainsi que nous l'avons observé, l'action directe de chacune de ses forces, d'après la nature des localités, converge vers et forme *une série de foyers particuliers*. Les degrés de la force relative de ces foyers particuliers, et de l'action qu'ils exercent sur la température, sont déterminés par les variations de leur puissance réflectrice, et de la grandeur des miroirs réflecteurs sur lesquels ces foyers particuliers se forment. Il paraît que non seulement les diversités de climats que l'on remarque souvent dans des pays situés entre les mêmes parallèles, doivent se rapporter aux variétés qui ont lieu dans les circonstances locales précitées; mais encore que la chaleur en été et le froid en hiver, les autres circonstances restant les mêmes d'ailleurs, sont toujours plus considérables dans l'*intérieur des continens*, qu'au voisinage de la mer; comme, d'après le même principe, *la grandeur des reflecteurs*, les extrêmes opposés de la température annuelle sont plus grands dans des localités particulières, à proportion de la plus grande étendue des continens dans lesquels, ou à la proximité desquels ces localités sont situées, et *vice versá*. Un autre fait qui se rattache au sujet et qui appelle aussi notre attention, c'est que le climat *des côtes occidentales des continens*, toutes circonstances égales d'ailleurs, *est toujours plus chaud que celui des côtes orientales;* ce que l'on comprendra facilement, si l'on tient compte de la différence que présentent, comme réflectrices, *les surfaces d'eau et celles de la terre;* combinée avec cette circonstance que *l'action concentrée du soleil* vers son déclin, dans l'après-midi, a bien plus de pouvoir que pendant la matinée, pour augmenter la température; d'où il suit que cette action concentrée sur *les côtés occidentaux des continens*, est d'un effet plus palpable pour élever la température de l'atmosphère, que sur les côtés opposés.

Je crois à propos de remarquer encore une autre circonstance qui se rattache au principe de la température atmosphérique : c'est celle de ses courans ou *des vents;* une classe desquels, à ce que nous prétendons, a sa source dans les variations de sa température. Et comme on fait allusion *aux brises de terre et de mer sous la zóne torride,* pour appuyer ce point et pour démontrer l'effet de l'action solaire pendant qu'elle élève la température, au lieu de l'atténuer, comme on le croit communément; qu'elle *concentre,* et par-là augmente en densité et en volume, les régions inférieures de l'atmosphère sur laquelle elle agit; de même que l'action négative, en rafraîchissant, par la dissolution partielle de cette concentration de son volume, qu'elle amène durant la nuit, produit un effet tout contraire sur cette région. — Nous croyons donc devoir insérer ici quelques détails sur ces vents, tirés du *discours de Dampierre sur les vents alisés*, *les brises*, etc., de la zône torride. — Londres, 1699, vol. **II**, pages 27 et suiv. de ses *Voyages* :

« Les *brises de mer* se lèvent communément le matin, vers neuf heures, quelquefois plus tôt, quelquefois plus tard; elles approchent d'abord si doucement de la plage, qu'on dirait qu'elles ont peur d'y toucher; quelquefois elles semblent retenir leur haleine, comme si elles craignaient d'offenser, s'arrêtent et paraissent prêtes à se retirer. J'ai souvent attendu à terre pour jouir du plaisir de leur vue, ou à bord, pour profiter de leur utile secours.

» La brise de mer s'avance d'abord formant une belle petite boucle noire sur l'eau, de sorte que la partie d'eau qu'elle n'a pas encore touchée et qui se trouve entre elle et le rivage, est, en comparaison, polie comme une glace. Une demi-heure après qu'elle a atteint le rivage, elle fraîchit assez vivement, et va, en s'accroissant graduellement, jusque vers midi : elle est alors assez communément dans toute sa force, et la conserve jusqu'à deux ou trois heures; vers midi, elle vire de deux, trois points du compas, ou plus quand le temps est très beau.

Un peu après trois heures elle commence à diminuer en s'éloignant, elle retire graduellement ses
forces, jusqu'à ce que celles-ci soient entièrement
épuisées ; enfin, vers les cinq heures, un peu plus
tôt, un peu plus tard, suivant que le temps est plus
ou moins beau, elle s'endort tout-à-fait, et ne re-
paraît plus que le lendemain matin.

» *Les · brises de terre* sont aussi remarquables
qu'aucun des vents dont j'ai parlé jusqu'ici. *Elles
sont en tout l'opposé des brises de mer;* car, celles-
ci soufflent directement du rivage, tandis que celles-
là soufflent directement vers ce même rivage ; les
brises de mer règnent pendant le jour et cessent
pendant la nuit ; les brises de terre, au contraire,
règnent pendant la nuit et cessent pendant le jour ;
ainsi, ces deux vents se succèdent et se remplacent
alternativement. Car, quand les brises de mer ont
rempli leur office diurne en soufflant sur leurs côtes
respectives, elles s'en éloignent le soir, ou se livrent au repos et au sommeil. Alors, les vents de
terre, dont l'emploi est de souffler pendant la nuit,
mus par cette même impulsion de la volonté divine,
quittent leurs retraites et agitent doucement l'air
jusqu'au matin suivant, et alors leur tâche achevée,
ils quittent le théâtre de l'atmosphère.

» On ne saurait fixer exactement le moment auquel les brises de terre commencent à souffler le
soir, ni celui auquel elles se retirent et s'endorment
le matin, car elles ne sont pas à une heure près ;
cependant, elles se lèvent communément entre six
heures du soir et minuit, et durent jusqu'à six,

huit ou dix heures du matin. Ces deux espèces différentes de brises viennent ou se retirent plus tôt
ou plus tard, suivant le temps, la saison et quelque
cause accidentelle provenant de la terre. Car, sur
quelques côtes, elles se lèvent plus tôt, fraîchissent
davantage et se font sentir plus tard que sur d'autres, ainsi que je vais le montrer plus bas.

» Ces vents soufflent à une distance plus ou
moins grande en mer, suivant que la côte est plus
ou moins exposée aux vents du large, car dans quelques endroits ils soufflent avec force à trois ou quatre
lieues des côtes, dans d'autres ils se font à peine
sentir hors des roches environnantes, ou si quelquefois par un beau temps ils font une sortie d'un
mille ou deux, ils ne durent pas, mais s'évanouissent
tout-à-coup, quoiqu'il y ait dans ces endroits, chaque nuit, des vents de terre aussi frais que dans aucune autre partie du monde. »

La première circonstance qui doit nous frapper
en lisant ces détails sur ces vents des tropiques,
c'est que *leur cause comme leur action est d'une
nature entièrement locale;* la seconde, c'est que
toutes choses égales, d'ailleurs, il y a *de jour* et *de
nuit* une différence de température entre l'atmosphère de la terre et celle de la mer ; — la première,
particulièrement en été, est *plus chaude* que l'autre
pendant le jour, et *plus froide pendant la nuit.*
— Nous voyons encore que les brises de mer et de
terre ont leur source dans les variations diurnes et
nocturnes de température qui ont lieu dans les régions prochaines de l'atmosphère vers lesquelles ou

desquelles elles prennent leur course comme leur direction ; l'époque de leur lever et celle de leur cessation ne souffrent que peu ou point de variation, nous en conclurons facilement que la brise de mer a sa source dans cette circonstance, que *les foyers principaux de l'action locale du soleil sont dans l'intérieur des terres;* et dans la convergence de l'air de la mer dans leur direction, causée par *la condensation supérieure de l'atmosphère de la terre* dans leur voisinage ; ou, en d'autres termes, dans l'introduction de l'air raréfié de la mer pour remplir le vide causé dans le corps de l'atmosphère de la terre par la compression de son volume ; effet nécessaire du pouvoir supérieur des surfaces terrestres, sur les surfaces de la mer, comme réflectrices de l'action solaire. C'est absolument au même principe, la supériorité des surfaces de la terre sur celles de l'eau, comme réflectrices de l'*action électrique négative* de la terre pendant la nuit, et à l'effet de cette action, non seulement sur la température de la région inférieure de l'atmosphère, mais encore *sur son volume,* effet opposé à celui de l'action positive ou solaire, qu'il faut attribuer les contre-courans ou brises de terre qui remplacent pendant la nuit celles de mer. Car, comme nous l'avons dit, tandis que l'action solaire produit une condensation de l'air dans la région inférieure de l'atmosphère terrestre, *l'action négative* par la dissolution partielle de cette condensation et l'accroissement de volume qui en résulte amène nécessairement sur ces côtes un courant diamétralement opposé dans sa direction à celui qui avait été causé par l'action positive ou solaire.

Ainsi, comme ces vents entre les tropiques démontrent non seulement que les changemens de température de l'atmosphère font naître des courans dans son sein, mais que par la direction de ces courans, jointe à la différence de température qui existe entre les régions prochaines de l'atmosphère où ils ont lieu pendant le temps de leur durée, ils démontrent en même temps leurs causes ; comme la nature, une fois connue, offre un tissu d'analogies dans ses opérations, je dis que de là nous sommes conduits à trouver dans le cercle de mouvement annuel et diurne des forces électriques primaires, la cause des vents *nord-est*, et autres qui partent des pôles et se dirigent vers les tropiques. — Ces vents nous paraissent dus au voisinage du cercle traversé par le foyer principal de l'action solaire, et à ce que l'élévation de température et la condensation correspondante du volume de l'air qui en est la suite, sont plus rapides dans les latitudes basses de notre hémisphère que dans celles qui leur sont opposées, et nous expliquent pourquoi, vers la fin de l'année, ces courans prennent une direction opposée par suite de l'augmentation de volume du corps de l'atmosphère, vers le midi, pendant cette saison; augmentation causée également par la progression des condensations aqueuses et la formation de la pluie dans l'atmosphère dans cette partie du cercle annuel, comme par celle de la rosée dans la même partie du cercle diurne, et par son refroidissement,

suite de l'accroissement de la force de l'action électrique négative de la terre sur cette moitié de l'atmosphère. Cette classe de vents, qui ont leur cause
dans l'élèvement et l'abaissement de la température,
sont généralement bien plus doux, bien plus réglés,
quant à leur lever, leur fin et leur direction,
que la classe de vents contraires qui doivent leur
origine à la *condensation aqueuse.* Ceux-là,
comme continuation des courans solsticiaux de
l'atmosphère, seraient beaucoup plus réguliers dans
leur retour, particulièrement dans les latitudes
plus élevées, sans l'intervention de l'*action lunaire*
et la condensation aqueuse que ses changemens
amènent fréquemment. — Car, l'on peut observer
que ces courans solsticiaux sont bien plus réguliers
et bien plus constans dans les *latitudes basses,*
latitudes dans lesquelles, par suite du degré supérieur de la température qui y règne, les changemens dans l'action lunaire déterminent plus rarement la condensation aqueuse.

Je sens qu'on pourrait parler beaucoup plus lon-
guement sur cette classe de vents, mais dans le but
que je me suis proposé, il me paraît suffisant d'indiquer ainsi d'une manière générale les circonstances auxquelles, dans mon opinion, ces vents
doivent leur origine.

Revenant donc à l'action des forces électriques
primaires opposées sur le principe de la température, dans le cercle annuel de leur mouvement;
et commençant par celle du soleil à cette époque
où sa progression naissante amène une progres-

sion correspondante de la condensation calorifique dans la région inférieure de l'atmosphère :
peu après que l'extrême froid a cessé, par suite des
pluies abondantes, etc. , de la saison précédente ,
l'atmosphère se trouve presque dépourvue de sa
base colorifique : — à mesure que le soleil avance
graduellement dans sa course, et que conséquemment les jours augmentent en durée, l'influence de
son action augmente dans la même proportion. —
L'action de son pôle électrique positif prend plus
d'énergie en réunissant, pendant le jour, dans sa direction, les élémens de sa base aériforme, et s'augmentant graduellement par la décomposition d'une
portion des eaux placées au dessous : — avec l'amélioration graduelle de la température, commence à
se former la base de condensation calorifique dans
la région inférieure de l'atmosphère ; condensation
qui, surtout à cause des pluies amenées par les
changemens de l'action lunaire, ne fait d'abord que
des progrès fort lents.

Enfin, cependant, à partir des latitudes les plus
basses, la condensation calorifique commence à
prendre quelque *consistance ;* puis, les jours augmentant toujours, l'action du soleil acquérant une
nouvelle force, elle s'étend comme un déluge vivifiant d'une parallèle à une autre dans la direction
du pôle ; saluée, à mesure qu'elle avance, par les
mélodies extatiques des petits chantres de la nature,
ressuscités par son contact ; tandis que la verdure
et les fleurs montrent son influence génératrice sur
le règne végétal. Les variations de l'élévation qu'at-

teint cette condensation calorifique dans le corps de l'atmosphère, sont distinctement marquées par celles qui se remarquent dans les *rangs les plus relevés* de la végétation , comme on le peut observer dans les districts montagneux des latitudes ascendantes ; car, il y a toujours une correspondance intime entre l'échelle de son élévation et celle des latitudes terrestres. Ceux qui ont été à même d'en faire la comparaison n'ont pu manquer de remarquer cette différence de niveau culminant, indiquée par l'élévation différente à laquelle fleurissent les arbres forestiers sur les Apennins, les Alpes et les Pyrénées, d'une part ; et de l'autre, sur les montagnes d'Irlande, d'Écosse, et des autres contrées septentrionales. Ainsi, bien que de sa nature elle soit insensible, si ce n'est par le brillant supérieur de sa lumière, la *condensation calorifique* par ses effets sur la végétation, faisant contraste avec l'air de la région supérieure de l'atmosphère, prouve non seulement qu'elle existe dans la partie inférieure, mais que le rang qu'elle y occupe est constamment réglé par la température annuelle moyenne du pays.

A mesure que l'été s'avance, la condensation calorifique acquiert de nouvelles forces, plus de consistance et de portée ; à la place de la verdure dont son action naissante avait couvert la face de la nature au printemps, elle substitue une teinte générale plus foncée : aux dons rians de Flore, succèdent les présens plus utiles de Pomone, qui annoncent au monde l'approche de cette saison où, comme une bonne mère, la nature va ouvrir en-

core une fois à ses créatures les trésors inépuisables
de son abondance. Après avoir passé le solstice
d'été, la force et la consistance de la condensation calorifique continuent à augmenter quelque
temps, se concentrant par suite de la décroissance
de la longueur du jour, jusqu'à ce que, convergeant vers l'époque de l'équinoxe d'automne, elle
atteint son degré *maximum : —* la température est
alors au point le plus élevé; la nature, prosternée,
languissante, est près d'expirer sous son poids
accablant : enfin, marchant de front avec l'accroissement graduel de la longueur des nuits, la prépondérance croissante de l'action électrique négative de la terre, aidée par les collisions électriques
qu'occasionnent dans le corps de l'atmosphère ces
changemens lunaires, commence à briser le lien
de la condensation calorifique, en amenant un
commencement de condensation aqueuse sur ses
superficies. — Circonstance qui, donnant une
direction différente à ses forces électriques, et
les concentrant dans un foyer d'action nouveau
et plus puissant, est annoncée au monde par
des éclairs et des coups de tonnerre. Quand la
condensation calorifique a passé l'époque de l'équinoxe d'automne, elle est arrivée à son dernier période.
— Les pluies fréquentes et abondantes qui marquent ordinairement le dernier quartier de l'année,
consomment rapidement ses élémens; bientôt arrive sa dissolution totale, qui prive la région inférieure de l'atmosphère de la presque totalité de sa
base calorifique, et laisse le corps entier de cette

même atmosphère sous l'influence presque absolue de l'action négative de la terre ; action qui approche alors de l'époque de son degré annuel *maximum*.

On m'objectera peut-être que cette description de la condensation calorifique convient mieux au ciel de l'Italie qu'à celui de l'Angleterre ; mais on sera forcé de convenir que cette description étant très vraie, quant à l'apparition et aux résultats de ce phénomène, elle est parfaitement propre à donner une idée correcte des différens théâtres sur lesquels seuls elle atteint un certain degré de maturité et se développe entièrement. Car il serait également absurde d'attendre à voir un développement complet de la force électrique négative de la terre, et de la *condensation frigorifique*, qui en est le résultat, dans les *latitudes basses;* ou bien un développement complet de la force électrique positive du soleil, et de la condensation calorifique qui en est le résultat, dans les latitudes élevées. — La nature a assigné au développement de chacune de ces forces un théâtre distinct et particulier.

Tournons maintenant notre attention de l'action *positive* du soleil à l'action de la force électrique négative de la terre dans le cercle annuel de son mouvement. Quand le degré maximum de la température d'été est passé, et que les nuits augmentent graduellement en longueur, alors aussi la condensation frigorifique de la région supérieure de l'atmosphère commence son cours annuel, particulièrement dans les latitudes plus élevées. La verdure et les fleurs avaient marqué l'influence

naissante de la condensation calorifique; la chute
des feuilles et les teintes jaunâtres de l'automne
annoncent l'influence secrète de la condensation
frigorifique qui commence son rôle sur le théâtre
de l'atmosphère. Toutefois, quand le foyer principal de l'action négative de la terre passe du pôle
de l'été suivant à celui de l'hémisphère de l'hiver qui approche, c'est-à-dire à l'époque de
l'équinoxe, pour qu'une concentration plus directe et plus parfaite de cette action commence
dans son voisinage, il s'écoule peu de temps avant
que l'abaissement subit de la température et la gelée qui en est la suite, n'annoncent d'une manière
moins équivoque le souffle destructeur de la *condensation frigorifique*, et avec elle, dans les hautes latitudes, le commencement de cette saison où
« l'hiver vient, triste et soudain, avec tout son
effrayant cortége, les vapeurs, les nuages et les
tempêtes. » (THOMPSON.)

Quoique la verge de l'hiver soit rude au toucher
et pénible au cœur; semblable à l'application du
caustique au commencement d'une gangrène, elle
n'est pas sans ses qualités salutaires et curatrices.

Après que la condensation frigorifique a commencé à se former dans les régions arctiques ou
antarctiques, il s'écoule un long temps avant qu'elle
ne descende avec une force correspondante dans
les parallèles opposées de ces hémisphères; la proximité du soleil et l'obstacle opiniâtre que lui oppose
ce qui reste de condensation calorifique de l'atmosphère, dans les latitudes basses, repoussent long-

temps ses approches fréquemment renouvelées.

Cependant, d'après l'analogie qui devrait subsister *entre les espèces opposées de la même force,* pour prouver qu'elles en dérivent mutuellement, lorsqu'enfin la condensation calorifique a passé l'époque du solstice d'hiver, il arrive, comme dans le cas de la condensation opposée par rapport à l'accroissement de la longueur des nuits : — qu'en effet, l'accroissement de force que commence à prendre l'action solaire, causé par l'augmentation de la longueur des jours, et joint à la plus grande concentration dans le corps de la condensation frigorifique, amène le degré maximum annuel de l'action électrique négative de la terre sur son hémisphère d'hiver ; — comme cette action s'y fait plus tôt sentir, il s'ensuit qu'elle y est plus tôt supplantée par l'action positive du soleil. Presque à l'extrême limite de l'échelle descendante, où il frappe directement sur les superficies de la terre, ce degré extrême de l'action négative amène le nitre éthéré de la condensation frigorifique, en contact soudain avec la terre dans les latitudes les plus basses, — et cela avec un degré d'intensité qui se fait quelquefois plus sévèrement sentir pendant sa courte durée, que dans les régions qui approchent bien davantage de son foyer principal au pôle ; comme si, semblable à l'été polaire, il voulait compenser sa courte durée par son intensité : de-là vient que le degré extrême du froid de l'hiver arrive ordinairement *plus tôt à Madrid,* qu'à Paris ou à Londres, et que l'intensité de ce froid aussi long-temps qu'il dure, ainsi que cela est arrivé l'hiver dernier, paraît bien plus insupportable dans les premières que dans les dernières parallèles.

L'action négative de la terre ayant passé la période de son degré annuel maximum, et la gelée que cette période avait amenée étant remplacée par un dégel, semblables à la condensation calorifique, les pluies fréquentes qui viennent après, conséquences de l'accroissement de la base calorifique dans la région inférieure de l'atmosphère, aidé par les changemens lunaires, consument rapidement ses élémens et diminuent bientôt la force de la condensation frigorifique; de sorte qu'elles confinent principalement son action dans la région supérieure de l'atmosphère; d'où, pendant quelque temps, vers les périodes des quadratures lunaires, elle descend occasionnellement, et par ses collisions nocturnes avec la surface de la terre, amène des retours passagers de la gelée. Ces retours disparaissent à mesure que la saison avance, cédant la place à l'air vivifiant du printemps; c'est ainsi que la condensation frigorifique, partageant l'empire de l'atmosphère avec la condensation opposée, y décrit le cercle annuel de son action électrique.

J'aurais probablement terminé cet aperçu sur le cercle annuel de la température, par les observations précédentes sur la condensation frigorifique, si je n'avais désiré les opposer aux notions généralement reçues sur son abaissement annuel et les phénomènes qui en découlent. Je veux d'ailleurs montrer la confusion d'idées et les conclusions vagues où nous a induits le manque de données; c'est le désir de faire quelques observations opportunes sur l'action de la gelée, qui me force à m'étendre sur ce chapitre.

« Quand le soleil, » dit l'un des collaborateurs de l'*Encyclopédie de Rees*, article *gelée*, « passe au midi de l'équateur, l'hémisphère septentrional perd graduellement de sa température, sa consommation de chaleur étant inférieure aux quantités nouvelles qu'il en reçoit. Au bout de quelque temps, on observe une diminution rapide en passant par-dessus les parallèles successives de latitude de l'équateur au pôle nord. En ce qui touche l'action des rayons du soleil, *ce décroissement de la température devrait être régulier*, c'est-à-dire qu'il devrait être dans quelque proportion avec la distance de l'équateur et la progression de la saison. L'expérience nous montre cependant qu'une telle régularité n'existe pas. Dans une latitude nord quelconque donnée, la température est plus inconstante dans la saison de l'hiver. *Il faut donc qu'une autre cause intervienne pour produire cette irrégularité. Cette cause, ce sont les vents.* Non seulement les vents sont plus violens dans la saison de l'hiver, mais ils amènent un plus grand changement de température, toutes circonstances demeurant d'ailleurs les mêmes, que dans aucune autre saison, par cette raison que les climats contigus sont plus disproportionnés qu'à l'ordinaire dans leur température. » De plus, M. Kirvan remarque que « il gèle rarement dans les latitudes au-dessous de 35", si ce n'est dans des situations très élevées. »

L'on remarquera que le principe auquel on rattache ici l'abaissement annuel de la température, n'est pas celui *d'une agence active, mais bien d'une agence passive, c'est-à-dire, de la radiation;* suite de l'erreur vulgaire qu'on commet en supposant que le principe de la température atmosphérique dérive exclusivement de l'action *d'un seul agent, c'est-à-dire, de l'action solaire;* et conséquemment que dans son élévation et son abaissement, amenés par l'accroissement et le décroissement graduel de la force de l'action solaire, la température de l'atmosphère devrait être gouvernée par les mêmes lois qu'un corps chauffé artificiellement, c'est-à-dire, que *sa progression devrait être régulière.* Mais, voulant suivre cette comparaison, l'auteur de l'article précité, a rencontré de telles anomalies que pour les expliquer, il a eu recours aux vents, « prenant ainsi l'échafaudage pour l'édifice; » car, ainsi que nous avons vu, cette classe de vents liés aux changemens de la température atmosphérique en est les *effets* et non les *causes.*

Ceux qui prendront la peine d'examiner la présente théorie, concevront aisément que l'inconstance de la température, en été ou en hiver, est due principalement aux changemens de l'*action lunaire* qui, soit en causant *une action électrique inverse* dans le corps de l'atmosphère, et suspendant ainsi pour un temps l'*action directe* de l'une des forces électriques primaires sur la région inférieure, amène nécessairement d'une période de *froid* précédente, un retour à une chaleur comparative, et d'une période de *chaleur* précédente, un retour à une température moyenne ; ou que, se trouvant en conjonction avec l'action des forces électriques primaires, l'action lunaire agit directement pour élever la température à l'époque des *syzigies*, et l'abaisser à celle des *quadratures*. On remarquera que ces périodes de température variable dans les saisons opposées de l'année sont celles qui précèdent de quelque temps les *solstices*; après lesquels le degré croissant de l'action de la force électrique primaire qui domine dans le moment, causé par sa concentration croissante, a pour effet, pendant la durée de la température extrême que produit cette action concentrée, d'absorber, pour ainsi dire, l'action lunaire, qui n'est dans tous les temps qu'*un agent secondaire*, et de neutraliser ainsi l'effet des collisions causées par ses changemens : de sorte qu'ils ne donnent plus, comme en d'autres temps, naissance à l'action électrique inverse dans l'atmosphère ; comme son *action négative, pendant l'été et positive pendant l'hiver*, se trouvant, dans ces saisons, *en opposition* à l'action de la force électrique primaire dominante, détruit l'influence de celle-ci sur la température.

Ainsi l'on voit que c'est seulement par des principes tels que ceux posés dans la présente théorie, principes dont la vérité est prouvée de tant de manières, que des anomalies telles que celles dont nous avons parlé peuvent être évitées, en traitant de l'atmosphère et de ses phénomènes ; par suite de cette circonstance bien simple que *les faits ne s'accommoderont point d'eux-mêmes aux théories, à moins que celles-ci ne soient fondées sur les principes auxquels ces mêmes faits doivent leur existence.* Ces principes nous amènent à voir que le pouvoir secret et *envahisseur de la gelée,* suite d'un certain degré de l'action électrique négative de la terre, est simplement l'effet de la perte soudaine du calorique de fluidité dans la couche supérieure de l'eau, sur laquelle elle agit, en la rejetant ainsi *au deuxième degré* de sa formation, comme on l'expliquera plus en détail, à l'article sur la *condensation aqueuse.* Si nous examinons maintenant les effets de la gelée, nous trouverons qu'ils peuvent se partager en plusieurs grandes divisions; savoir : son action sur *l'atmosphère,* action par laquelle elle précipite hors de sa région inférieure à l'état de cristallisation les *particules humides* qui y existent par suite d'une évaporation précédente, ou fait passer à l'état d'eau la base calorifique de cette même région; — son action sur la congélation de l'eau; et enfin, son action sur le sol, les végétaux, etc., qui composent la surface extérieure de la terre, y sont soutenus ou attachés; par cette circonstance que leurs substances sont plus ou moins imprégnées *d'humidité,* laquelle sert de *conducteur* à cette action. Le précipité cristallin formé à la surface de la terre par l'opération de l'action électrique négative de la terre, sur la région inférieure de l'atmosphère, est appelé *gelée blanche,* à cause de son apparence extérieure.

Si mon objet, dans ce livre, n'était pas moins de discuter des effets que de traiter des principes dans lesquels ils ont leur cause ; l'influence bienfaisante de l'action de la gelée, liée soit à la salubrité de l'atmosphère et à la fertilité du sol, soit à la fécondité dans le règne animal et le règne végétal, me fournirait un ample sujet de recherches. Leur résultat serait d'établir en fait, que pour le bien-être permanent de la partie la plus considérable et la plus importante de ces deux règnes, un degré même plus intense de l'action négative de la terre, que celui qui amène simplement le phénomène de la gelée, est, dans le cercle de rotation de l'action électrique, aussi nécessaire qu'un certain degré de l'action positive du soleil. Pour le prouver, nous n'aurions qu'à comparer la *longueur de la vie humaine* en Russie, empire dans la plus grande partie duquel l'action négative de la terre est, pendant huit mois, plus puissante que l'action positive opposée, et *la fertilité du sol* de cet empire pendant son court été, avec la longueur de la vie et la fertilité du sol, dans quelques contrées méridionales de l'Europe que ce soit. « Ainsi, il paraît, » dit l'un des journaux français, « d'après une table des décès dans l'empire de Russie, qu'en 1827, parmi les individus professant la religion gréco-russe, il en est mort 818 âgés de plus de 100 ans ; 33 au-dessus de 115 ; 24 au-dessus de 120 ; 7 au-dessus de 125 ; et 1 de 160. Nous voyons encore qu'en 1828, il est mort en Russie, 604 personnes âgées de 100 ans à 105 ; 141 de 105 à 110 ; 104 de 110 à 115 ; 16

de 125 à 130 ; 4 de 130 à 135 ; 1 de 137 ; et 1 de
160(1). Quant à la fertilité du sol de la Russie, pendant les quatre mois que dure l'été, un officier supérieur qui y a servi plusieurs années, m'a assuré qu'il
n'était pas extraordinaire que les prairies donnas-
sent *quatre récoltes* dans une même saison , — circonstance dont on ne trouverait, je crois, d'exemple
nulle part ailleurs, et qui paraît devoir être entièrement attribuée au *pouvoir absorbant* extraordinaire que donne au sol , sa longue exposition à
l'action de la gelée et de la neige. Il semble que les
agriculteurs ne comprennent et n'apprécient pas
assez ce principe de fécondité. Et comme les nombreux exemples de longévité cités plus haut , joints
à l'absence totale de *maladies endémiques ,* excepté
peut-être dans les provinces méridionales sur la
mer Noire, ne peuvent, comme chacun le sait, être
attribués à la *tempérance* particulière des Russes,
pas plus qu'à la *douceur* de leur climat , il faudra
bien en chercher la cause dans *la pureté et la salubrité extraordinaires de l'air de la Russie.* Cette
salubrité nous paraît provenir de l'absence, excepté
dans quelques provinces du midi, des *miasmes
terrestres,* qui dépend elle-même de la non existence,
généralement parlant, de la *fermentation perpétuelle du sol ;* car c'est là , comme on le verra plus
au long à l'article *rosée,* qu'ont leur source les
miasmes terrestres , ainsi que leurs effets insalubres

---

(1) Voyez *Gagliani's Messenger,* du 29 février 1828 ,
et du 12 mars 1829.

sur l'atmosphère. Cette non existence de fermentation perpétuelle , opposée à la fermentation annuelle, est attribuée à la longueur et à l'intensité de l'action de la gelée sur le sol ; qui , en y éteignant chaque année cette dernière fermentation , préserve ainsi la salubrité de l'air.

Si de la famille des *graminées* nous étendons notre observation vers cette autre famille du règne végétal dont la constitution , comme celle du nègre, ne semble être adaptée que pour la chaleur, c'est-à-dire vers les *arbres à fruit ,* dont la taille , la force , la durabilité , outre leur dépendance d'une température élevée , sembleraient devoir les rendre totalement indépendans de l'action du *froid* ; nous verrons, dis-je, en tournant nos regards vers les climats ardens du midi de l'Europe et des Indes, que cette classe de végétaux dépend de l'action négative de la terre, comme celle des graminées ; nous le verrons par les précautions auxquelles on est obligé d'avoir recours pour aider leurs *facultés de fructification,* dans ces contrées où la gelée est presque inconnue ; ces précautions consistent à *exposer en partie leurs racines ,* pendant les mois d'hiver, à l'action de l'atmosphère ; et l'on dit que sans cela ces arbres deviennent stériles. Cette circonstance de l'influence bienfaisante du froid sur les arbres à fruit est prouvée encore par la *différence* que l'on remarque *dans la qualité* du vin et de l'huile d'olives dans les contrées les plus méridionales de l'Europe , et dans celles situées plus au nord ; et où par conséquent la vigne et l'olivier sont exposés à l'action d'un froid plus rigoureux pendant l'hiver. Ainsi, nous voyons que les vins du Rhin, de Hongrie et de France sont généralement supérieurs en qualité à ceux d'Italie, d'Espagne et de Grèce; comme il est reconnu que l'huile d'olive du midi de la France est supérieure en qualité, à celle obtenue dans des régions plus méridionales encore ; quoique, dans ces dernières latitudes, l'olivier soit soumis à l'influence d'un ciel, en apparence, plus favorable à sa reproduction.

De ces faits, dis-je, nous devons conclure que, si un certain degré de l'action positive du soleil pendant l'été est indispensable pour faire naître et mûrir les fruits, un certain degré de l'action négative de la terre, pendant l'hiver, ne leur est pas moins nécessaire *pour amener le renouvellement des forces* sur lesquelles repose le principe de la fécondité des arbres. Remarquons ici un nouvel exemple de l'organisation admirable de la nature, qui a adapté la constitution des végétaux à l'action alternative des forces primaires opposées, dans les différens cercles de leur mouvement, auquel se trouvè ainsi rattaché le principe de leur développement, de telle sorte que leur fécondité ne dépend pas moins d'une certaine proportion de l'action négative de la terre *sur leurs racines,* pendant l'hiver, que d'une certaine proportion de l'action positive du soleil *sur leur tronc,* durant les mois de l'été. Ainsi l'objet principal pour lequel les végétaux ont été créés, n'est atteint qu'autant qu'ils se trouvent exposés, eu égard à leur constitution

17

particulière, à une juste division de cette action alternative des forces électriques, primaires opposées, qui président à la température et déterminent les autres phénomènes atmosphériques.

Une multitude de circonstances tendent à montrer que les végétaux sont doués d'une sorte de *pouvoir électif*, en vertu duquel ils choisissent certains alimens et rejettent certains autres ; c'est dans ce pouvoir électif qu'on pourrait très rationnellement chercher la raison de cette variété infinie qu'ils présentent dans leur nature et leurs propriétés. Si de plus, comme le pensent quelques philosophes, « l'homme est un microcosme, l'univers est l'homme en grand, » où, comme le dit M. de Montlosier, chaque membre des corps organisés présente, quoiqu'en miniature, la même perfection, soit qu'on le considère dans son tout ou dans ses parties. Prenant en considération cette circonstance que la sève circule dans les végétaux, comme le sang dans les animaux ; ayant sous les yeux les effets opposés que produit sur la constitution des végétaux, l'action opposée des forces électriques primaires, particulièrement dans le cercle annuel de leur mouvement, ne sommes-nous pas, je le demande, autorisés à dire que non seulement la constitution des végétaux les rend aptes à correspondre aux impulsions électriques qui leur viennent *du dehors;* mais que leur organisation et leur économie internes sont telles, que, dans la décomposition de leurs alimens, décomposition interne qui a lieu avant qu'ils ne soient incorporés et solidifiés dans leurs masses, consistant comme la masse de ces alimens, d'*élémens électriques*, c'est-à-dire d'eau et d'air—que ce n'est pas, dis-je, par le moyen *d'une division interne de l'action électrique* dans le corps des plantes, telle que l'on suppose qu'il en existe une dans l'atmosphère, et par le moyen de *l'action interne et du renversement de pôles électriques opposés*, suite de ceux qui ont lieu dans le corps de l'atmosphère, que non seulement il s'effectue une séparation de leurs alimens; mais que ceux-ci sont poussés dans des directions opposées de leurs *centres locaux dans leurs racines et dans leurs troncs?* et que la différence qui se voit dans la *taille* des différentes classes des végétaux, n'est pas une conséquence de la différence qui existe entre les *énergies électriques* innées dont elles sont douées, et qui leur permet de pousser ainsi à des distances plus ou moins grandes de leurs centres électriques, la matière alimentaire qui entre d'abord dans leur corps et qui finit par le constituer?

De plus, quoique ce soit une erreur commune, ou plutôt un *vice*, de fausser tous les principes en voulant en faire des *applications forcées :* d'après la supériorité de la sensibilité des animaux sur celle des végétaux, et celle plus grande encore de l'homme, celui de tous les êtres le plus susceptible d'éprouver l'influence des élémens; ne pourrait-on pas, dis-je, chercher dans les mêmes principes d'après lesquels on explique les phénomènes de la végétation, l'explication d'une grande partie de l'économie manifestée par la nature dans la constitution du corps humain, — c'est-à-dire des effets opposés et frappans qu'ont sur lui, dans certaines maladies et particulièrement dans les fièvres, les changemens de temps, ou, en d'autres termes, les changemens d'*action électrique*, etc., etc.? Cette supposition d'intimité entre l'action électrique et les phénomènes de la constitution humaine, a d'autant plus de poids que telle était la ferme opinion du célèbre docteur Hunter (1).

Après avoir parlé du sol et des végétaux, si nous étendons nos observations encore plus haut sur l'échelle ascendante des êtres organisés, et que nous cherchions quels sont les effets produits sur le *règne animal* par l'action négative de la terre durant les mois de l'hiver, nous trouverons que cette action ne contribue peut-être pas moins puissamment à la fécondité des animaux qu'à celle des végétaux. Ce qui est suffisamment prouvé par ce mouvement simultané qui les porte à la propagation de leur espèce, au retour du printemps ; mouvement que l'on observe non seulement parmi les animaux qui habitent la terre, mais encore parmi ceux qui vivent dans les eaux.

---

(1) Le docteur Philip établit plusieurs expériences physiologiques pour démontrer que l'*électricité* est l'agent qu'emploient les organes nerveux, et celui qui est universellement répandu pour répondre à des fins intimement liées avec l'économie animale dans toutes les parties de l'organisation humaine. (*Voy.* doctor MADDEN's *Travels,* vol. II, pag. 287.)

De même que les élémens constituans des animaux et des végétaux sont en grande partie *homogènes*, comme dérivant également des bases représentatives, solides ou élastiques des forces électriques primaires du soleil et de la terre ; ce qui fait, ainsi que nous l'avons dit, qu'ils répondent également à l'action de chacune de ces forces ; — de même, non seulement le principe de la vitalité des animaux et des végétaux est, pour ainsi dire, greffé sur celui de la vitalité électrique de l'atmosphère, résultat de l'action alternative de ces forces ;—mais encore le *mouvement de propagation* de cette vitalité dans ces deux règnes, paraît ne dépendre pas moins de l'énergie qu'ils acquièrent par les réactions qu'occasionnent les rudes chocs que leur fait éprouver l'action négative de la terre pendant l'hiver, que des impulsions plus agréables qu'ils reçoivent dans la saison opposée de l'année de l'action positive du soleil. Ainsi, c'est sur l'action alternative des forces électriques primaires du soleil et de la terre dans le cercle annuel de leur mouvement, et sur le développement alternatif, et la concentration des forces des règnes animal et végétal, que paraît se fonder le principe de la régénération de ces mêmes règnes ; — régénération dont la marche est perpétuée par le mouvement des forces électriques, se maintenant et se continuant par là en une succession sans fin.

Dans le paragraphe qui sert d'introduction à cet article, en parlant de l'espèce de connexion et de dépendance nécessaire qui existe entre les élémens de

l'eau et ceux de l'air; nous avons pris la comparaison de *l'enclume et du marteau*. En effet, nous pen-
sons que, si les pôles électriques de l'atmosphère
n'avaient pas l'élément de l'eau sur lequel ils pussent agir, et par la décomposition duquel ils pussent
renouveler les élémens de leurs propres forces; avec
la cessation de ce renouvellement, on verrait bientôt cesser leur opération; et que par conséquent
l'ensemble des phénomènes qui se rattachent à l'action électrique planétaire serait aussitôt anéanti.
De là nous avons dit que la grande opération de la
nature par laquelle le corps entier de l'atmosphère
se renouvelle par les eaux de la terre, s'effectue
au moyen de l'action alternative des pôles électriques opposés de l'atmosphère sur les superficies
de la terre, — *le pôle négatif* de l'atmosphère
ne jouant peut-être pas dans cette opération un
rôle moins important que le pôle positif, à raison
de la grande longueur de son action consécutive
pendant l'hiver dans les latitudes élevées, combinée avec la force qu'il acquiert dans le voisinage de
son foyer principal. Mais, comme il paraît qu'il
existe *une différence* dans la nature de cette opération, causée par l'action opposée de ces pôles, et
que l'effet de cette différence, dans certaines localités, se lie intimement au principe de la *température*; et que, jointe à celui-ci, elle donne un
nouvel exemple de l'admirable organisation de la
nature, j'ai cru convenable d'appeler l'attention
du lecteur sur cette circonstance. Cette différence
consiste en ceci, que *l'action du pôle électrique*

positif, pendant le jour, sur les eaux de l'océan, paraîtrait plus puissante pour décomposer *leur base négative*, *que leur base positive*, ou l'*hydrogène*, plutôt que l'*oxigène*; et qu'au contraire, l'action du pôle négatif, pendant la nuit et durant la gelée, a plus d'influence dans la décomposition de la *base positive* que de la base négative *de l'eau* : — la formation de la *glace*, amenée par le dégagement soudain de la base calorifique de l'eau en plus grande quantité que celui de la base contraire, par suite de l'action du *pôle négatif*, étant une preuve frappante de cette disposition. C'est ainsi que la nature tempère, autant que possible, les effets mortels qu'aurait, sur la température, l'action extrême des forces qu'elle a déléguées avec sa production ; *contrebalançant* ainsi, par un plus grand dégagement de la base *opposée* de l'eau, que de celle *homogène*, causée par l'action du pôle électrique qui domine en ce moment, les effets extrêmes que cette action aurait sans cela sur la température, — Ainsi avec le *poison*, que l'on me passe cette expression, elle répand l'*antidote* sur la partie la plus considérable du globe. — La *mer*, comme on l'a dit de l'*haleine*, soufflant littéralement le *chaud* et le *froid*, selon la nature de la température existante : c'est à cette disposition qu'il faut attribuer la douceur plus grande de climat que l'on remarque sous les mêmes latitudes que possèdent la mer, les îles et les pays de côtes, par comparaison avec l'intérieur des continens.

De plus, comme l'action directe des forces électriques primaires du soleil et de la lune, elle est, ainsi qu'on l'a remarqué, dans le phénomène de la gelée, presque entièrement confinée à la *première surface des eaux*, aussi bien qu'aux premières superficies de la terre, tandis que cette action sur les premières de ces surfaces se borne presque exclusivement à leur décomposition ; — cette décomposition des eaux du globe, par l'action des pôles des forces électriques primaires, ne pourrait-elle pas être le moyen qu'employa la nature pour donner aux *abîmes de l'océan*, quoique dans des degrés modifiés, des changemens de température correspondant à ceux que le changement des saisons, causé par le changement d'action des forces électriques primaires dans le cercle annuel de leur mouvement, fait éprouver immédiatement à l'atmosphère ? Cette communication des changemens de température atmosphérique aux abîmes de l'océan ne saurait avoir lieu sans une loi qui dispose ainsi ses eaux pour leur décomposition, par l'action alternative des agens primaires qui s'effectuent ; car l'action de ces agens est principalement bornée à leur couche supérieure ; ce qui, sans cette condition, ne pourrait pas avoir lieu ; et, en conséquence, l'action des forces électriques primaires ne pourrait plus produire les effets qu'elle a sur le monde particulier d'animaux qui peuplent les abîmes de l'océan, non plus que les innombrables familles d'herbes marines qui en tapissent les grottes au fond de ses eaux. Quant à ce qui regarde plus particulièrement la *force électrique négative* qui nous conduit à ces observations, telle est la variété et l'importance que, dans l'économie de la nature, l'action qui donne naissance au phénomène de la gelée paraît réunir.

J'ai souvent parlé dans le cours de cet ouvrage de l'analogie que je prétends exister entre l'action lunaire sur les marées et la température de l'atmosphère, comme du principe fécond dont la découverte, il y a quelques années, me conduisit à une série d'observations d'où naquit cette théorie, non seulement de la température, mais de l'astronomie même. Je ne sais si le public prendra quelqu'intérêt à cette circonstance, comme se rattachant au sujet dont je traite en ce moment; mais je crois que c'est ici le lieu de placer l'origine de cette découverte, ainsi que quelques faits plus récens que j'ai à offrir en preuves de cette analogie. Me trouvant à Londres, au commencement de 1826, pendant une très forte gelée, je remarquai que le froid le plus intense eut lieu pendant la *nuit du 15 janvier*, c'est-à-dire au *premier quartier de la lune;* et depuis, en lisant les journaux, je vis que l'on avait éprouvé un froid excessif au Canada, dans la nuit du 31 janvier, pendant laquelle, disait-on, plusieurs personnes étaient mortes de froid, le thermomètre de Farenheit étant descendu, à Montréal, à 38 degrés au-dessous du point de congélation, la lune étant entrée dans le *dernier quartier* dans l'après-midi du 30. — Je fus frappé de ces coïncidences entre les époques du froid le plus intense de la saison dans les deux hémisphères, et celles des *basses-marées,* et je commençai à penser qu'en donnant suite à cette observation, on pourrait arriver à des résultats importans pour l'astronomie. D'après cela, comme la chaleur avait été extraordinaire en Angleterre, pendant l'été précédent, il me vint à l'idée d'examiner les tables de température, pour voir si les périodes des plus grandes chaleurs ne coïncideraient pas avec les quartiers opposés de la lune ou l'époque des *grandes marées*. Je consultai une table météorologique pour le mois de juillet 1825, publiée dans le *New Montly Magazine* de septembre même année : j'y trouvai, d'après un *relevé*, que le plus haut degré de température éprouvé à Londres pendant l'été de 1825, avait eu lieu le vendredi 15 juillet, à onze heures du matin, le thermomètre de Farenheit ayant marqué 91 degrés à l'ombre, et *la nouvelle lune ayant commencé dans l'après-midi du même jour*. Suivant *un autre relevé*, publié avec le précédent par M. Adams, d'après les observations qu'il avait faites lui-même à Edmonton (près Londres), la plus haute température du 15 est marquée 90° 5′, tandis que celle du 19, *quatre jours après*, est portée à 91°, la température des jours précédens et suivans étant inférieure, et celle de quelques-uns l'étant de beaucoup (1). Trouvant une confirmation si positive de

---

(1) Le 19 étant l'époque *intercalaire* qui remplaça la nouvelle lune le 15, quand l'action lunaire sur la température est généralement la plus puissante, à cause de sa plus grande concentration, je crois qu'il est vraisembla-

l'analogie entre l'action lunaire sur les marées et la température de l'atmosphère, je ne conservai plus le moindre doute sur son existence. Convaincu de l'importance de ma découverte, j'écrivis une *dissertation sur l'analogie qui existe entre les phénomènes des marées et le principe de la température de l'atmosphère*, que je présentai à l'Institut de France, dans sa séance du 12 juin 1826. Toutefois j'avais composé cette dissertation sans m'y occuper aucunement de l'*action électrique*, le principe que j'avais adopté pour rendre compte de l'existence de l'analogie que je venais de découvrir, étant celui de l'*action physique et calorifique* d'une atmosphère solaire sur la surface de la terre ; action qui variait dans son intensité, d'après l'opposition conjointe prochaine avec la lune et son élongation subséquente avec celle-ci, loin de la masse de la terre, aux périodes opposées des *syzigies* et des *quadratures*. Quelques observations subséquentes m'ayant démontré que le principe sur lequel j'avais voulu m'appuyer n'était pas soutenable, je retirai ma *dissertation*, sans attendre que la commission, nommée par l'Institut pour en faire le rapport, eût donné son opinion (1). Cependant je me con-

---

ble que la température moyenne du 19, comme le dit M. Adams, aura été effectivement plus élevée que celle du 15 juillet.

(1) Cette commission, qui devait faire un rapport sur mon Mémoire, se composait de MM. Damoiseau, Ampère et Dulong.

firmais chaque jour dans mon opinion, quant à l'existence réelle de l'analogie elle-même ; et, après avoir perdu bien du temps dans diverses conjectures, je trouvai qu'il n'y avait pas d'autre principe dans la nature que l'*électricité auquel on pût la rapporter* : et je demeurai convaincu que non seulement la *température*, mais l'ensemble des phénomènes atmosphériques ont leur source dans l'action électrique. Je continuai donc le cours de mes observations sur les phénomènes de l'atmosphère pendant près de deux ans, avant que M. Donné ne publiât ses expériences et ses observations sur la pile de Zamboni : alors se trouva prouvé par des faits ce que j'avais d'avance posé en théorie, et il ne resta plus de doute sur l'exactitude de ma découverte.

Une autre circonstance qui se lie à l'analogie qui existe entre l'action lunaire sur les marées et la température, que je vérifiai en poursuivant mes observations, c'est que c'est aux époques *des degrés extrêmes* de température annuelle en été et en hiver, et à celles *des équinoxes*, que cette analogie est le plus évidemment démontrée ; d'où je fus conduit à conclure que le phénomène de la température n'est pas, comme on le suppose vulgairement, le résultat de l'opération d'*un seul agent*, mais qu'il a sa source dans l'action alternative de *deux agens opposés* ; — que comme *l'action lunaire était distincte* de l'*action individuelle* de ces agens opposés par rapport à la terre, les époques des degrés extrêmes opposés de température annuelle étaient

celles qui devaient donner les preuves les plus positives de la nature et de l'étendue des espèces opposées de l'action lunaire sur la température, s'il était
vrai, comme il a été dit, que ces degrés extrêmes
opposés de température annuelle ne pouvaient pas
être l'effet de l'action *individuelle* de l'un ou l'autre
de ces agens ; mais de l'action conjointe de tous
deux, sur la terre et la lune. — Conséquemment
que la preuve de ce fait se trouverait dans la coïncidence qui existerait entre les époques de cette température extrême et celles de l'action conjointe de
ces corps, qu'on lui donnait pour origine. Et, d'a-
près le même principe, que c'était quand l'action
individuelle de ces forces opposées était presque
égale et en contre-poids à l'autre, c'est-à-dire, au
moment des *équinoxes*, que l'*espèce opposée de
l'action lunaire* en conjonction, tantôt avec l'une,
tantôt avec l'autre, par les prépondérances que,
dans ces circonstances, elle leur prêtait, devait,
par son effet sur la température *dans les deux cas,*
par la force de proximité et de contraste, manifester le plus clairement sa nature et son étendue. Je
crus donc que ces époques me fourniraient des preuves de l'existence de cette analogie, découverte entre l'action lunaire sur les marées et la température,
capables de convaincre les plus incrédules, et je ne
me trompai pas. — Comme les circonstances qui, à
d'autres époques de l'année, s'opposent à un tel développement de l'action lunaire sur la température
aussi bien que sur les marées, se lient principalement
à la formation de l'eau dans l'atmosphère ; nous

en parlerons avec l'étendue convenable dans l'article suivant sur la *condensation aqueuse* (1). Pour corroborer de plus en plus l'existence de cette même analogie, je vais insérer ici l'extrait d'un article qui parut dans *le Globe* (anglais), le 12 février 1830 : « Pendant les *trois* époques de forte gelée cet hiver, la température la plus basse, amenée par la *première*, eut lieu le 19 novembre, le *dernier quartier de la lune* ayant commencé la veille, c'est-à-dire au moment des plus *basses marées*. Le plus bas degré de la température d'hiver à Londres, pendant la *seconde* période, comme il est rapporté dans les journaux, eut lieu le 18 janvier, le thermomètre de Farenheit marquant alors 27 degrés au-dessous de zéro, le *dernier quartier de la lune* ayant commencé la veille; et le plus bas degré de température diurne moyenne causée par la *dernière* gelée eut lieu le 2 février, le thermomètre variant alors de 15 à 21 degrés, le *premier quartier de la lune* avait commencé le 31 janvier. Observons, comme une nouvelle preuve de l'analogie en question, que chacune des époques du froid le plus sévère *fut suivie à celles des plus hautes marées d'un dégel*, et conséquemment *d'une élévation* correspondante de la température. »

Les degrés extrêmes de froid sur le continent aux

---

(1) On y verra que les localités les plus favorables pour observer les effets opposés de l'action lunaire sur la température sont celles situées dans l'intérieur des continens; et que les moins favorables sont celles situées dans le voisinage de la mer et des montagnes.

époques dont nous parlons, par suite de l'étendue, et par conséquent du pouvoir plus grand comme réflecteurs, qu'offrent les surfaces terrestres, outre qu'ils cadrent parfaitement, ainsi qu'en Angleterre, avec les époques des marées les plus basses, montrent l'étendue de l'*influence locale* exercée sur la température, par les *surfaces* terrestres, comme nous l'avions annoncé, son action locale sur la température, quoique d'un genre différent en été, étant aussi remarquable qu'en hiver. Ainsi « à Wesserling, sur le Haut-Rhin, le thermomètre, dans la nuit du 31 janvier au 1er. février, descendit à 22 degrés (Réaumur), ou 50 (Farenheit). » — (*Morning-Hérald*, 11 février 1830.) Et « nous apprenons de Stuttgard, que le thermomètre est descendu le 2 courant à 25 degrés au-dessous de zéro (degrés de Réaumur probablement), ou 57 Farenheit. » (*Voyez* le *Times* du 20 février 1830.)

Une circonstance fort curieuse et digne de remarque, c'est que d'après les faits que je vais rapporter, il paraîtrait, qu'encore que les époques des degrés extrêmes de température d'hiver coïncident dans l'*hémisphère occidental* aussi bien que dans l'*hémisphère oriental*, avec celles des quadratures lunaires, il paraîtrait, dis-je, que ces époques elles-mêmes *varient* dans les deux hémisphères *quant au moment de leur arrivée*. Ainsi dans l'hiver de 1825-1826, nous voyons que quoique le degré le plus bas de température en Angleterre ait eu lieu dans la nuit du 15 janvier, ce degré extrême de froid n'eut lieu dans l'Amérique du nord que dans la nuit du 31, ou une demi-lune plus tard. — Et quoique, dès le dernier novembre, nous ayons eu en Angleterre quelques jours d'une gelée très forte, la température continua à être douce dans l'Amérique du nord, jusque vers l'époque du solstice d'hiver; et que d'après l'extrait suivant du *Times*, du 2 mars 1830, « le thermomètre, dans la nuit du 2 janvier, marqua à Boston (États-Unis) 6 degrés au-dessous de zéro, et 10 dans la ville de Salem; que le matin du 3, quatre personnes furent trouvées mortes dans leur lit, que l'on supposa être asphixiées par le froid; » on remarquera que cette date coïncide avec *le premier quartier de la lune*. A cette époque où régnait en Amérique un froid si sévère, et correspondant de 38 à 42 degrés Farenheit, encore qu'il gelât à Londres, c'était si peu de chose, qu'il dégela le lendemain; quoique le froid le plus intense que l'on y ait éprouvé cette année ait eu lieu subséquemment, seize jours ou une demi-lune après. — Comme si les degrés maximum de l'action négative, alors attirés par et divergeant de leur foyer principal au pôle, étendus sur l'un des immenses réflecteurs électriques que leur présentaient les vastes continens de l'Europe et de l'Asie, ayant temporairement dépensé leurs forces *de ce côté*, les rappelassent au centre; d'où, après un court intervalle, s'étant concentrés, s'étendaient avec une nouvelle énergie de l'*autre côté* sur le vaste continent de l'Amérique du nord, — se comportant toujours dans leur mouvement descendant, comme s'ils étaient réglés par les périodes suivantes de l'action correspondante de la lune.

En sus des nombreux exemples que nous avons cités pour prouver l'analogie que nous prétendons exister entre l'action lunaire sur les marées et sur la température, nous ne pouvons nous dispenser d'en ajouter un plus récent, et qui se rattache à l'époque de l'équinoxe : je veux dire la haute température survenue tout-à-coup en Angleterre après la *nouvelle lune*, le 24 mars 1830, et qui dura quelques jours ; élévation si soudaine et si remarquable qu'elle fit l'admiration de tout le monde. A cette chaleur succéda, le 31 du même mois, c'est-à-dire *lors du premier quartier*, un abaissement de température aussi soudain et aussi remarquable ; tellement que le 1er. avril, la nature avait repris sa robe d'hiver, étant à la lettre couverte de *neige*. Et cependant *quatre* jours avant, le 27 mars, le troisième jour après la *nouvelle lune*, et par conséquent quand *la marée positive se retire*, la température varia de 28 à 70 degrés Farenheit ; c'est-à-dire que ce jour fut le plus chaud que nous ayons eu depuis le 13 août 1829. (Voyez *Literary Gazette* du 3 avril 1830.)

Après avoir cité ces preuves de l'analogie qui existe entre l'action lunaire sur les marées et la température, persuadé que chaque révolution successive des forces électriques primaires, dans le cercle annuel de leur mouvement, fournira des faits également nombreux qui corroboreront cette vérité, je bornerai là, pour le présent, mes observations sur ce dernier phénomène.

Comme l'on pourrait remarquer une légère différence dans la manière dont les phénomènes de l'atmosphère sont envisagés dans la partie *subséquente*, pour ne pas parler de celle du style, par comparaison avec la précédente, je crois devoir prévenir que la première fut écrite presqu'entièrement avant l'autre, et par conséquent avant que je ne fusse arrivé à des conclusions plus récentes par rapport à l'action électrique et à l'identité de source que je crois exister entre *l'action magnétique* et *l'action électrique* dans l'atmosphère. Il en est de certains sujets comme de certaines maladies : on ne peut les étudier avec quelque chance de succès, qu'autant que l'on connaît bien les différens aspects sous lesquels ils se présentent dans des circonstances variées. Parmi cette classe de sujets, on doit ranger la *condensation aqueuse de l'atmosphère*, qui est d'ailleurs, par son étendue et ses relations importantes avec les intérêts de la société, un but digne des recherches de l'astronome, comme celui qui, par sa profession ou sa position, se trouve plus immédiatement placé sous l'influence de ses effets. J'ai donc cru que j'aiderais les autres à arriver à la connaissance de ce phénomène, en leur donnant le détail des observations que j'ai faites pendant plusieurs années d'attention sérieuse, sur les circonstances qui prouvent sa connexion avec l'action lunaire et différentes classes de *localités* dans les saisons opposées de l'été et de l'hiver ; ainsi, après avoir posé les principes d'où je crois que la condensation aqueuse tire sa source, j'entrerai dans des détails que j'accompagnerai de remarques et de commentaires que les circonstances m'ont inspirés, et dont l'observation est venue ensuite démontrer la justesse. Ces détails paraîtront peut-être prolixes à une certaine classe de lecteurs ; mais je ne doute pas qu'il n'en soit bien différemment de la part de ceux qui y sont intéressés, ou qui ont le désir de voir les recherches sur ce phénomène poussées jusqu'au dernier point où elles le peuvent être dans *toutes les localités :* ces personnes pourront tirer quelque utilité de la masse d'observations qu'elles trouveront ici réunies ; et c'est ce qui me détermine à laisser cet article tel qu'il est.

DE LA CONDENSATION AQUEUSE

DE L'ATMOSPHÈRE.

Le phénomène de l'atmosphère, qui fait le sujet de ce chapitre, est d'une utilité tellement générale, — il est si indispensablement nécessaire, non seulement à la conservation des règnes animal et végétal, mais à soutenir l'équilibre de la température moyenne de la terre, et des quantités proportionnelles relatives de l'ensemble de ses élémens d'eau et d'air ; — que s'il cessait de faire partie des phénomènes atmosphériques, la balance de leurs mouvemens s'arrêterait aussitôt ; l'harmonie de la *mécanique céleste*, pour ce qui regarde la terre, serait détruite, et par suite de cette destruction, nous verrions disparaître l'ordre divin de choses dont notre globe est le théâtre. — Le printemps reviendrait sans verdure, et l'automne sans fruits ; les rivières cesseraient de couler par l'épuisement des innombrables réservoirs qui les alimentent ; les océans et les mers, dont les eaux ne seraient plus renouvelées, deviendraient des marais stagnans et pestilentiels ; l'atmosphère environnante une fournaise embrasée ; nous verrions arriver en un mot, pour la nature physique et tous ses êtres organisés, la fin des choses annoncée par l'*Apocalypse*, et « le temps cesserait d'exister ! » Telle est l'indispensable importance du phénomène par suite duquel l'eau est formée dans l'atmosphère, phénomène si fréquemment renouvelé qu'il n'attire aucune attention, qu'il n'excite aucun intérêt, et que, malgré qu'il soit constamment sous nos yeux ; il a été, jusqu'à ce jour, enveloppé d'un tel mystère, que toutes les tentatives de la science pour découvrir sa source cachée, ont été infructueuses.

Au commencement du chapitre précédent sur la température, il est établi que la grande différence distinctive existant entre l'élément de l'eau et l'atmosphère, en considérant leurs principes constituans comme les mêmes, et par conséquent comme étant strictement homogènes, c'est que, — tandis que l'atmosphère, par ses phénomènes, montre qu'elle *est toujours sous l'influence de pôles électriques opposés;* l'élément de l'eau, soit en partie, *soit dans le tout, ne découvre pas une telle polarisation électrique;* d'autant plus que, tant qu'il est *dans le premier état,* il est, quant à ses forces électriques cachées, *parfaitement inerte;* et c'est dans cette circonstance que nous pouvons découvrir le grand secret ou le principe de la formation de l'eau dans l'atmosphère. En effet, tandis que par la décomposition de l'eau, ses forces électriques inertes sont en raison de la polarisation électrique de ses bases opposées, ainsi changées en état aériforme, immédiatement amenées à un état de force et d'activité ; c'est à une *action* et à un mouvement *inverses* des pôles électriques opposés de ces bases, de leur position verticale dans les régions opposées de l'atmosphère qui a servi comme

de limite entre les masses réunies du dernier
(ou le premier centre d'action électrique dans
son corps, duquel ces pôles divergent); et de
plus, avec un changement de leurs propriétés
par la neutralisation de la polarité électrique de
ces bases atmosphériques, par suite de leur réunion électrique, que l'on doit attribuer le phénomène de la *condensation aqueuse*, ou recomposition de l'eau dans l'atmosphère. Et, comme
la *décomposition* de l'eau, ainsi que les changemens de propriétés dans ses bases opposées qui en
résultent, ne sont simplement que l'*affranchissement des pôles électriques de ces bases*; la formation de l'eau dans l'atmosphère et le changement
de propriété des bases, peuvent être définies : *la
recomposition de ces bases, par la réunion et la
neutralisation de leurs pôles électriques.*

Or, comme le mouvement électrique produit
par la décomposition d'eau en air, est un mouvement *expansif*, et n'est point effectué par une
action *soudaine*, mais par une *action* sourde et
consécutive, il s'ensuit que l'affranchissement des
bases électriques de l'eau par la décomposition, n'a
point pour effet de troubler le calme de l'atmosphère, et n'est sensible que par ses effets sur la température. Mais, lorsque le dernier mouvement expansif donne lieu à une action opposée qui, par le renversement de ses pôles électriques, concentre ces bases
aériformes de l'atmosphère dans un foyer nouveau
et plus précis dans son corps, fait que les masses de
ces bases, de leurs régions opposées, sont amenées

à une collision directe et violente l'une avec l'autre ;
l'effet produit par là, sur l'aspect et les phénomènes de l'atmosphère, est absolument l'opposé du
premier, — changeant la brillante transparence de
ces bases aériformes, lorsqu'elles sont ainsi détachées
par l'action expansive de leurs pôles, en obscurité,
— et changeant subitement le corps de l'atmosphère
d'un état de repos à une commotion qui déchaîne
aussitôt, avec la terrible artillerie des élémens, la
foudre meurtrière et l'ouragan destructeur. La
force de ce mouvement, résultant de celui du *pôle
électrique prédominant* dans cette région de l'atmosphère, ou celui dont l'action influe le plus sur
la température diurne moyenne du moment ; selon
que la force de ce dernier est plus grande, le phénomène que son action inverse produit, est aussi
plus violent, et *vice versa ;* ainsi que j'espère le
prouver, en traitant des effets du principe de *contraste*, pour ce qui a rapport à la condensation
aqueuse. En résumé, nous voyons donc le principe auquel doit être attribué le phénomène de la
formation de l'eau dans l'atmosphère, phénomène
qui, comme celui de sa température, est entièrement électrique dans sa nature et dans sa source.

Ainsi, comme il est admis que la condensation
aqueuse est un effet de l'action inverse de leurs pôles
électriques opposés sur la masse des bases électriques
opposées de l'atmosphère ; ainsi cette action inverse
est supposée être amenée par les collisions électriques qui ont lieu entre ces pôles, dans la région
moyenne de l'atmosphère, — collisions produites par

les changemens de leur position verticale dans son corps, d'après les changemens alternatifs d'action qui affectent les forces électriques primaires, dans les différens cercles de leur mouvement diurne, lunaire et annuel. Ces collisions entre les pôles électriques opposés dans le corps de l'atmosphère, ayant proportionnellement plus d'influence pour créer leur action inverse, ainsi qu'en produisant un plus ample développement de la condensation aqueuse qui en dépend, en proportion de la plus grande étendue des cercles électriques par lesquels les changemens sont produits, et *vice versâ*.

Ces principes une fois posés, et pour traiter d'une manière plus particulière la condensation aqueuse et les phénomènes qui en résultent, la première circonstance qui y est attachée, et dont il est essentiel de s'occuper, c'est que ce phénomène, depuis son commencement jusqu'à son état de maturité, est divisible en *trois états*, savoir : la *vapeur*, la *neige* ou *grêle*, et la *pluie* ou *eau parfaite*.

Dans *le premier état* de la condensation aqueuse ou celui de vapeur, un léger changement dans la disposition ou l'action des pôles électriques opposés qui l'ont produit, sur ces bases, tandis qu'ils sont à ce point de leur transition, tel que par l'affranchissement de ces pôles, suffit pour les rendre à leur premier état, dans les régions opposées de l'atmosphère, et par cet affranchissement, pour ramener la disposition préexistante de l'action électrique dans son corps. Un tel changement d'action électrique, dis-je, sur la condensation aqueuse, tandis qu'elle est dans les commencemens de sa formation, suffit pour ramener ses élémens à leur premier état aériforme. Cependant, lorsque la condensation aqueuse a avancé du *premier vers le second degré* de sa formation, ou de l'état de *vapeur* à celui de *neige* ou de *grêle*, ce retour à la disposition préexistante de l'action électrique dans le corps de l'atmosphère, ne paraît pas pouvoir amener un semblable résultat sur ses élémens premiers, soit lorsqu'ils sont encore suspendus dans l'atmosphère, soit lorsqu'ils en ont été précipités sur la surface de la terre : quoiqu'on doive admettre que des aéronautes, ainsi qu'il arrive parfois, pendant les mois d'été, rencontrent et traversent des nuages de neige qui se dissolvent; sans tomber sur la terre en pluie, ni de toute autre manière, ce qui semblerait prouver le contraire. La dissolution de ces nuages, du reste, paraît être effectuée d'abord par l'affranchissement des pôles électriques dont l'action inverse produisit leur formation ; et étant ainsi abandonnés, suspendus dans l'atmosphère, soit par l'action du *pôle positif* sur leur surface supérieure, soit parce qu'ils viennent en contact avec des courans d'air chaud qui les font rétrograder à l'état de vapeur, leur dissolution définitive s'ensuit. Aussitôt que les bases de la condensation aqueuse sont entrées dans ce *second degré* de formation, en passant à un *état fixe*, elles deviennent capables de résister à la plus grande force d'action électrique négative de la terre, ou *au froid,* sans que leurs propriétés existantes en soient en rien affectées ; tandis que l'action subséquente de la base calorifique de l'atmosphère, sur ce degré de la condensation aqueuse, — tandis que, *pendant sa progression,* il est encore suspendu dans les airs, ou l'action directe du pôle positif, s'il est descendu sur la terre, sont nécessaires à l'achèvement du phénomène, ou à amener sa conversion en *eau parfaite ;* et à le faire parvenir ainsi à son *troisième* et dernier degré. Il faut observer cependant que, si l'action inverse des pôles électriques, dans la condensation aqueuse, n'est pas *fortement excitée,* cette condensation aqueuse, à proprement parler, n'a pas de *second degré,* mais passe du *premier au troisième,* ou de la *vapeur* à la *pluie.*

Comme il n'est pas de sujet qui occupe davantage la conversation, et par conséquent l'observation de la société, que le *temps ;* aussi, il est à cet égard une circonstance dont chacun peut avoir été frappé, tandis que l'élévation et la chute annuelle de la température atmosphérique s'avancent par degrés presque consécutifs vers ses extrémités de chaud et de froid, en suivant, pour ainsi dire, l'augmentation et la diminution graduelles des jours et des nuits, qui accompagnent ces grands changemens annuels ; il n'est pas de phénomène atmosphérique, dans différentes saisons, et sous différentes latitudes, qui offrent de plus grands contrastes que ceux qui accompagnent la formation de l'eau dans l'atmosphère ; non seulement, pour

ce qui regarde la quantité formée à une époque
particulière, mais encore pour la rapidité ou la
lenteur des changemens dans l'atmosphère, qui
précèdent la pluie, et la nature variable des phénomènes qui l'accompagnent, tels que vents mo-
dérés, ouragans, tonnerre, etc. On a souvent
observé que les nuages qui produisent, et qui nécessairement précèdent la pluie, se forment et se
dissipent dans l'espace de quelques heures, sans
donner de l'eau: d'autres fois ils couvrent l'horison
pendant des jours entiers, et finissent par disparaître sans autre résultat; tandis que, sous certaines latitudes et dans des saisons particulières,
les nuages qui précèdent la pluie, se forment avec
une telle rapidité, qu'ils donnent à peine le temps
aux personnes, témoins de leur approche, de prendre les dispositions que nécessitent les terribles phénomènes dont ils ne sont que trop souvent suivis,
ainsi que le savent les marins et autres personnes.

Expliquer d'une manière satisfaisante des résultats aussi contradictoires, dans la même classe de
phénomènes liés à une partie de la science qui,
quoiqu'elle ait occupé l'attention des savans, peut
être considérée, d'après les progrès qu'ils y ont
faits, comme entièrement nouvelle, est, on en
conviendra, une tâche difficile à remplir. J'espère
démontrer cependant que ces résultats opposés ne
sont autre chose que les effets nécessaires produits
par les variations des forces relatives des bases électriques opposées de l'atmosphère à diverses saisons
et sous différentes latitudes, combinées avec celles

qui sont en action sur l'atmosphère des forces électriques, positive et négative, du soleil, de la terre et de la lune.

Toutes ces variations dans les phénomènes attachés à la formation de l'eau dans l'atmosphère, paraissent avoir leur source dans l'action variable des deux principes fondamentaux, dans lesquels, comme je l'avance, l'action électrique inverse par laquelle elle est formée dans son corps, a aussi sa source. Ces principes fondamentaux de l'action électrique inverse, sont la *collision* et le *contraste* : d'abord le *degré de collision* par lequel les masses des bases opposées électriques dont l'atmosphère est composée, sont amenées à agir l'une sur l'autre, dans l'action électrique inverse; et, en second lieu, la *somme du contraste*, dans l'action relative des forces électriques primaires opposées, sur laquelle repose celle de la dernière, et qui existe dans la région de l'atmosphère à l'époque où cette collision donne lieu à l'action électrique inverse de leurs bases.

Ainsi il est admis que le phénomène de la formation de l'eau dans l'atmosphère a sa source dans les collisions qui ont lieu dans son corps entre les bases électriques opposées qui le composent; et comme il est reconnu que ces collisions ont leur source dans les changemens de l'action électrique à laquelle le corps de l'atmosphère est progressivement exposé,—pour se faire une connaissance plus précise de cette partie du sujet, il est nécessaire d'examiner le nombre de ces changemens d'action électrique, et la différence qui existe entre eux.

Les forces électriques primaires, à l'action alternative desquelles l'atmosphère est exposée, étant simplement celles du soleil et de la terre , — agissent, les premières pendant le jour, les secondes , pendant la nuit. Si la terre, semblable à la planète de *Jupiter*, avait son axe presque perpendiculaire au plan de son orbite , de manière à ce qu'il n'y eût aucune variation dans ses saisons, mais de manière que l'action des forces électriques opposées sur son atmosphère , indépendamment de ce qu'elles seraient, comme à présent , alternatives , seraient *égales* dans tous les temps ; et si , semblable à la planète de *Vénus* et à quelques autres, là terre n'avait pas de satellites ou de lune, — l'action des forces électriques opposées sur l'atmosphère produirait, dans ce cas, des résultats uniformes sur ses phénomènes ; c'est-à-dire que les périodes de beau temps pendant lesquelles les bases électriques opposées de l'atmosphère continueraient à augmenter , ne seraient pas interrompues pendant un certain temps , jusqu'à ce que la somme de ces bases aériformes, ayant atteint un certain degré, ferait que les collisions entre elles, amenées par les changemens diurnes et nocturnes de l'action électrique , donneraient lieu à leur action inverse, dont l'excédant retomberait en eau sur la terre : de telle manière que les intervalles de beau temps et de pluie se succéderaient à des époques fixes , avec autant de régularité que le jour et la nuit. Mais comme, à l'opposé à ces dispositions , par l'angle que forme l'axe de la terre avec le plan de son orbite, une continuelle variation de saisons résulte de son mouvement autour du soleil ; et que de plus, la terre est accompagnée dans son orbite par un satellite, dont la position, toujours variable par rapport au soleil et à la terre, fait que l'action du premier sur l'autre éprouve continuellement quelques changemens ; ces circonstances, dis-je, sont cause que l'action des forces primaires du soleil et de la terre sur l'atmosphère, au lieu d'être égale à toutes les époques, reçoit continuellement une augmentation, ou éprouve une diminution dans sa somme relative, soit diurne, soit lunaire, ou dans les changemens plus prolongés encore qui ont lieu tous les six mois dans les forces du soleil et de la terre, par suite des *positions opposées* dans lesquelles les deux hémisphères de la terre sont placés par rapport au soleil dans ses révolutions annuelles autour de cet astre : ceci est cause que les changemens d'action électrique auxquels notre atmosphère est exposée, et dans lesquels ont leur source les collisions entre ses bases électriques dont il a été question, sont, conformément aux agens qui dirigent cette action, de trois espèces, savoir : *diurnes, lunaires, et annuels;* et qu'on peut avec assez de justesse les comparer, ou plutôt qu'on doit les considérer comme *trois cercles électriques* de différentes grandeurs, tournant ensemble, mais avec des vitesses différentes, *l'un dans l'autre :*—le diurne dans le lunaire, et le lunaire et le diurne dans l'annuel. — Le premier, ou diurne, est inférieur en force au second ou

lunaire; comme le premier et le second sont inférieurs
à l'influence exercée alternativement par les forces
électriques opposées du soleil et de la terre, aux époques de leurs changemens respectifs semestriels aux
équinoxes. Dans le mouvement du cercle annuel de
l'action électrique sur l'atmosphère, exécuté par le
soleil et la terre, outre que c'est dans l'action de
ces forces, dans le grand cercle de leur mouvement,
que l'action des cercles subordonnés, lunaire et
diurne, ont leur source : par suite des grandes
variations semestrielles qui ont lieu dans l'action
des forces électriques primaires du soleil et de la
terre; par les contrastes qui en résultent, ces forces deviennent elles-mêmes les plus puissans co-
agens de ces changemens électriques dans le corps
de l'atmosphère. Ainsi, on observera que les collisions électriques dans le corps de l'atmosphère, qui
produisent l'action inverse de ses bases électriques
opposées, varient en degré avec les forces des agens
dans lesquels elles ont leur source, les collisions
amenées par les changemens diurnes étant inférieures à celles causées par les changemens lunaires, et
ces dernières aux annuelles. Conséquemment, les
collisions dans l'atmosphère, causées par les changemens diurnes d'action électrique, étant plus faibles que celles causées par les changemens lunaires,
donnent moins que les autres lieu à la condensation
aqueuse; de même que les collisions causées par
les changemens lunaires sont dans le même rapport, vis-à-vis celles amenées par les grands changemens annuels des forces primaires du soleil et de

la terre, dont il a été question. Mais comme les changemens dans l'action des forces électriques primaires dans leurs cercles respectifs sur l'atmosphère, ne sont jamais strictement séparés, quoique leurs effets dans la production de la condensation aqueuse dépendante de la collision causée par chacun, soient parfaitement distincts l'un de l'autre, aux diverses saisons de l'année; toutes les époques remarquables de l'action électrique inverse, dans tout le courant de l'année, ont leur source dans les collisions produites *par l'action combinée de tous les trois*. Ainsi plus les bases respectives des forces électriques opposées dans l'atmosphère se balancent l'une et l'autre avec égalité (comme cela a lieu en général pendant quelque temps vers l'époque des équinoxes), plus promptement aussi ces bases reçoivent l'action inverse de leurs pôles aux collisions produites par les changemens d'action électrique dans leurs plus petits cercles diurne et lunaire. Mais en proportion de leur aptitude à recevoir ces collisions inférieures, les phénomènes atmosphériques qui en résultent sont moins considérables. D'un autre côté, plus grande est la disparité ou la somme de *contraste* qui existe dans le corps de l'atmosphère entre les forces relatives de ses bases aériformes opposées, et moins il répond aux collisions produites par les changemens diurne ou lunaire. Mais en proportion de la lenteur que mettent ces bases électriques pour répondre aux collisions inférieures dans le corps de l'atmosphère, produites par les changemens diurne et lunaire, le degré de force avec lequel la condensation aqueuse se poursuit lorsqu'elle est commencée, est aussi plus fort, ainsi que les phénomènes auxquels elle donne lieu.

De plus, il paraît qu'il y a dans l'atmosphère *deux lois* d'action électrique qu'il faut signaler ici. La première est que, de quelque espèce qu'elle soit, l'action électrique dans l'atmosphère, une fois commencée, *s'avance vers le degré maximum,* comme elle retourne de là *vers le degré minimum,* précédant la période de son changement; soit pour ce qui a rapport à la température, à la condensation aqueuse, etc. La seconde est que, de quelque espèce qu'elle soit, l'action électrique dans l'atmosphère *converge toujours vers un foyer,* où sa force est nécessairement au plus haut degré.

De la première de ces lois il résulte que, dans les cercles diurnes, lunaires et annuels d'action électrique sur l'atmosphère, les forces primaires du soleil, de la terre et de la lune, se divisent en changemens *majeurs* et *mineurs* dans chacun. Le changement *mineur* diurne causé par l'action électrique positive du soleil, sur l'atmosphère, a lieu au moment de son élévation sur l'horison, le matin; le changement *majeur,* au moment où il franchit le méridien, à midi; le changement *mineur nocturne,* causé par l'action électrique négative de la terre, commence au moment du coucher du soleil, le *majeur* à minuit; les changemens *mineurs,* causés par l'action électrique positive de la lune sur l'atmosphère, commencent aux périodes *intercalaires*, qui précèdent celles de *nouvelle* et de *pleine lune*; dans les second et dernier quartiers, les *majeurs* commencent aux époques de pleine et de nouvelle lune : les *mineurs*, causés par l'action électrique *négative* de la lune, ont leur commencement aux périodes *intercalaires* dans les premier et troisième quartiers, les *majeurs* à l'époque des *première et seconde quadratures lunaires*. On remarquera, d'après cela, par rapport à son action électrique sur l'atmosphère, comme par rapport à son action physique sur les marées, que chaque cercle lunaire d'action électrique sur l'atmosphère, dans chacune de ses révolutions autour de la terre, est divisible en quatre périodes, dont deux sont *positivement*, et deux *négativement* électriques ; étant, à cet égard, égales à deux révolutions de la terre autour de son axe. Ces périodes lunaires étant, comme on l'a vu, chacune de six jours de durée, lesquelles, avec les quatre périodes intercalaires d'environ un jour chacune, et pendant lesquelles il y a généralement un retard de l'action électrique du quartier précédent, accompagné par un changement de vent, complètent le cercle électrique de l'action lunaire. Une circonstance cependant qui mérite une attention particulière, relativement à l'action électrique de la lune sur l'atmosphère, c'est que son action positive, à l'époque du *changement*, est beaucoup plus puissante qu'à celle de la *pleine lune*; comme son *action négative*, à l'époque de la *seconde qua-*

drature, est beaucoup plus forte qu'à celle de la *première* ; les conséquences de cette circonstance, sont, que l'action positive de la lune sur l'atmosphère étant plus forte *au changement*, et sa négative plus forte à l'époque de la *quadrature* qui le précède, les *collisions* dans le corps de l'atmosphère, amenées par le changement d'action électrique qui a lieu en passant de la négative à la positive, dans le dernier quartier, les autres circonstances étant les mêmes, sont ordinairement suivies par un développement plus considérable de l'action électrique inverse, et par la pluie et les orages, etc., qu'elles produisent à cette époque du cours lunaire, c'est-à-dire, de l'équinoxe du printemps à celui d'automne, plus qu'en tout autre moment ; lorsque l'action électrique *positive* sur l'atmosphère est supérieure à la négative. Il en est de même de l'équinoxe d'automne à celui du printemps, lorsque l'ordre de l'occurrence de la condensation aqueuse, par rapport à l'action lunaire, *est interverti ;* mais plus particulièrement vers l'époque du solstice d'hiver, lorsque l'action électrique négative de la terre et de la lune sur l'atmosphère étant plus puissante, le plus grand développement de l'action électrique inverse a lieu dans le premier quartier de la lune. Cela est dû, dans les deux cas, aux collisions électriques dans l'atmosphère amenées par les changemens lunaires, par suite de l'approche de la plus puissante action lunaire, positive et négative, pendant la première époque ; et par suite de la plus puissante action positive de la lune, venant en collision avec la plus puissante action négative de la terre ; collisions qui , à ces époques opposées de l'année , produisent le plus abondamment l'action électrique inverse. La raison pour laquelle la condensation aqueuse est , ainsi que les phénomènes qui en dépendent, comme on l'a dit, plus puissamment développée dans le *premier* que dans le troisième quartier de la lune , pendant les périodes qui suivent le solstice d'hiver , paraît être que l'action positive de la lune , à l'époque de son *opposition*, n'étant pas suffisamment puissante pour détourner la prépondérance de l'action électrique négative de la terre . sur l'atmosphère , en créant la condensation aqueuse dans son corps , d'après la force supérieure de l'action positive de la lune au *changement* ; c'est cette action , comme je l'ai dit, à la dernière époque , plutôt qu'à celle de la pleine lune, qui, dans le premier quartier, pendant cette prépondérance de l'action négative de la terre, donne lieu ordinairement au développement le plus considérable de la condensation aqueuse, ainsi qu'aux phénomènes plus violens qu'elle produit.

La cause qui fait que l'action positive de la lune sur l'atmosphère est plus puissante au changement qu'à l'époque de la pleine lune , paraît être son plus grand rapprochement du soleil conjointement avec la terre , à la première de ces époques. En effet , comme l'action du soleil augmente nécessairement en forces , à proportion de son plus grand rapprochement , et décroît en raison du plus grand éloignement de son foyer , il est aisé de concevoir que cette différence de distance du soleil, comme celle du diamètre de l'orbite lunaire, doit produire un effet sensiblement plus grand dans l'action lunaire sur l'atmosphère, sinon sur les marées au moment du *changement*, qu'à l'époque de la pleine lune. D'un autre côté, comme il est de la nature des forces électriques opposées du soleil, de la terre et de la lune, que ce qui s'enlève à l'action de l'une, s'ajoute au même degré à la force opposée, et comme l'action positive de la lune est reconnue plus faible à l'époque de son opposition qu'à celle de sa conjonction ; — il s'ensuit que ce que l'action positive de la lune perd en force à l'époque de son opposition, s'ajoute en plus à celle de son action négative dans le quartier suivant ; ce qui explique pourquoi l'action négative de la lune est plus forte à l'époque de la seconde, qu'à celle de la première quadrature lunaire. L'exactitude de la proposition établie ici, indépendamment des effets qu'elle produit sur la condensation aqueuse, etc., est suffisamment démontrée sur la température à certaines saisons de l'année, particulièrement à celle de son plus bas degré annuel ; comme la force supérieure de l'action positive de la lune, au changement, sur celle de son action à la pleine lune, est également prouvée sur la température à certaines saisons, particulièrement à celle de son plus haut degré annuel, comme on l'a dit dans le précédent chapitre.

En résumé, les changemens *mineurs* annuels dans l'action électrique positive du soleil et de la terre sur l'atmosphère, commencent aux époques de l'équinoxe de printemps, les *majeurs* au solstice d'été, et les époques des changemens *mineurs* annuels dans l'action électrique négative de la terre sur l'atmosphère, commencent à l'équinoxe d'automne, — les *majeurs* au solstice d'hiver. Ainsi l'on observera que le même genre de progression qui survient dans les révolutions diurnes de l'action électrique sur l'atmosphère, gouverne celles des lunaires et annuelles, de telle sorte qu'il existe constamment entre elles une stricte analogie.

D'après les données précédentes, on reconnaîtra, d'autant que l'action électrique inverse dans l'atmosphère dépend du principe de *collision*, et que le degré de cette collision électrique dans son corps dépend de celui du changement d'action électrique qui l'a produit, que l'action inverse, amenée par les changemens *mineurs* diurne ou lunaire, doit être moins puissante que celles amenées par les *majeurs;* ainsi l'action inverse électrique, causée par l'action positive *diurne* du soleil et de la terre, doit être moins puissante du lever du soleil à midi, que de midi aux approches de la nuit. Ainsi l'action inverse, amenée par l'action négative de la terre dans les cercles diurnes, doit être moins puissante du coucher du soleil à minuit, que de ce moment au point du jour; — l'action inverse, amenée par l'action positive de la lune, doit être plus faible depuis les périodes *intercalaires* qui précèdent la pleine et la nouvelle lune, que de ces dernières époques à celles des intercalaires qui suivent; l'action inverse électrique, amenée par l'action négative de la lune, doit être plus faible à partir des époques *intercalaires* des *premier* et *troisième* quartiers, aux époques des *quadratures* suivantes, que de ces dernières époques aux intercalaires qui suivent.

Ainsi l'on peut remarquer de même que dans les divisions d'action électrique positive ou négative sur la température diurne, lunaire ou annuelle, l'action la plus puissante des forces électriques primaires commence à l'époque des changemens *majeurs*, et que, *jusqu'à un certain point*, on trouvera qu'il existe une étroite analogie entre ces effets des grands changemens électriques sur la température et la condensation aqueuse. — Attendu que c'est dans ce *dernier* phénomène, ainsi que dans le précédent, que les changemens *majeurs* de l'action des forces primaires, soit diurnes, soit lunaires, et non les changemens *mineurs*, affectent plus puissamment la progression de l'action électrique inverse de l'atmosphère, dans laquelle la condensation aqueuse a sa source. Comme cependant il existe une différence entre les phénomènes produits par ces changemens *majeurs* d'action électrique, on trouvera que cette différence consiste en ce que, tandis que pour ce qui concerne la *température*, c'est l'action de la *force dominante* solaire ou planétaire dans le *cercle annuel* qui, dans les petits cercles diurnes et lunaires, agit le plus puissamment sur le principe de la *température*; c'est l'action de celle de ces forces qui est opposée ou *plus faible* sur l'atmosphère dans le cercle annuel qui, dans les cercles diurnes et lunaires, aux époques de ses changemens *majeurs*, produit *ordinairement* l'effet le plus puissant pour déterminer la condensation aqueuse : de-là résulte la loi relative à l'ordre d'accession des phénomènes produits par l'action lunaire ; c'est-à-dire que les collisions électriques dans l'atmosphère, amenées par les changemens lunaires, soit positifs, soit négatifs, lorsque les forces relatives de ses bases opposées se balancent presque l'une avec l'autre, ce qui a lieu vers l'époque des équinoxes, c'est-à-dire lorsque la température diurne est de 45 à 60 degrés de Farenheit, sont ordinairement suffisantes pour donner lieu à la condensation aqueuse dans son corps ; — mais en proportion que depuis le moment qui suit ces périodes, l'action de la force électrique prédominante acquiert un ascendant plus décidé sur celui de l'action opposée, — les changemens *mineurs* dans l'action lunaire, aux périodes *intercalaires*, diminuent de leur effet ordinaire de produire la condensation aqueuse ; attendu que ce n'est que les *grands* changemens dans l'action lunaire, aux périodes en question, qui sont susceptibles de produire cet effet. Cependant, postérieurement, lorsque l'action de la force primaire dominante a acquis un ascendant plus décidé sur l'action opposée, on s'apercevra que l'action lunaire produira des effets directement opposés sur les phénomènes de l'atmosphère, savoir : pendant la durée de cette *prédominance* de l'action solaire en été, l'action lunaire *du même nom* ou aux syzigies, accroîtra seule la température, comme les collisions amenées par les changemens lunaires des *quadratures* seront les seules qui donneront lieu à la condensation aqueuse, et *vice versâ*; attendu que ce sont seulement les changemens dans l'action positive de la lune, pendant une certaine période d'hiver, qui amènent le dernier phénomène; de même que l'action lunaire aux *quadratures*, à la même période, n'a d'autre effet que celui *d'abaisser* la température. L'action lunaire du *même nom* que celle de la force primaire dominante, est toujours liée avec le phénomène de la température; —tandis que l'action lunaire du même nom que celle de la *plus faible* des forces primaires, est celle qui produit plus particulièrement la condensation aqueuse.

Il est nécessaire de remarquer cependant que, vers les périodes des *solstices*, tandis que l'action de la force primaire dominante, à cette époque, approche de la période de son plus haut degré; et, que, comme *il arrive fréquemment*, les collisions électriques, amenées par les changemens dans l'*action commençante* de la lune, qui est d'un *nom opposé* à celui de la force dominante, sont celles qui amènent le concours de l'action électrique inverse; et par suite des degrés extrêmes de *contraste* qui, à ces époques, existent entre l'action des forces électriques opposées ainsi produites, les phénomènes qui en résultent sont beaucoup plus puissans. De même que l'action *directe* et *inverse* des forces primaires, soit sur la température, soit sur les autres phénomènes de l'atmosphère , est toujours *directement opposée dans ses effets;* il en résulte que, lorsque dans les circonstances précitées, la condensation aqueuse a lieu, les phénomènes d'orage, etc. , qu'elle produit, sont ceux contre lesquels on doit le *plus chercher à se garantir*, parce que les effets en sont plus violens et plus terribles. De même que, par la rapidité de la progression amenée de cette manière, la condensation aqueuse et les phénomènes qui l'accompagnent ont bientôt atteint leur plus haut degré et promptement épuisé leurs forces ; l'équilibre détruit dans la partie de l'atmosphère où ils ont lieu est bientôt rétabli ; — pendant le reste de l'*action lunaire du même nom sur l'atmosphère*, le retour de pareils phénomènes dans cette région n'est plus à craindre. Mais, au lieu de ces derniers, l'action *positive directe* de la lune en hiver, de même que son *action négative* en été, affecte sensiblement la température, —l'*avançant* progressivement, en hiver, jusqu'à l'expiration de cette action positive ; et en été, l'*abaissant* jusqu'à l'expiration de la négative. Un exemple frappant de ce renversement dans l'ordre d'accession de la condensation aqueuse, considérée comme liée à l'action lunaire, eut lieu dans la nuit du 24 novembre 1829, après un court intervalle de *grande gelée, deux jours* avant la *nouvelle lune*. La tempête qu'il amena en Angleterre couvrit les bords de la mer de débris, ainsi que le rapportèrent les journaux de l'époque. L'action positive du reste de la lune, jointe à un ciel serein, produisit une élévation marquée sur la température.

Par conséquent, on observera que les époques de l'année où la condensation aqueuse croît en force, avec la progression des marées lunaires qui lui donnent lieu, jusqu'au moment de leur terminaison, sont ces *périodes de transition* qui, depuis le moment des degrés extrêmes opposés de la température annuelle, se prolongent presque jusqu'aux solstices suivans, avant que l'action de la force primaire dominante ait encore développé sur la température son action la plus puissante.

L'importance qui s'attache à la connaissance exacte de l'ordre d'accession du plus haut degré de la *classe violente* des phénomènes produits par l'action lunaire, en amenant la condensation aqueuse, pendant ces *périodes de transition,* mais plus particulièrement ce qui concerne le *développement des phénomènes équinoxiaux* de l'atmosphère qui, à cette époque, causent de si affreux ravages sur mer, par suite de l'ignorance de ces lois, m'engagent à citer en preuve de mon assertion les faits *récens* qui suivent : ces faits appartiennent au terrible ouragan accompagné de tonnerre et de neige, pendant lequel périt, assura-t-on, un bâtiment américain avec tout son équipage. Cette tempête, que j'eus occasion d'observer, eut lieu dans la Manche, dans la nuit du 7 octobre 1829 et le lendemain, qui était la fin de la *marée lunaire négative* de la première quadrature, qui avait eu lieu le 5 de ce mois. Je citerai encore l'ouragan de

la Baltique, dont le *Morning Chronicle* du 19 avril
i83o , parlait en ces termes : « Une lettre de Co-
rolinevyzl, du 6 avril, dit que, le 3 et le 4 courant,
quatorze bâtimens se sont perdus entre Langeroog
et New-Brek , et l'on ajoute avec tous leurs équi-
pages. » C'était la fin de la marée lunaire négative
de la *première quadrature* du 31 mars. Un vent
violent , accompagné de tonnerres , les premiers
de la saison , et de pluie , s'éleva à Londres dans
la soirée du 19 avril i83o , et continua pendant la
nuit et le jour suivant. C'était la fin de la marée lunaire négative de la *seconde quadrature* , qui avait
eu lieu le 16 de ce mois.

Des détails ultérieurs sur les pertes de bâtimens ,
de maisons, de troupeaux, causées par l'orage de
la nuit du 3 avril , parurent dans le *Times* et le
Morning Herald du 28 avril i83o.

Ici se termine cependant toute analogie entre les
effets plus puissans pour amener la condensation
aqueuse de l'atmosphère , produite par les changemens *majeurs* électriques , diurnes et lunaires, sur
ceux amenés par les *mineurs,* avec ceux des changemens annuels dans les forces primaires du soleil et
de la terre ; attendu que ce sont seulement les petits
changemens annuels dans l'action du soleil et de
la terre qui peuvent avoir quelque influence sur
la condensation aqueuse. Les grands changemens
dans l'action de chacune de ces forces primaires qui
commencent aux périodes des solstices opposés,
étant ceux qui déterminent les degrés extrêmes annuels de chaleur et de froid dans l'atmosphère , et

par conséquent , étant trop directs et trop puissans dans leur action sur l'atmosphère pour avoir aucune liaison avec ces changemens qui amènent l'action électrique inverse, dans laquelle la condensation aqueuse a sa source. L'action inverse des bases électriques de l'atmosphère, pendant ces périodes de l'action extrême des forces électriques opposées, toutes les fois qu'elle a lieu, étant un effet des collisions amenées par les changemens dans l'action lunaire, qui , *dans ce moment ,* comme on l'a dit, est en opposition avec celle de la force primaire dominante.

Par l'autre principe , qui , conjointement avec celui de la collision , détermine le degré de force avec lequel la condensation aqueuse dans l'atmosphère s'accomplit , lorsqu'elle est commencée, c'est-à-dire le *contraste ,* il faut entendre la *disparité* existant entre les forces des bases électriques opposées dans ses régions opposées. Car , plus la somme de cette disparité ou contraste relatif de force entre ces bases électriques est forte , pourvu que les collisions amenées par les changemens lunaires soient capables de créer leur action inverse , plus cette action sera puissante , plus la condensation aqueuse qu'elle amène s'opérera rapidement, et plus violens seront les phénomènes de l'atmosphère qui l'accompagneront , et *vice versâ;* en exceptant toujours les périodes des équinoxes De même, plus les forces relatives de ces bases opposées de l'atmosphère se balanceront également l'une avec l'autre à l'époque de la condensation aqueuse, — plus faible

sera le degré de sa force dans les circonstances ordinaires ; plus lente sera sa progression ; et par
conséquent les phénomènes atmosphériques auxquels elle donne lieu seront moins considérables ;
attendu que la force relative de ces bases , dans les
régions opposées de l'atmosphère, comme on l'a vu,
dépendent toujours de celle de l'action des forces
électriques primaires opposées à cette époque.

Pour prouver l'exactitude de ces assertions , il
suffit de rappeler les différens degrés de force et de
rapidité avec lesquels la formation de l'eau s'accomplit dans l'atmosphère , vers les époques des
extrêmes opposés de chaud et de froid , comparativement à ce qu'elle est dans d'autres momens éloignés de ceux-ci et lorsque la température est modérée ; ainsi que ce qu'elle est dans les régions inter-tropicales , comparativement aux latitudes plus
élevées : effets qui sont dus au plus grand degré de
contraste qui , sous le ciel des tropiques , existe
entre les forces relatives des bases solaires et terrestres de l'atmosphère.

Cet effet résultant du principe de *contraste* entre
les forces relatives de ses bases électriques opposées sur la condensation aqueuse , peut aisément
s'expliquer ; puisque plus grande est la prépondérance de force que chaque base a dans la région de
l'atmosphère où la condensation aqueuse a lieu ,
à l'époque où la force opposée entre en collision
électrique avec elle , plus grande nécessairement
doit être la force de *l'action d'incorporation* exercée par la base plus puissante sur la plus faible , —

l'action inverse du pôle électrique de la base prépondérante sur la base plus faible, augmentant
géométriquement la force de l'action par laquelle
elles sont ainsi de nouveau incorporées.

Nous devons à la seconde loi d'action électrique
dans l'atmosphère, citée plus haut, *de converger
vers* un foyer, la connaissance des effets produits
sur l'action inverse des pôles de ses bases aériformes
opposées, uniquement par le principe de *collision*
électrique, dans les phénomènes qui ont lieu à
l'époque des équinoxes ; car, comme le degré de
force avec lequel, dans les circonstances ordinaires, l'action électrique inverse procède dans
l'atmosphère, dépend du degré du *contraste* relatif
qui, à l'époque de son arrivée, existe entre les forces de ses bases opposées : de même à l'époque des
équinoxes, quoiqu'il y ait à cet égard quelque différence, ainsi qu'on le fera remarquer plus tard,
les bases électriques opposées dans le corps de l'atmosphère, dans ses diverses régions, se balancent
mieux dans leurs forces relatives l'une avec l'autre,
qu'à aucune autre époque de l'année ; et c'est à ces
périodes aussi que l'action des forces électriques
primaires du soleil et de la terre sur l'atmosphère
sont également balancées dans les hémisphères
opposés.

Sans cette loi de l'action électrique dans l'atmosphère de tendre vers un foyer, ainsi que les effets
qui en dépendent, et qui résultent d'un changement ou renversement du foyer principal de l'action électrique négative de la terre, à l'époque des

équinoxes, de l'une de ses extrémités à l'autre, comme il a été dit, le corps de l'atmosphère jouirait, en général, d'une sérénité beaucoup plus grande à ces époques qu'à toute autre. Cependant, par suite des transitions amenées par les changemens dans la position relative des hémisphères opposés de la terre à l'action solaire qui, à l'époque des équinoxes, ont lieu dans l'action d'un pouvoir d'une telle étendue sur l'atmosphère, par sa proximité, et si général dans ses opérations, que le foyer de la force électrique négative de la terre, même aux époques où, par un rapprochement à une égalité qui existe entre les forces de ses bases électriques opposées, l'atmosphère est moins susceptible d'être violemment agitée par les phénomènes dépendans de la formation de l'eau dans son corps, il résulte les effets produits par les collisions électriques ; collisions amenées par le renversement dans la position du foyer de l'action électrique négative, et qui sont causes que ces périodes sont plus remarquables que toute autre époque de l'année, pour la violence des phénomènes atmosphériques. Nous ne trouverons point extraordinaire que ces effets soient tels, en considérant que, par ces changemens dans le foyer principal de l'action électrique négative de la terre, les relations qui, depuis l'époque des précédens équinoxes, existaient entre les masses des bases électriques opposées de l'atmosphère, *sont par là renversées dans tout l'ensemble de son corps.* Ces changemens de direction dans l'action de cette force, amènent avec eux des collisions de même degré de force et aussi étendues dans leur action , que celles des causes qui les ont produites (1).

Il est une autre circonstance qui vient à l'appui de l'exactitude de cette théorie des phénomènes équinoxiaux de l'atmosphère. Supposons qu'ils ont leur source exclusivement dans les collisions électriques, dans son corps, amenées par les changemens dans la position du foyer principal électrique négatif de la terre à ces époques; c'est que la première région de l'atmosphère qui, par ses phénomènes , répond à ces changemens, dans la direction de l'action néga-tive de la terre , est celle qui constitue le grand dé-pôt de sa base terrestre, c'est-à-dire *sa région supé-rieure*. Les premiers phénomènes produits par ce renversement de l'action électrique négative de la terre, sont les *aurores boréales* dans l'hémisphère septentrional , et *australes* dans le méridional. Ces phénomènes, dans les latitudes plus élevées des deux hémisphères , précèdent ordinairement de dix ou quatorze jours les temps d'orages qui les sui-

---

(1) Il est une superstition juive qu'il est bon de remarquer et qui remonte à la plus haute antiquité. Elle consistait à « couvrir les citernes , à l'époque des équinoxes , dans la croyance qu'alors il tombe du firmament une goutte de sang, qui, sans cette précaution, eût détérioré et corrompu l'eau. » Elle prouve qu'à cette époque reculée du monde on pensait que *quelque chose hors du cours ordinaire* de la nature était lié aux phénomènes des équi-noxes.

vent (1), ainsi que j'aurai occasion de le dire plus positivement, lorsque je serai arrivé à ce sujet.

Les *aurores* étant les premiers effets visibles du renversement d'action électrique dans l'atmosphère, dont il a été question, sont encore remarquables sous un autre rapport, et comme liées aux temps d'orages qui leur succèdent; puisqu'il semblerait par là, que les phénomènes les plus violens de l'atmosphère commencent dans ses régions supérieures, d'où ils descendent graduellement jusqu'aux inférieures, croissant probablement en proportion de l'intervalle qui s'écoule entre leur formation dans la première région, et leur développement dans l'autre. On peut ajouter, comme conséquence ultérieure, que cette classe de phénomènes, semblables aux *aurores*, ont leur source dans l'action électrique négative de la lune ou de la terre, ou de l'une et de l'autre ensemble.

Ainsi, on observera que les plus puissantes collisions électriques dans l'atmosphère, auxquelles il soit exposé, sont celles qui tiennent au renversement du foyer principal de l'action négative de la terre, produit par les grands changemens semestriels, qui ont lieu dans l'action des forces primaires du soleil et de la terre; mais que, différentes des collisions produites par les changemens diurnes

---

(1) Cela n'a pas toujours lieu, ainsi qu'on en a eu la preuve en 1828, en Angleterre, où *l'aurore boréale* qui parut dans la nuit du 8 septembre, fut suivie à trois heures du matin par un violent orage.

et lunaires, elles ont leur source dans un *principe différent*. D'après les périodes de leur accession aux équinoxes, sans les changemens dans la position du foyer négatif de la terre; changemens dus, lors de ces époques, au rapprochement existant entre les forces relatives des bases électriques opposées de l'atmosphère : les changemens ordinaires dans l'action des forces primaires ne pourraient produire des collisions semblables dans son corps, et capables de produire sur le temps des effets aussi sensibles. Il est une autre circonstance, digne de toute notre admiration ; — comme les changemens périodiques dans la position du foyer principal négatif de la terre, doivent, comme une conséquence nécessaire, résulter des grands changemens périodiques dans l'action solaire, qui ont lieu tous les six mois sur ses hémisphères opposés, et que, comme les changemens diurnes et lunaires, ces renversemens de position, dans le foyer principal de l'action électrique négative de la terre, doivent produire dans l'atmosphère des collisions électriques d'autant plus puissantes que celles produites par la première, que la cause qui les produit est elle-même plus puissante: — c'est, que ces renversemens de position dans le foyer principal de la terre, qui amènent ces collisions électriques, aient lieu à des époques où leurs effets sur l'atmosphère produiraient *le moins de mal possible*. Car, si les collisions électriques dans l'atmosphère, produites par le renversement du foyer principal de l'action électrique négative de la terre, dont il a été question, avaient lieu seulement quand la coopération du principe de *contraste* dans les forces relatives des bases électriques opposées de l'atmosphère (semblables à celles amenées par les changemens lunaires, à d'autres époques de l'année), produirait sur ses phénomènes tous les effets dont elles sont susceptibles , — il est aisé de concevoir les fatales conséquences qui s'ensuivraient , en jugeant d'après l'effet que produisent ces collisions dans des circonstances opposées.

D'après les observations précédentes, relatives à l'influence exercée respectivement sur la condensation aqueuse par les principes de *collision* et de *contraste*, il résultera que les divers degrés de force avec lesquels , dans différentes saisons, et différens climats , cette condensation s'effectue (toujours en exceptant les équinoxes) , dépendent de la combinaison qui, à cette époque, existe entre ces principes dans la région de l'atmosphère où la condensation a lieu.—Une coopération puissante des principes de collision et de contraste étant nécessaire pour sa production , afin d'amener le développement de l'action électrique inverse , où elle puise toute l'énergie dont elle est susceptible ; car, là où le *contraste* entre les forces relatives des bases électriques opposées de l'atmosphère (toujours indiqué par la température) est grand , les *collisions* par lesquelles l'équilibre de son repos peut être troublé, de manière à donner lieu à leur action inverse, doivent être nécessairement considérables ; des *collisions faibles,* en pareilles circonstances , ne pouvant produire de tels effets.

Ainsi, en jetant un coup-d'œil sur les échelles opposées de température qui se prolongent de l'un à l'autre équinoxe jusqu'aux approches des solstices, nous remarquerons, qu'ainsi qu'on l'a vu, à proportion que les forces des bases électriques opposées dont elle est composée, se balancent mieux mutuellement, les collisions dans l'atmosphère, amenées par les changemens d'action électrique dans ses cercles diurnes, ramènent mutuellement leur action inverse, quoiqu'à un degré peu considérable pendant ces saisons; mais qu'après ces époques, à proportion que la force prépondérante de la base dominante acquiert de la consistance, ces collisions diurnes produisent des effets moins sensibles, jusqu'à ce qu'enfin, à mesure que la base dominante continue à augmenter en force, les collisions diurnes se confondent avec les lunaires, et n'ont bientôt plus d'influence sur la condensation aqueuse. De même, si nous suivons ces échelles de température, depuis les solstices jusqu'aux périodes des degrés extrêmes annuels opposés de chaleur et de froid, qui ont lieu à des intervalles plus ou moins éloignés de ses périodes, suivant la latitude des lieux et les variations des saisons elles-mêmes, nous trouverons que les effets d'abord produits sur la condensation aqueuse, par les collisions amenées par les changemens lunaires, diminuent graduellement, à mesure que la force de l'une et l'autre base, à ces époques opposées de l'année, approche de ses degrés extrêmes annuels, jusqu'à ce que, par

suite du plus grand ascendant de la force dominante du moment, les changemens lunaires, pour
ce qui a rapport à la condensation aqueuse, comme
les changemens diurnes auparavant, s'étendent
sur le cercle annuel, et disparaissent définitivement, laissant à l'action prépondérante des forces primaires du soleil et de la terre sur l'atmosphère, à ces époques opposées de l'année, une
domination incontestée. Aussitôt cependant que
ces plus hauts degrés annuels opposés dans l'action
des forces de la température se sont écoulés, et
qu'avec l'accroissement graduel dans l'action de
leurs forces opposées, un changement de température a lieu, l'effet des collisions amenées par les
cercles lunaires d'action électrique, en donnant
lieu à la condensation aqueuse, redevient sensible,
et à leur tour, à des distances plus éloignées, ceux
aussi des diurnes ; à proportion que l'égalité naissante des forces des bases électriques opposées de
l'atmosphère se rapprochent davantage d'une balance exacte,—démontrant ainsi les principes qui,
pendant tout le cours de l'année, président à ce
phénomène.

Il est à peine nécessaire d'ajouter que les époques auxquelles les effets des collisions diurnes sur
la condensation aqueuse donnent lieu aux lunaires,
comme les lunaires à celles des forces primaires respectives du soleil et de la terre, de la manière indiquée, varient en raison des latitudes et des localités : l'effet des collisions diurnes et lunaires étant
plus long-temps sensible dans *la zône tempérée*

de chaque hémisphère, parce que l'action prépondérante de chaque force sur la température, y est suspendue plus long-temps que dans les zônes torride ou polaire. De même, ces effets disparaissent plus tôt, en raison de la proximité des lieux avec les foyers opposés de ces forces, par suite de la prépondérance plus précoce dans l'action de chacune, au voisinage de son foyer principal. Ainsi, *après l'équinoxe de printemps,* les effets des collisions diurnes et lunaires sur la condensation aqueuse, disparaissent plus tôt, *dans les régions inter-tropicales, comme après l'équinoxe d'automne, dans les polaires.* Ces effets des collisions *mineures,* les autres circonstances étant les mêmes, sont également plus long-temps sensibles pendant l'été *dans les pays de montagnes,* et pendant l'hiver, *au voisinage de la mer,* que partout ailleurs ; à cause de l'influence que les premières de ces localités exercent, *en abaissant,* et que les autres effectuent *en élevant la température* de l'atmosphère dans les saisons opposées.

L'existence de la base calorifique ou solaire de l'atmosphère, dans la *condensation calorifique* de la région inférieure, en même temps qu'elle produit le phénomène de la chaleur, peut être également regardée comme la source de ses autres phénomènes ; attendu que, par suite de son absence (si toutefois il était possible de la faire disparaître entièrement de l'atmosphère), nous verrions des gelées éternelles et un ciel invariable ; et comme c'est la différence dans la somme des forces avec lesquelles la base solaire existe dans la condensation calorifique qui détermine celle que l'on observe dans la température moyenne diurne de l'atmosphère ; de même aussi c'est aux variations dans la dernière, résultant de celles dans la force de l'action solaire qui tient au changement des saisons, à la différence de latitudes et de localités, qu'on doit attribuer les effets, en apparence contradictoires, de l'action lunaire, sur la création de la condensation aqueuse, quand elle a lieu. Pour se faire une idée de cette circonstance, il suffit de remarquer que, pendant le mois précédant le solstice d'été, qui, en Angleterre, en France, et autres pays sous les mêmes latitudes, est en général remarquable par la fréquence des orages accompagnés de tonnerre ; ces phénomènes, pendant l'été, sont reconnus provenir des collisions atmosphériques, qu'amènent les changemens lunaires *aux quadratures*. Ainsi, si cette théorie de l'origine des orages accompagnés de tonnerre, à cette époque de l'été, est la véritable, ils doivent seulement avoir lieu à l'époque ou immédiatement après les changemens dans l'action négative de la lune, c'est-à-dire aux périodes *intercalaires* dans les premier et troisième quartiers, ou aux *quadratures* lunaires. Certainement, cet ordre d'apparition de ces orages se trouvera être exact, dans les parties de ces pays où ils commencent à se manifester, c'est-à-dire dans *l'intérieur*, où, sur toute l'étendue des lieux, la condensation calorifique, au commencement de l'été, acquiert d'abord de la force.

Mais pendant ce mois qui précède le solstice, même dans *le sud* de la France, où, par sa position, la température semble devoir être plus élevée que celle plus au nord ; dans les montagnes des Alpes et des Pyrénées, ces orages, au commencement de l'été, ont lieu, assez fréquemment, pour la première fois, aux *syzigies* lunaires, ou immédiatement après ; ce qui entraînerait une contradiction dans l'ordre de leur apparition, comme on l'a dit. Cependant, en examinant *l'état de la température*, à cette époque, dans ces localités opposées, on aura l'explication de cette contradiction apparente ; la température, dans les plaines, étant en effet souvent de 40 degrés (*Farenheit*) plus élevée que celle des montagnes. Dans ces régions, voisines de celles de l'atmosphère, l'action positive du soleil est la force prépondérante, et en même temps l'action électrique négative de la terre, à cause de l'élévation de ses montagnes, continue à être la force prépondérante sur l'atmosphère, quoique située au sud des montagnes. Ainsi, quoique ce soient les collisions produites par les changemens dans *l'action négative* de la lune, qui, dans les premières de ces localités, ou les plaines, à cette saison, donnent lieu d'abord aux orages accompagnés de tonnerre ; quoique ce soient les collisions produites par les changemens dans *l'action positive* de la lune aux syzigies qui, à des époques subséquentes, donnent d'abord lieu à ces phénomènes dans les pays de montagnes, cette dernière circonstance, par suite des effets sur la température, produits par les montagnes,

n'offre pas une exception à l'ordre de leur apparition, relativement à l'action lunaire sur la première classe de localités, ainsi qu'on l'a avancé.
Dans les deux cas, ce sont *les collisions produites
par les changemens dans l'action de la plus faible* des forces électriques du moment, qui produisent ces orages.

De plus, il est admis comme une loi de l'action
électrique dans l'atmosphère, que, quel que soit
son mode, *elle converge toujours vers un foyer* où
sa force étant concentrée, elle est nécessairement
plus grande. Comme cette convergence entraîne
une direction à un point particulier, et que les
convergences de l'action électrique dans laquelle
les orages, à cette époque de l'été, prennent leur
source, n'arrivent point ensemble, et à la même
époque, dans l'étendue intérieure de ces contrées,
et dans les régions montagneuses en question ; mais
qu'elles commencent dans les premières de ces localités, aux époques des changemens dans l'action
négative de la lune ; tandis que, dans les autres
localités, l'atmosphère demeure tranquille ; et comme
subséquemment, à l'époque des syzigies lunaires,
ces régions montagneuses deviennent le théâtre de
ces orages, tandis que l'atmosphère des autres localités n'est obscurcie par aucun nuage ; il en résulte
que, puisque ces phénomènes sont reconnus avoir
leur source dans les collisions électriques de l'atmosphère, amenées par les changemens lunaires, — *la
direction* de la convergence électrique amenée par
là, à ces époques opposées de l'action lunaire, pour

ce qui regarde le principe de la température de ces régions, paraît *être directement opposée l'une à l'autre*. Les convergences électriques qui donnent ainsi lieu aux orages mêlés de tonnerre, aux époques des changemens dans l'action négative de la lune, prennent leur direction dans la région de l'atmosphère où elles ont lieu, *de la partie où la température est la plus basse, à celle où elle a atteint son plus haut degré*, ou dans la direction du *foyer local* de la condensation calorifique dans ces régions ; tandis que les convergences électriques, amenées par les changemens dans l'action positive de la lune, à l'époque des *syzigies*, qui, dans cette saison, produisent les orages *dans les pays montagneux*, paraissent commencer dans le voisinage de ces foyers locaux de condensation calorifique dans les régions voisines, d'où elles se dirigent vers le premier, où l'action électrique négative sur l'atmosphère conserve encore une prépondérance comparative. La concentration de ces convergences électriques, soit qu'elles soient dues aux changemens *négatifs* ou *positifs* de l'action lunaire, est cause que leurs explosions, ou derniers effets, ont lieu dans le voisinage de ces foyers opposés des forces électriques positives et négatives, dans ces régions.

Cette particularité de direction dans ces convergences électriques, causée par les modes opposés de l'action lunaire, n'est pas seulement curieuse par rapport à la science ; mais elle est importante quant à ses effets. Car, comme dans le commencement de l'été, toutes les autres circonstances étant les mêmes, à cause de la supériorité du pouvoir réflectif de la surface qu'elles présentent à l'action solaire, sur celles des contrées découvertes du voisinage, *la température des villes*, et particulièrement de celles qui sont plus étendues, est ordinairement plus élevée de quelques degrés, que celle des pays environnans. Il en résulte que, lorsque, à cette saison, les collisions produites par les changemens lunaires aux quadratures, amènent des orages mêlés de tonnerre, dans leur voisinage; les convergences électriques dont ils sont l'effet, prenant la direction de ces *foyers locaux* de la condensation calorifique, sont cause que ces orages tombent plus fréquemment sur ces villes que partout ailleurs. C'est à cette circonstance que l'on doit attribuer les accidens causés si fréquemment dans les villes, par le tonnerre.

Il n'est peut-être pas inutile d'ajouter que, depuis l'élévation de la température qui a lieu après l'équinoxe de printemps, les *collisions* produites par les changemens diurnes dans l'action des forces primaires du soleil et de la terre, sur l'atmosphère, cessent bientôt d'avoir aucun effet sur la condensation aqueuse; et que de là au solstice d'été, l'action électrique positive du soleil sur l'atmosphère, augmente de force sans interruption; ce qui, sans le concours de l'action de quelque autre pouvoir, ne tendrait qu'à accroître progressivement la température; c'est-à-dire que, sans l'intervention de l'action lunaire à cette époque, il ne pourrait y avoir ni pluie, ni changement, autre que celui d'un accroissement de chaleur. Ainsi, les pluies qui ont lieu pendant cette période, étant exclusivement un effet de l'action lunaire sur l'atmosphère, nous mettent à même d'observer plus distinctement la nature et l'étendue de cette action, comme liée avec la condensation aqueuse, ainsi qu'avec les principes de la température.

Continuant nos observations sur cette partie du cercle annuel de l'action électrique, qui s'étend du solstice d'été à l'équinoxe d'automne, nous pourrons avoir des preuves plus concluantes encore que dans le quartier précédent, des principes qui gouvernent le phénomène de la *chaleur solaire* dans l'atmosphère, et qui écarteront tous les doutes relatifs à la connexion intime qui existe entre ces derniers principes et la condensation aqueuse. Car, sans cette connexion, et si le principe de la chaleur solaire n'était pas *moins un effet de la force existante de l'action solaire,* que celui de *l'incorporation et de la concentration de la base solaire de l'eau,* dans la condensation calorifique de l'atmosphère, amenée par l'obliquité de cette action ; de même que le déclin annuel de la température est moins un effet d'un déclin de forces dans l'action solaire, que celui de la réincorporation de cette base solaire de la condensation calorifique, subséquemment dans la condensation aqueuse, — avec la chute graduelle à cette saison dans la force de l'action solaire unie à l'élongation graduelle du soleil, d'une action plus verticale sur l'atmosphère et la contraction journalière qui a lieu

dans la durée de son séjour sur l'horison , circonstances dont cette diminution de forces de son action
est un effet ; la température de l'atmosphère, depuis l'époque du solstice d'été , au lieu de continuer
à augmenter pendant quelque temps, comme elle
fait, commencerait au contraire , et poursuivrait
son déclin annuel consécutivement , en raison proportionnée au déclin de force dans l'action solaire
qui commence alors.

Mais , quoique la température de l'atmosphère,
après l'époque du solstice d'été , aille pendant
quelque temps en augmentant , cette circonstance
n'empêche pas la force de l'action électrique négative de la terre sur l'atmosphère de commencer
à augmenter depuis la même époque : —cette augmentation dans la dernière action , allant de
pair avec la contraction de la longueur des jours,
et l'accroissement de la longueur des nuits qui en
résulte. Et comme cette augmentation de température ou de force, dans la base calorifique de
l'atmosphère d'un côté , et de force dans l'action
électrique négative de la terre de l'autre , continuent à cette saison à avancer mutuellement
pendant quelque temps , — la première ayant pour
effet d'accroître le degré de *contraste* entre les
forces relatives des bases aériformes opposées du
soleil et de la terre dans l'atmosphère , et la dernière , le *degré des collisions* à l'époque des changemens dans l'action négative de la lune ; il en
résulte, dis-je , que cette partie de l'année est
celle pendant laquelle ont lieu les plus violens

ouragans, y compris ceux des Antilles, et que
l'on peut désigner spécialement la *saison des ora-*
ges ; ce qui a lieu par suite de la coopération entre
les principes de *contraste* et de *collision* dans la
production de la condensation aqueuse , qui est
plus grande alors , qu'à aucune autre saison de l'année ; et établissant ainsi *par des faits* l'exactitude
de mes assertions, non seulement pour ce qui regarde le principe de la chaleur solaire dans l'atmosphère , et la connexion qui existe entre ce principe
et la condensation aqueuse ; mais encore que les
divers degrés de force et de rapidité avec lesquels ,
dans toutes les circonstances (les époques des équinoxes exceptées) , les progrès de la condensation
aqueuse dépendent des variations qui surviennent
dans l'action combinée de ces principes dans sa
production.

Mais comme l'élévation de la température qui a
lieu après le solstice d'été, a ordinairement pour effet
de confiner ces tempêtes aux régions montagneuses,
et à celles qui sont voisines de la mer, à cause de l'at-
ténuation, comparativement plus grande de l'atmosphère pendant les chaleurs de l'été, dans ces sortes de localités comme placées en contraste avec celle
des plaines et de l'intérieur des continens, et leur facilité plus grande de répondre, par la condensation
aqueuse, aux collisions électriques amenées par les
changemens lunaires, il en résulte heureusement
que le théâtre de ces orages les plus violens à cette
saison , se borne ordinairement aux régions montagneuses et au voisinage de la mer ; les autres

sortes de localités (les plaines) en étant comparativement exemptes.

De plus, comme ce sont les collisions entre les pôles opposés dans le corps de l'atmosphère, produites par les changemens dans l'action électrique de la lune, *positive* ou *négative*, qui, à cette époque, est en conjonction avec celle de la *plus faible* des forces électriques primaires du soleil et de la terre, dans lesquelles il est reconnu que la condensation aqueuse prend sa source ; il en résulte, comme on l'a déjà dit, que l'*ordre d'occurrence* de la condensation aqueuse ou pluie, de l'équinoxe du printemps à l'équinoxe d'automne, ou pendant la prédominance de l'action positive du soleil, sur l'action négative de la terre sur l'atmosphère, a lieu pendant les intervalles de l'action négative de la lune ; c'est-à-dire, depuis l'époque des *intercalaires*, dans les *premier* et *troisième* quartiers, à celle des *intercalaires* dans les *second* et *dernier* quartiers de la lune. Comme une conséquence de ce qui précède, l'*ordre d'occurrence du beau temps*, pendant cette partie de l'année, a lieu depuis les périodes des *intercalaires* dans les *second* et *dernier* quartiers, à celles des mêmes périodes dans les *troisième* et *premier* quartiers de la lune.

Les époques précises, cependant, auxquelles ces collisions atmosphériques amenées par les changemens dans l'action négative de la lune, pendant l'été, produisent leur effet, en donnant lieu à la condensation aqueuse, *dépendent du degré moyen diurne* de température dans les régions où elles ont lieu, attendu que c'est ce degré qui détermine la force existante à laquelle la *condensation calorifique* a atteint dans sa région inférieure ; de même que c'est en proportion de la plus grande hauteur à laquelle parvient la force de la dernière, que ces collisions sont plus lentes à produire leur effet, et *vice versâ*; car, plus ce degré moyen diurne de température est bas, dans quelque région que ce soit de l'atmosphère, à cette saison, plus tôt ces régions répondent par l'action inverse de leurs bases électriques opposées, à l'action commençante de ces collisions électriques.

Comme une preuve de ces assertions, on remarquera que dans les pays de montagnes, qui, pendant l'été, sont les premiers à répondre de cette manière aux collisions produites par les changemens lunaires, le commencement de l'action électrique inverse qui en résulte a lieu, assez fréquemment, le jour qui précède le changement *mineur* ou *majeur* de l'action négative de la lune, et précède ainsi de quelques heures les époques actuelles de ces changemens. Il est d'ailleurs digne d'observation que, pendant l'été, à cause de la force avec laquelle l'action électrique inverse dans l'atmosphère avance, elle produit ordinairement le phénomène du tonnerre, — qu'à l'époque des changemens *mineurs* de l'action négative de la lune dans les *premier* ou *troisième* quartiers, ou immédiatement après que l'effet naissant des collisions qu'ils amènent, produit dans les pays montagneux la condensation aqueuse accompagnée de tonnerre ;

qu'*avant la fin* du quartier lunaire de l'action électrique négative par laquelle de tels orages, dans ces
régions, sont ainsi produits de bonne heure, *un
développement plus puissant de phénomènes semblables, peut être prévu.* Or, ce développement
plus puissant des phénomènes du tonnerre, a lieu
assez fréquemment, non à l'époque des *grands*
changemens qui suivent les quadratures, mais aux
intercalaires suivans qui précèdent immédiatement
le commencement de l'action positive de la lune
dans les quartiers suivans.

Dans les localités d'un genre opposé aux précédentes, c'est-à-dire les *plaines* et les petites chaînes
de montagnes, l'action de ces collisions, en amenant la condensation aqueuse pendant l'été, est
plus tardive dans ses effets; puisque les orages et
les tonnerres, dans ces régions, ont rarement lieu,
dans cette saison, avant l'époque des *intercalaires,*
dans les *premier* et *troisième* quartiers lunaires,
ou les *quadratures* suivantes, mais généralement,
pendant les jours qui suivent ces dernières époques.

Dans les latitudes plus basses cependant (dans
lesquelles on peut comprendre le midi de l'Italie
et de l'Espagne), où, d'après la *consistance* que la
force de l'action solaire donne à la condensation calorifique pendant la dernière partie de l'été, que les
collisions amenées par les changemens dans l'action
négative de la lune sont, jusque vers la fin de la
saison, insuffisantes pour déranger son équilibre;
alors, dis-je, par suite de l'accroissement de la
longueur des nuits, les forces accumulées de l'ac

tion négative de la terre, venant en conjonction avec l'action négative de la lune, donnent enfin lieu à l'action inverse des bases électriques opposées de l'atmosphère dans ces latitudes, et après un long intervalle de sécheresse, il y a un commencement de condensation aqueuse : elle n'arrive rarement que vers l'époque de l'*intercalaire*, dans le *second* ou *dernier* quartier de la lune; étant à la fin de son action négative dans ces quartiers, — époque où, par suite de la concentration graduelle depuis les périodes des précédentes intercalaires, dans les *premier* et *troisième* quartiers, elle est nécessairement dans le maximum de sa force.

Il est assez inutile d'ajouter que lorsque, sous ces dernières circonstances, il y a un commencement de condensation aqueuse dans ces latitudes,— par suite des degrés extrêmes avec lesquels les principes de *contraste* et de *collision* coopèrent à sa création, la force et la rapidité de sa marche sont excessives; et que, par conséquent, elle produit les phénomènes atmosphériques les plus violens.

Après avoir ainsi jeté un coup-d'œil rapide sur la liaison qui existe entre le principe de la température et la condensation aqueuse, ainsi que sur la liaison subséquente qu'a l'ordre d'accession de cette dernière avec les changemens diurnes et lunaires de l'action électrique, pendant l'importante moitié du cercle annuel, où l'action positive du soleil sur l'atmosphère, domine l'action négative de la terre ; c'est-à-dire depuis l'équinoxe du printemps jusqu'à l'équinoxe d'automne, ou pendant cette partie de l'année, dans laquelle (par suite de la coopération des principes de *contraste* et de *collision* dans la création de la condensation aqueuse), ce phénomène engendre l'ouragan et la foudre; et, armé de puissance, descend du ciel, comme pour rappeler à l'homme présomptueux , par le déploiement de ses forces, sa faiblesse et sa nullité : — Poursuivant le cours de nos réflexions, nous devons maintenant examiner les causes des contrastes frappans qui, pendant la moitié opposée de ce cercle d'action électrique, marquent l'arrivée de la condensation aqueuse.

Ainsi, comme la partie qui se trouve entre le solstice d'été et l'équinoxe d'automne, n'est pas moins remarquable pour la force de ces orages soudains dont il est question , que pour les longs intervalles du temps le plus chaud et le plus serein de l'année , qui succèdent aux orages; de même , la période suivante, qui se trouve entre l'équinoxe d'automne et le solstice d'hiver, n'est pas moins remarquable par l'absence des orages et des tonnerres , que par la *fréquence de la pluie* et la courte durée du beau temps, qui signalent son cours.

Pour rendre raison de ce contraste dans les phénomènes de l'atmosphère pendant ces saisons, il faut se rappeler que l'existence de la base solaire ou calorifique de l'atmosphère, dans sa région inférieure , est indispensable pour amener la condensation aqueuse de la région qui se trouve au-dessus; que la condensation calorifique par laquelle cette

base est incorporée dans la région inférieure de
l'atmosphère, semblable à la force de l'action solaire sur cette atmosphère, dans chaque cercle
annuel de température, monte à un *maximum*,
comme de là elle descend à un *minimum* degré
de quantité et de force ; et que, par conséquent,
comme l'action solaire, la condensation calorifique
dans l'atmosphère, éprouve régulièrement une révolution annuelle : mais qu'au lieu du mouvement
ou de la force relative de la condensation calorifique dans sa révolution annuelle, marchant toujours de pair avec la force relative de l'action solaire à laquelle elle doit son existence ; la condensation calorifique, au contraire, *marche à une
grande distance en arrière de cette action*, — la
rétrogradation ou la neutralisation de la base aériforme de la condensation calorifique, dont dépend
le principe de ce qu'on appelle *chaleur solaire* dans
l'atmosphère, étant moins un effet de la diminution de force dans l'action solaire à la chute de
l'année, que celui de la fréquence de la condensation aqueuse pendant cette saison ; par laquelle
la base calorifique est transportée de la première
à la seconde condensation, dans la formation de
l'eau : et enfin que la puissance de l'action des
forces électriques primaires du soleil et de la terre,
sur l'atmosphère, est toujours en proportion exacte
avec celle du temps de leur durée, dans le cercle
diurne de leur mouvement.

Mais comme ces circonstances ne sont pas présentées peut-être d'une manière assez claire, et que

je les crois propres à donner une connaissance
exacte, non seulement de quelques points très essentiels liés avec une explication des contrastes
qui ont lieu dans l'ordre d'accession de la condensation aqueuse, relativement à l'action lunaire;
mais encore des circonstances qui tiennent à son
arrivée, dans les quartiers qui précèdent et qui suivent l'équinoxe d'automne, — la figure suivante
contribuera, j'espère, à donner de la clarté à mes
idées sur ce sujet, ainsi que sur d'autres particularités liées à l'action annuelle des forces électriques
primaires sur la température.

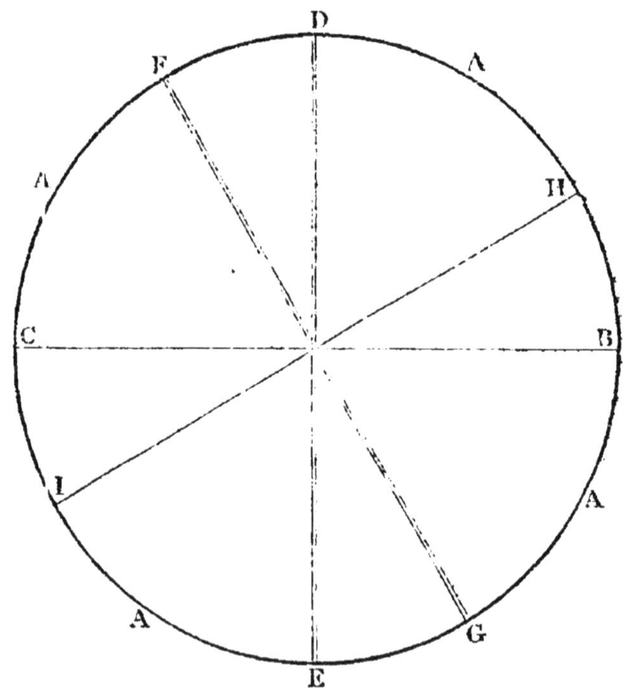

Supposons que le cercle A A A A représente celui
du mouvement annuel des forces électriques primaires du soleil et de la terre sur l'atmosphère,—la

ligne B C celle de l'équinoxe, lorsque, par suite de la longueur égale des jours et des nuits, l'action de chacune de ces forces primaires est exactement balancée avec celle de son opposée ; le point B étant l'équinoxe de printemps, et C celui d'automne. Supposons que la double ligne D E représente celle des solstices, le point D étant celui *d'été*, lorsque l'action électrique positive du soleil sur l'atmosphère est à son *maximum*, et l'action négative de la terre à son *minimum* de force : — que le point E soit celui du solstice *d'hiver*, lorsque l'action électrique négative de la terre sur l'atmosphère est à son maximum, et la positive du soleil à son minimum de force. Supposons que la double ligne F G représente celle des degrés extrêmes annuels opposés de la température atmosphérique ; le point F étant celui du plus haut degré annuel ou plus grande chaleur de l'été, et que le point G indique la période du plus bas degré annuel de température au plus grand froid de l'hiver. Supposons que la ligne H I qui coupe celle de la température à angles droits, représente les périodes opposées de l'année auxquelles les bases électriques opposées des forces primaires du soleil et de la terre dans l'atmosphère, sont balancées l'une avec l'autre.

Maintenant, un seul coup-d'œil sur la disposition de la ligne, dans ce cercle annuel d'action électrique, qui désigne les périodes des extrêmes degrés de la température atmosphérique (lorsque les forces respectives des bases aériformes opposées du soleil et de la terre dans l'atmosphère, ont atteint

leurs plus hauts degrés annuels), et celles des solstices (lorsque les actions respectives de ces forces
électriques primaires sur l'atmosphère ont atteint
leur plus haut degré), suffira pour montrer *la différence qui existe* entre le mouvement de ces forces
sur l'atmosphère, et celui de leurs bases aériformes
dans son corps. La plus haute action des premières
précède toujours de beaucoup, dans ce cercle annuel
de leur mouvement, celle de leurs bases aériformes,
de la manière précitée.

De plus, les espaces dans ce cercle annuel d'action électrique, compris entre les points **D F** et **E
G**, sont ceux dans lesquels les actions respectives
des forces opposées du soleil et de la terre à ces saisons opposées de l'année (par suite de l'accroissement graduel et concentration de leurs bases opposées, depuis l'époque des équinoxes opposés dans son
corps), exercent leur plus grande puissance, neu-
tralisant presque, pendant ce temps, *l'action opposée* de la lune, par la somme de leurs influences
respectives, qui dominent à ces saisons.—Le dernier
et le plus puissant effet de l'action positive du soleil
dans ce cercle annuel sur la température, ayant ordinairement lieu à l'extrémité de l'espace **D F**, au
point **F**, lorsque, comme il a été dit, l'action positive de la lune, vers l'époque de *l'intercalaire*
dans le premier quartier (époque où son action positive est la plus puissante), est combinée avec celle
du soleil, précédant immédiatement l'époque du
déclin annuel de force, dans la condensation calorifique. Cette coopération de la plus puissante action

positive de la lune avec celle du soleil, sur la base calorifique de l'atmosphère, produisant ordinairement le plus haut degré de température atmosphérique à cette époque. De même, d'un autre côté, dans l'espace E G, au point G, lorsque l'action négative de la terre est en conjonction avec celle de la lune, ordinairement à l'époque de la *seconde quadrature ,* (lorsque cette action est la plus puissante), cette coopération de l'action négative de la terre et de la lune, sur la base terrestre de l'atmosphère, à l'époque où sa plus grande force annuelle est sur le point de faire place, dans la région inférieure , à l'action commençante de la condensation calorifique, produit ses derniers et plus puissans effets , en abaissant la température; amenant par cette coopération de l'action négative terrestre et lunaire, le plus bas degré annuel de température, ou plus grand froid à cette époque.

Ensuite, les espaces dans ce cercle annuel, compris entre les points B H et C I, sont ceux dans lesquels ont lieu les *pluies , orages ,* etc., produits par les renversemens qui, à l'époque des équinoxes, ont lieu dans la position du principal foyer électrique négatif de la terre, en passant du pôle de *l'été* qui approche, à celui de l'hémisphère d'hiver suivant. Quelques-unes des plus fortes pluies de l'année étant ordinairement un effet des collisions électriques dans l'atmosphère , amenées par la coopération des changemens lunaires avec l'action de ces renversemens du foyer principal électrique de la terre ; mais plus particulièrement vers le point du cercle an nuel marqué **I**, à cause de *la plus grande abondance de sa base calorifique à* ce point, qu'à la période opposée, marquée **H**; et que la force de l'action électrique causée par le renversement du foyer négatif de la terre est à son maximum vers l'époque de sa fin. Il est également digne de remarque, que, quoique le changement semestriel dans l'ordre d'accession de la condensation aqueuse, par rapport à l'action lunaire, commence à l'époque des équinoxes, ce n'est que lorsque les effets sur les phénomènes de l'atmosphère produits par ces renversemens du foyer négatif de la terre, *sont passés*, que ces changemens, dans l'ordre d'accession de l'action lunaire, commencent à devenir sensibles;— l'opération de l'effet causé par le renversement du foyer négatif de la terre, se mêlant avec cet ordre pendant sa durée, et le dérangeant.

Enfin les espaces dans ce cercle annuel d'action électrique, compris entre les points **H C** et **I B**, sont ceux dans lesquels l'ordre d'accession de la condensation aqueuse et du beau temps, par rapport à l'action lunaire, comme on l'a déjà dit, est le plus remarquable : et, par suite de l'étroit rapprochement ou balancement de leurs forces opposées qui, à chaque époque, existe entre les bases électriques opposées de l'atmosphère dans son corps, — l'époque, dans ce cercle annuel d'action électrique, qui *précède immédiatement* le point **B**, et celle qui suit le point **I**, sont celles dans lesquelles l'action électrique *positive* de la lune à l'époque des *syzigies, en élevant la température de l'atmosphère,* de même que son action physique, *en élevant les marées ;* et de même aussi que l'action électrique *négative* de la lune, à l'époque des *quadratures, en abaissant la température,* comme son action physique en *abaissant les marées ,* sont plus sensibles.

Les époques auxquelles les *équinoxes* et les *solstices* ont lieu, étant suffisamment connues, et ces époques divisant l'année comme elles font, en parties ou quartiers,—la raison pour laquelle je n'ai pas marqué les mois sur le cercle annuel d'action électrique, qui représente l'année, est que, comme ces points cardinaux sont indiqués sur ce cercle, tous les points intermédiaires se placent si facilement, par rapport à ceux-ci, que cela m'a semblé inutile.

Mais en résumé, l'accession de la condensation aqueuse, comme liée à l'action lunaire, dans l'ordre précité, étant la plus simple, et en même temps la plus incontestable preuve de la vraie nature de l'action lunaire sur l'atmosphère, me paraît d'une telle importance, qu'avant d'aller plus loin pour mettre cette matière dans tout son jour, je crois devoir ajouter quelques observations à ce que j'ai dit.

Comme il est admis que l'ordre d'accession de la condensation aqueuse de l'époque de l'équinoxe de printemps à celle d'automne, a lieu pendant la période de l'action négative de la lune ; et celle de la dernière à la première époque, pendant l'action positive de la lune ; il est essentiel d'observer, sans atténuer, cependant, l'exactitude générale de l'une

ou de l'autre assertion, que cet ordre d'accession de
la condensation aqueuse , soit en été , soit en hiver , est rarement , sinon jamais, autre chose que
relatif, dans son application. Cette circonstance
provient des effets opposés sur la température , et
conséquemment de l'augmentation relative de la
somme de la base calorifique de l'atmosphère pendant l'été , causée par les montagnes ou les mers,
d'un côté ; de la classe opposée des *localités,* ou
par les plaines étendues parmi lesquelles on peut
comprendre les montagnes secondaires , d'autre
part : de même que , pendant l'hiver , les effets
opposés sur la température causés par les mers, sur
leur propre atmosphère et celle des régions voisines , de celle des continens ou régions éloignées
de la mer. En effet , lorsque les forces des bases
électriques opposées de l'atmosphère sont presque
balancées l'une avec l'autre, que les collisions entre
elles , causées par les changemens de l'action électrique diurne et lunaire, soit positive, soit négative,
suffisent pour produire la condensation aqueuse
dans son corps, il ne peut exister, pendant la durée
de cette approximation de forces entre ces bases ,
aucun ordre d'accession de la condensation aqueuse,
autre que celui des périodes respectives de ces changemens , mais plus particulièrement des changemens lunaires.

Lorsque, pendant l'été , l'action électrique positive du soleil sur l'atmosphère , est à son plus haut
degré de force , et par conséquent que ce sont les
collisions amenées par les changemens dans *l'action*

négative de la lune seulement, qui, selon l'ordre de son accession, comme je l'ai dit, donneraient lieu (comme c'est en général le cas) à la condensation aqueuse; nous voyons cependant que *la différence de peu de degrés de température* dans les régions voisines de l'atmosphère, produite par la présence des montagnes ou des mers, est parfois suffisante pour causer les collisions électriques produites par les changemens dans *l'action positive* de la lune, capables de donner lieu à la condensation aqueuse dans l'atmosphère des localités de cette dernière classe (1). Cette circonstance, comme je l'ai déjà dit, provient de la loi de *la convergence* électrique dans l'atmosphère, amenée par les changemens dans l'action positive de la lune, *prenant une direction opposée* à celles causées par les changemens dans son action négative; la première s'étendant des foyers locaux de la condensation calorifique, ou de la partie où la température moyenne

---

(1) Un exemple de cet effet des collisions électriques causées par les changemens dans *l'action positive* de la lune, eut lieu à Barèges, où je me trouvais alors, le 28 juin 1828, le lendemain de la pleine lune, où le changement dans l'action positive de la lune amena un orage suivi de tonnerres, le premier de la saison. Un autre exemple du même genre eut lieu au Havre, dans la matinée du 12 juillet 1828, époque de la *nouvelle lune,* où une ondée de neige, ainsi que le rapportèrent les journaux, fut amenée par le changement dans l'action positive de la lune. L'intérieur de la France, pendant ces deux époques, jouit d'un temps chaud et serein.

est la plus haute , dans une région quelconque de l'atmosphère , à la partie de la même région où la température est la plus basse; tandis qu'au contraire les *convergences* , produites par les changemens dans l'action négative de la lune , prennent une direction opposée à celles de ces régions , c'est-à-dire , de la partie de la région où la température moyenne est la plus basse , à celle où elle a atteint le plus haut degré.

Il résulte de là que , dans la partie qui suit l'équinoxe d'automne , même après que la balance entre les forces des bases électriques opposées de l'atmosphère est perdue , par suite du fréquent retour de la condensation aqueuse, et que le retour ordinaire de la pluie provient des collisions amenées par les changemens dans l'*action positive* de la lune , c'est-à-dire depuis l'époque de l'*intercalaire* dans les second et dernier quartiers , à ceux du troisième et premier ; — que pendant l'hiver , à cause des effets des mers , d'élever à cette époque la température de leur voisinage par la quantité de la base calorifique que leurs eaux émettent dans l'atmosphère , en raison de l'augmentation de force de l'action négative de la terre ; que , quoique les changemens dans l'action négative de la lune n'aient pas d'autre effet, dans l'intérieur des continens et îles , que celui d'accroître l'intensité du froid ; cependant , quelquefois , pendant cette saison , ces changemens dans l'action négative de la lune produisent la condensation aqueuse dans l'atmosphère de la mer et des régions voisines.

Ainsi, il paraît, quoique le fait soit en contradiction avec les règles générales de ce qui a lieu en été et en hiver, que des *causes locales* peuvent amener les collisions électriques produites par les changemens dans l'action positive de la lune dans la première saison, comme celles causées par les changemens de son action négative, pendant la seconde, qui donnent lieu à la condensation aqueuse ; par suite de ce que son accession, par rapport à l'action lunaire, est moins dépendante de l'état existant des forces relatives du soleil et de la terre à cette époque, *que de celui des forces relatives de leurs bases électriques respectives dans l'atmosphère.*

Il suit de là, que, quoique à une extrémité du même hémisphère, ce soient les collisions amenées par les changemens dans *l'action positive* de la lune, qui donnent lieu à la condensation aqueuse, il peut se faire, à la même époque, à l'extrémité opposée, que les collisions amenées par les changemens dans son action négative, produisent dans l'atmosphère de la dernière, les mêmes phénomènes. Et cela, sans qu'il y ait dans l'une et l'autre saison, des exceptions propres à déranger l'exactitude de la règle générale, quant à l'ordre d'accession de la condensation aqueuse, par rapport à sa connexion avec l'action lunaire; attendu que ces exceptions, au contraire, si elles sont bien appréciées, en sont autant de nouvelles preuves.

Les observations précédentes m'ont semblé d'autant plus nécessaires ici, qu'une foule de circonstances concourent à rendre l'ordre d'accession de la condensation aqueuse, par rapport à l'action lunaire, dans ce quartier qui précède le solstice d'hiver, plus difficile à expliquer qu'à aucune autre époque de l'année. En effet, comme le quartier qui précède l'équinoxe d'automne est ordinairement le *plus sec* de l'année, pris collectivement ; celui-ci en est le *plus pluvieux :* nous en trouverons aisément la raison, en nous rappelant que la *base calorifique* de l'atmosphère, qui, depuis le moment de la fonte des gelées, au commencement de l'année, s'est accumulée graduellement dans la région inférieure de l'hémisphère entier, est, pendant ce quartier, détachée, pour la plupart, de cette moitié de son corps ; et par la condensation aqueuse, rendue à l'élément d'où, par l'effet de l'action solaire, elle avait été, dans le cours des saisons précédentes, sublimée dans l'atmosphère, et là changée en air.

Ainsi, même après que les effets produits par l'équinoxe d'automne sont passés, mais plus particulièrement dans les basses latitudes, par suite de l'abondance de la base calorifique qui reste encore dans l'atmosphère, *l'occurrence* de la condensation aqueuse, malgré le changement dans son ordre, à l'équinoxe, est, jusque vers la fin de la saison, bornée principalement aux second et dernier quartiers de la lune : et même après cette époque, lorsque la prépondérance de la base calorifique de l'atmosphère a cessé, par suite des vents du sud qui dominent, et qui apportent des régions tropicales, une abondance de base calorifique, les forces des bases électriques opposées dans l'atmosphère de la zône tempérée, se balancent encore avec tant d'égalité, jusque vers l'époque du solstice, que les changemens lunaires, *négatifs* et *positifs*, amènent assez fréquemment un retour de la condensation aqueuse.

Cependant, lorsque par un long et fréquent retour de ce dernier phénomène, peu de temps avant le solstice d'hiver, l'atmosphère est presque épuisée de sa base calorifique, les collisions électriques amenées par les changemens diurnes et lunaires, particulièrement pendant les périodes de l'action positive de la lune, n'ont pas d'autre effet sur l'atmosphère, que celui de produire simplement un *commencement* de la condensation aqueuse ; que d'un côté l'action solaire, à cette saison, n'a pas assez de force pour dissiper, et que d'autre part, la région inférieure de l'atmosphère ne peut porter au-delà de ce premier état, n'ayant pas, pour produire cet effet, une masse suffisante de base calorifique. Il résulte de cela qu'il n'est pas rare, dans cette saison, de voir l'horison couvert de nuages pendant plusieurs jours, jusqu'au moment où la force de l'action négative de la terre et de la lune finit par dissoudre ces commencemens de condensation aqueuse dans l'air atmosphérique, tandis qu'ils sont encore dans le premier degré de leur formation, ou qu'ils sont précipités en pluie ou en neige, par un nouvel accroissement de la base calorifique puisée dans la terre.

Enfin, après avoir dépassé cette période extrême du solstice d'hiver, où l'action électrique négative de la terre sur l'atmosphère est à son maximum, et la positive du soleil, à son minimum de force; poursuivant le cours de nos observations sur la partie restante du cercle annuel d'action électrique qui s'étend de cette époque à l'équinoxe de printemps, où nous avons commencé, — la première chose qui frappera notre attention, c'est que, en proportion du fréquent retour de la pluie, dans le quartier précédant le solstice d'hiver, lorsque l'atmosphère est presque entièrement épuisée de sa base calorifique, les autres circonstances étant les mêmes, plus longue et plus intense est ordinairement la période de gelée que produit sur la température, dans les zônes tempérées et les latitudes plus élevées, l'action négative de la terre, à partir de cette époque de son changement *majeur* annuel. Cette circonstance, aussi bien établie qu'elle l'est, suffirait, s'il n'y en avait pas d'autres, pour prouver la liaison que je dis exister entre la base calorifique de l'atmosphère et la condensation aqueuse d'un côté, et sa liaison avec le principe de la température de l'autre. Il faut remarquer de plus, que les orages qui précèdent ou suivent immédiatement le solstice d'hiver, sont également proportionnés, dans le degré de leur violence, à la somme plus ou moins grande de cet épuisement de sa base calorifique que l'atmosphère a éprouvé par la condensation aqueuse aux époques qui précèdent ces orages. Cette circonstance, à la saison dont nous nous occupons, doit être, comme les orages qui ont lieu vers le solstice d'été, attribuée aux degrés extrêmes de *contraste* et de *collision*, dans lesquels a sa force l'action électrique inverse qui les produit. — Plus l'atmosphère est épuisée de sa base calorifique, par le retour fréquent de la condensation aqueuse, dans cette saison, et plus il en abonde dans la saison opposée, plus doit être grande nécessairement la somme de *contraste* entre les bases électriques opposées des deux saisons ; attendu que la force de la *collision* qui donne lieu à l'action électrique inverse entre elles, doit être proportionnée au degré de contraste dans chaque saison : c'est pour cela que ces orages, pendant l'hiver, *précèdent et suivent immédiatement les époques de grands froids.* Telles sont la force et la rapidité avec lesquelles l'action électrique inverse agit, lorsqu'elle est produite dans les circonstances précitées, — malgré la faiblesse de la somme de la base calorifique de l'atmosphère qui, pendant l'hiver, fournit à la condensation aqueuse, qu'elle amène alors quelquefois, comme pendant l'été, les phénomènes du tonnerre, etc. ; ce dernier phénomène cependant a rarement lieu dans d'autres localités que le voisinage de la mer, où la proportion relative de la base calorifique de l'atmosphère, pendant l'hiver, est toujours plus considérable que dans les régions qui en sont éloignées ; du reste, par suite du grand rapprochement, pendant l'hiver, des nuages à tonnerre, de la surface de la terre, leurs décharges électriques amènent pour l'ordinaire *plus d'accidens* pendant cette saison que dans l'été.

Les autres objets qui appellent notre attention

sont les effets des mers, opposés à ceux de l'intérieur des continens, et plus particulièrement des montagnes, *si dans les dernières localités*, sur la température et le temps, pendant l'hiver. En effet, tandis que pendant l'été, les autres circonstances étant les mêmes, l'atmosphère des continens contient une plus grande portion de sa base calorifique que celle de la mer ; les montagnes, particulièrement dans l'intérieur, par suite de leur effet de conserver une température moyenne durant les chaleurs de l'été, et par-là d'occasionner une approximation plus étroite entre les forces des bases électriques opposées dans leur atmosphère que celle qui se trouve dans les plaines et même sur la mer ; et étant d'ailleurs entourées par d'immenses réservoirs d'oxigène qui, à cause des courans qui en proviennent, maintiennent une provision continuelle de cet oxigène dans l'atmosphère des régions montagneuses, en proportion que dans ces dernières régions il est consommé par la condensation aqueuse : par suite, dis-je, de cette modification dans leur température et de la base calorifique ainsi fournie à l'atmosphère des montagnes, ces régions, pendant l'été, sont toujours celles qui répondent le plus fréquemment, par la condensation aqueuse, aux collisions électriques dans l'atmosphère amenées par les changemens lunaires ; et par conséquent ces lieux sont ceux où, durant l'été, les pluies sont les plus fréquentes. Mais, par suite de cette fréquence de pluie pendant l'été et l'automne, les montagnes étant les premières localités aux approches de l'hiver, où l'atmosphère est épuisée de sa base calorifique, doivent être aussi les premières à jouir du retour du beau temps. Par suite de l'impossibilité où est l'atmosphère des montagnes de recevoir une nouvelle provision de base calorifique, avant le retour de sa force dans l'action solaire au commencement du printemps, toutes les autres circonstances étant les mêmes, ces montagnes jouissent d'un plus beau temps pendant l'hiver que toutes les autres localités. D'un autre côté, l'atmosphère de la mer, pendant l'été, malgré que les modifications de chaleur que la mer produit la rendent semblable à celle des montagnes, elle répond, mais plus rarement, par la condensation aqueuse, aux collisions électriques amenées par les changemens lunaires : cependant au retour de l'hiver, à cause de la transmission non interrompue par l'évaporation qui, à cette saison, passe des eaux dans l'atmosphère, les localités des eaux, pendant l'hiver, offrent un contraste frappant pour le temps, avec celles des montagnes et de l'intérieur des continens, par la fréquence de pluie comparativement plus grande dans les premières que dans les dernières. Cette circonstance provient de la restitution de sa base calorifique par l'évaporation, à l'atmosphère de la mer, pendant l'hiver, ce qui la fait répondre, par la condensation aqueuse, aux collisions amenées par les changemens lunaires, tandis que l'atmosphère des localités de l'espèce opposée, outre qu'elle est plus froide de plusieurs degrés, est, par l'absence de cette restitution de sa base calorifique, hors d'état de donner lieu, dans la même proportion, à un pareil phénomène. De là la source de l'humidité des îles et des parties des continens qui sont au voisinage de la mer, pendant l'hiver, et comparativement, le beau temps dont jouissent, pendant cette saison, les pays montagneux et ceux qui sont éloignés de la mer.

En résumé : à proportion que par la fréquence de la condensation aqueuse à l'époque qui précède le solstice d'hiver, l'atmosphère a été épuisée de sa base calorifique, particulièrement dans les latitudes élevées, et par une conséquence naturelle, que sa base terrestre acquiert une prépondérance décidée dans son corps, l'ordre d'arrivée de la condensation aqueuse, par rapport à l'action lunaire, comme je l'ai dit, devient plus distinct; la pluie, pendant la durée de cet état de l'atmosphère, ayant rarement lieu, si ce n'est dans les périodes de l'action positive de la lune; ce qui est un effet des collisions amenées par les changemens dans cette action positive. Par conséquent, le temps le plus sec, mais en même temps le plus froid, pendant cet état de l'atmosphère, a lieu vers l'époque, ou à l'époque même des quadratures lunaires; mais généralement l'époque de *la seconde quadrature*, qui, ordinairement, *amène avec elle le plus bas degré annuel, ou l'extréme froid de l'hiver*, excepté dans les endroits où l'influence de la mer dérange cet effet. C'est ce qui prouve la nature de l'action lunaire à l'époque des quadratures, sur la température de l'atmosphère, lorsque, comme dans ce cas, aucune circonstance n'arrête son effet ; de même que l'analogie qui existe, comme je l'admets, entre l'action lunaire sur les marées et la température, —le plus bas degré annuel de température ayant lieu à l'époque *des basses marées ;* et le plus haut degré annuel de température, à l'époque opposée de l'année, à l'époque des fortes marées, ou immédiatement après.

Peu de temps après cet extrême degré de froid d'hiver, une amélioration graduelle dans la température de l'atmosphère a lieu, et à proportion qu'avec l'accroissement de longueur des jours, la force croissante de l'action solaire, en augmentant la force de la base calorifique de l'atmosphère, la rapproche davantage de sa base opposée, les pluies commencent à devenir plus fréquentes qu'auparavant, —les collisions électriques dans l'atmosphère amenées par *l'action négative* aussi bien que la *positive de la lune,* ayant pendant quelque temps pour effet de produire un retour de la condensation aqueuse.

Mais le retour de force de la base calorifique de l'atmosphère à cette saison, causé par l'action solaire, est tellement rapide, qu'il n'est pas rare que la lune qui précède l'époque de l'équinoxe de printemps, décèle de la manière la plus claire, l'analogie dont je viens de parler, et que je dis exister entre les phénomènes des marées et le principe de température dans l'atmosphère ; les époques des syzigies amenant avec elles un *accroissement marqué,* comme les quadratures, un *déclin* également marqué de température dans l'atmosphère. L'action lunaire cause ainsi, en raison de cette approximation commune, les mêmes effets *électriquement* sur l'atmosphère, que *physiquement* sur les eaux de l'océan.

En terminant cette esquisse du cercle annuel d'action électrique sur l'atmosphère, esquisse qu'une foule de circonstances rendaient nécessaire de suivre dans tous ses détails, je crois pouvoir énoncer l'espoir que, d'un côté, l'on trouvera partout mes observations d'accord avec les données sur lesquelles j'ai établi la théorie qu'elles sont destinées à expliquer, et, d'autre part, avec les faits auxquels elles se rapportent, de manière à ce qu'ils se soutiennent mutuellement, ainsi qu'il en est toujours de la *vérité* et de ses résultats, et ce qui, dans ce cas, comme dans tous ceux du même genre, suffirait pour en démontrer l'exactitude.

Il était essentiel que tout ce qui tient au sujet de la condensation aqueuse, et qui n'avait pas été précédemment signalé, fût compris dans cette esquisse du cercle annuel d'action électrique sur l'atmosphère. Mais il y a quelques circonstances qu'il m'avait paru plus convenable d'émettre séparément, et à la discussion desquelles je vais me livrer.

La théorie actuelle de la condensation aqueuse de l'atmosphère et des phénomènes qui en dépendent, étant fondée sur les principes de l'action coopérative de *collision* électrique, et de *contraste*, dans son corps, ainsi que je l'ai défini; comme dans certaines circonstances, cette condensation

est mutuellement produite par la prépondérance
de l'un et de l'autre principe, et que les effets produits presque seulement par le principe de *collision*, ont été développés en traitant des équinoxes;
et comme d'ailleurs l'observation m'a prouvé qu'une
différence marquée et dont la connaissance mérite
une attention particulière, existe entre les effets de
l'action sur cette condensation et les phénomènes
qui y tiennent, causés par la prépondérance du
principe de *contraste* électrique, et ceux causés par
la prépondérance du principe de *collision*; je vais.
faire quelques observations tendant à expliquer
cette différence, et relativement aux phénomènes
produits par l'opération conjointe dans les *extré-
mes* degrés de ces deux principes sur cette condensation.

Le *principe* dans lequel les *collisions* entre les
bases électriques opposées de l'atmosphère, dans
lequel leur action inverse et la condensation aqueuse
sont reconnues avoir leur source, étant le renversement de direction dans l'action de ses pôles électriques opposés verticalement dans son corps, par
suite des changemens dans l'action des forces électriques primaires opposées dans les cercles diurne,
lunaire et annuel de leur mouvement : il paraîtra
évident, d'après cela, que c'est seulement lorsque
les forces des bases électriques opposées de l'atmosphère se balancent presque l'une avec l'autre; c'est-
à-dire, vers l'époque des équinoxes, que les collisions amenées par les changemens dans l'*action positive*, et dans l'*action négative* de la lune, peuvent

exercer une *influence égale* en donnant lieu à la condensation aqueuse, comme on l'a déjà dit. Car à proportion qu'à partir des époques des équinoxes, cette action des forces électriques primaires (du soleil et de la terre) par son augmentation graduelle, à mesure qu'elle approche des solstices, prend un ascendant plus décidé sur celle de son opposée sur l'atmosphère, et ensuite établit sur ce dernier une prépondérance correspondante de force dans sa base aériforme sur son opposée : l'action lunaire, qui alors est en conjonction avec celle de la force électrique primaire prédominante, en même temps qu'elle augmente par là le degré déjà existant de *contraste* entre la base aériforme de la dernière force dans l'atmosphère et son opposée, — cette action enlève d'autant de la force des *collisions* électriques dans l'atmosphère, amenées par ses changemens. Il en résulte que, quoique le principe de *contraste électrique* soit plus grand aux époques des changemens *majeurs* dans l'action lunaire, qui alors est en conjonction avec celui de la force électrique prédominante ; par suite de la *faiblesse* des *collisions* électriques amenées par ces changemens dans l'action lunaire, ainsi en conjonction avec l'action de la dernière force, ces collisions produisent rarement la condensation aqueuse vers l'époque des solstices. Lorsque, pendant ces saisons, par suite du concours de quelques circonstances *locales*, les collisions électriques dans l'atmosphère, amenées par l'action lunaire qui est alors en conjonction avec celle de la force électrique primaire dominante, ont pour effet de donner lieu à la condensation aqueuse, les progrès de cette condensation, dans de semblables circonstances, *étant lents, elle produit rarement les phénomènes violens*, tels que ouragans, orages mêlés de tonnerres, etc., qui ont lieu si habituellement pendant ces saisons, lorsque la condensation aqueuse est produite par les collisions électriques dans l'atmosphère, amenées par l'action lunaire, qui alors *est en opposition* à celle de la force électrique primaire dominante.

D'un autre côté, lorsque vers les périodes des solstices, chacune des forces électriques primaires exerce alternativement son plus haut degré annuel de prépondérance sur l'atmosphère, — l'action lunaire, qui alors est en *opposition* avec celle de la *dominante*, et en *conjonction* avec celle de la plus faible des forces électriques primaires, — quoique sa *tendance* soit, en diminuant, pendant ce temps, la somme de l'action de la première force, et enlevant par là une partie de la force de la base aériforme de la dernière, dans l'atmosphère, de diminuer le degré de *contraste* déjà existant entre cette base et son opposée.—Quoique sans le concours de la condensation aqueuse dans l'atmosphère, cette tendance de l'action lunaire ne puisse produire ses effets de manière à devenir sensible sur la température ; cependant, comme elle enlève du degré d'abord existant dans la somme de l'action de la force électrique primaire prédominante,—les changemens dans cette action lunaire ajoutent d'autant

plus au degré de force des collisions électriques
dans l'atmosphère, que ces changemens amènent.
Et comme la force de progression ou *momentum* de
l'action électrique inverse dans l'atmosphère, dépend moins du principe de *contraste* que de celui
de *collision*, comme le démontrent les phénomènes
équinoxiaux; mais en même temps que le concours
dans les degrés extrêmes des *deux* principes, en
amenant la condensation aqueuse, est nécessaire
au développement plus puissant de l'action inverse
électrique; il en résulte que pendant l'été, comme
l'action *positive* de la lune à l'époque des *syzigies*,
est en conjonction avec la force électrique primaire
alors dominante, — la solaire; et conséquemment a pour effet d'accroître le principe de *contraste* électrique entre les forces de ses bases opposées dans l'atmosphère, tandis qu'elle diminue celle
de *collision* à ces époques; et que l'action *négative*
de la lune aux *quadratures*, pendant cette saison,
étant en conjonction avec celle de la *plus faible* des
forces électriques primaires, *la négative*, tandis
qu'elle enlève de la force déjà existante de la force
positive du soleil sur l'atmosphère, et qu'elle tend
par là à diminuer le degré de *contraste électrique*,
elle ajoute, dans la même proportion, à la force
des *collisions* électriques dans son corps, amenées
par les changemens dans son action : il en résulte,
dis-je, et on le trouvera confirmé par les faits,
que, par suite de l'influence de *causes locales*,
quoique les collisions électriques dans l'atmosphère,
amenées par les changemens dans l'*action positive*

de la lune *en été*, ainsi que celles amenées par ses *changemens négatifs en hiver*, puissent donner lieu à des pluies abondantes, elles ne sont que très rarement accompagnées *par le même développement de force* dans les phénomènes qu'elles amènent, que celles qui, dans les deux saisons, ont leur source dans les collisions électriques amenées par l'action lunaire, qui alors est *en opposition* à celle de la force électrique primaire prédominante. De là, l'origine de la différence que l'on trouvera exister entre les phénomènes produits par l'action électrique inverse dans l'atmosphère, lorsqu'elle est due à une prépondérance du principe du *contraste électrique*, et celle qui a sa source dans une prépondérance du principe de *collision électrique*.

Il faut encore observer que l'*ordre d'occurrence* de la condensation aqueuse, par rapport à la connexion qui existe entre l'action des forces électriques primaires *dans les cercles lunaire et diurne de leur mouvement, est le même* que dans les *cercles annuel et lunaire*, savoir : que dans les premiers aussi bien que dans les derniers, *ce sont les changemens dans l'action des forces électriques primaires opposées à celles de l'action lunaire existante ou dominante dans le moment, qui dans le cercle diurne donne naissance à la condensation aqueuse.* Ainsi, pendant les mois d'été, lorsque l'ordre d'occurrence de la condensation aqueuse, par rapport à l'action lunaire, est *pendant les périodes de l'action négative de la lune* (excepté sur les montagnes et dans leur voisinage, où leur *influence locale*, sur ce phénomène, dérange fréquemment l'ordre de son occurrence), nous verrons que c'est *pendant le jour*, et plus particulièrement *dans l'après midi*, qu'ont lieu les tempêtes causées par la condensation aqueuse, produites, à ce qu'il nous paraît, *par les changemens de l'action électrique positive du soleil, dans le cercle diurne, venant en collision avec les changemens simultanés de l'action négative de la lune.* De même, dans la saison opposée de l'année, c'est-à-dire, pendant les mois d'hiver, quand l'ordre d'occurrence de la condensation aqueuse, par rapport à l'action lunaire (à cause qu'elle est l'inverse de son occurrence en été), *coïncide avec les périodes de l'action positive de la lune,* — on verra que les tempêtes les plus violentes, causées par la condensation aqueuse, ont *généralement* lieu *de nuit* ou *dans la matinée*, quand, *par suite de sa plus grande concentration*, l'action électrique, négative, précédente de la terre dans le cercle diurne, atteint son maximum de force, — résultat *des changemens de l'action négative de la terre dans le cercle diurne, venant en collision avec les changemens simultanés de l'action positive de la lune.* De là, selon nous, cette succession de *beau temps pendant la nuit*, et de *mauvais temps pendant le jour*, que l'on peut remarquer, sous de certaines latitudes et dans certaines localités, parfois pendant les mois d'été, — et aussi de *beau temps pendant le jour*, et de *mauvais temps pendant la nuit*, que dans des circonstances opposécs, l'on peut à de certaines époques observer pendant les mois d'hiver.

Quand par l'*influence de localités ou de causes particulières*, *l'action positive de la lune pendant l'été, ou son action négative pendant l'hiver*, donnent naissance à la condensation aqueuse (bien que les exceptions soient ici plus nombreuses encore que dans le cercle lunaire), on verra aussi que l'ordre de son occurrence dans le *cercle diurne* coïncide avec les périodes de l'action de la force électrique primaire qui, à ce moment, *est en opposition avec l'action lunaire existante ou dominante*.

De plus, les irrégularités pour ce qui a rapport à l'ordre d'occurrence de l'action électrique inverse dans l'atmosphère en tant que liée à l'action lunaire (exceptant les époques des équinoxes), ont toujours leur source dans des circonstances qui *se lient aux localités*. — Le champ de ces influences locales est quelquefois plus étendu, quelquefois plus resserré, selon les variations qu'éprouvent les causes dont nous venons de parler. Mais comme l'époque de l'année durant laquelle ces irrégularités dans l'occurrence de la condensation aqueuse sont plus habituelles (et plus particulièrement dans les *régions centrales*, ou les pays situés sous la *zône tempérée*), est celle qui précède et qui suit quelquefois le *solstice d'été*, la cause première de ces irrégularités à cette époque est toujours liée avec *quelque accroissement inusité de force dans l'action électrique négative de la terre à l'époque de son degré maximum annuel précédent*. — Car je considère ces irrégularités dans l'occurrence de la condensation aqueuse, pendant cette partie de l'été, non comme des faits purement accidentels, mais comme la conséquence et le résultat le plus remarquable d'un hiver pendant lequel a régné un froid extraordinaire.

Quant à cette circonstance, que les contrées situées dans la zône tempérée de notre hémisphère, sont plus particulièrement le théâtre de ces irrégularités dans l'occurrence de la condensation aqueuse pendant le cours de l'été, il est aisé de voir qu'*il en devait être ainsi*, à cause de la *force supérieure* de l'action solaire dans les *latitudes plus basses*, au commencement de l'été, et du *grand accroissement de l'action consécutive du soleil sur les régions arctiques* qui a lieu à cette époque, et de l'approximation de la température de ces dernières à celle des premières qui en est la conséquence. Car, par suite de cette approximation de l'action solaire sur les extrémités opposées de notre hémisphère, les restes de la force précédente et *non encore épuisée* de l'action négative de la terre dans l'atmosphère, *sont nécessairement concentrés dans les régions intermédiaires*, où jusqu'à ce qu'ils soient finalement déplacés par l'action croissante de la force du soleil, ils continuent à exercer leur influence; mais surtout à amener la condensation aqueuse, aussi bien aux époques de l'action *positive* qu'à celles de l'action *négative* de la lune. — Ces phénomènes varient suivant les *différens degrés* de l'action négative précédente; ils sont plus nombreux et de plus longue durée en proportion du développement plus puissant de cette même action négative à laquelle ils doivent leur origine, et *vice versâ*. De là, la *co-existence*, pendant l'été, d'une *sécheresse remarquable* en Pologne, en Suède, et dans d'autres contrées septentrionales, aussi bien que dans celles tout-à-fait méridionales de l'Europe, avec les *pluies continuelles* qui inondent la France, l'Angleterre, et d'autres pays situés entre les mêmes parallèles, — co-existence si souvent remarquée dans les *journaux*. — Nous pouvons alléguer en preuve et pour corroborer à-la-fois les faits et les principes invoqués pour expliquer les *contrastes du temps* dans ces contrées, aux époques de l'année que nous avons indiquées, le fait suivant, en le rattachant aux pluies continuelles qui, à ces époques, ont été aussi générales en France, en Angleterre, etc. — « Il s'en faut que la pluie ait été universelle. — Une personne qui arrive de Suède, *affirme que dans les églises de Stockholm, on fait des prières pour avoir de la pluie.* » (*Sun*, journal de Londres, en date du 1er. juillet 1830). — Ainsi, à défaut d'autres argumens se trouverait prouvé, sans réplique, le principe où nous avons dit que le *froid* et la *chaleur* planétaires ont leur source.

Si nous considérons que, semblable à leur action sur les eaux de l'océan, dans les cercles diurne et lunaire, l'action des forces électriques primaires opposées, sur l'atmosphère, dans le *cercle annuel* de leur mouvement, quoique plus étendu que ceux des premiers, *est amenée par une série d'impul-*

sions ou *de marées*, combinées avec la *prépondé-rance* que leur action dans le *cercle annuel* exerce sur leur action dans les cercles inférieurs, c'est-à-dire, lunaire et diurne ; — que de plus, l'action de chacune de ces forces dans le cercle annuel, au lieu d'être une *agence directe consécutive*, est interrompue dans les cercles lunaire et diurne, par l'action alternative de la force primaire opposée ; et que, conséquemment, chacune de ces forces ne peut développer que d'*une manière indirecte* ses effets sur le phénomène de l'atmosphère dans leur cercle annuel ; nous verrons, dis - je, comme une conséquence nécessaire de ces circonstances, — par rapport à la manière et à la disposition dans lesquelles agissent ces forces électriques primaires, (plus particulièrement quand elles contrebalancent jusqu'à un certain point l'action l'une de l'autre), que les développemens de leurs effets sur le vaste océan de l'air atmosphérique, *quant à la condensation aqueuse*, doivent fréquemment se *mêler* les uns avec les autres dans les cercles lunaire et diurne, de manière qu'il devient impossible de s'attendre à rien qui ressemble à une *stricte régularité* dans l'ordre d'occurrence de ce phénomène. Et que, conséquemment, c'est seulement quand il existe un *certain degré de disparité* entre les actions de ces forces dans le *cercle annuel* que l'on peut attendre une régularité de cette nature dans l'ordre d'occurrence de la condensation aqueuse dans les cercles lunaire et diurne.

Il est digne de remarque, et cela se lie parfaitement à notre sujet, que, comme il est arrivé si souvent en Angleterre et en France, pendant les mois de mai et de juin 1830, quand les collisions, amenées par les changemens de l'action lunaire qui se trouve *en conjonction avec celle de la force électrique primaire dominante,* produisent *la condensation aqueuse;* ce phénomène qu'amène une telle action lunaire, étant *principalement confiné à la région inférieure de l'air,* l'effet qui en résulte ordinairement, c'est-à-dire le dérangement de *l'équilibre* du corps de l'atmosphère, *quant à son action de pression sur la surface de la terre,* est, en général, *moins puissant* que quand cette même *condensation aqueuse* est amenée par l'action lunaire, *en opposition* avec la force électrique primaire dominante dans le moment : cela est cause que les pluies causées par l'action lunaire, *en conjonction* avec la force électrique primaire dominante, ne sont généralement que légèrement et quelquefois *ne sont pas du tout indiquées par le baromètre,* en quoi elles diffèrent de celles qui sont causées par l'action lunaire opposée. Cette circonstance explique les faits mentionnés dans l'extrait suivant du *Galignani's Messenger,* 26 juin 1830 : « C'est une circonstance curieuse que plusieurs fois, pendant les dernières grandes pluies, le baromètre était *au beau ;* et que pendant les deux derniers jours, quand le temps était beau, le baromètre était *au variable.* On a remarqué que ce fait singulier est dans les pays volcaniques l'avant-coureur des tremblemens de terre ; mais, quoiqu'il n'y ait

23..

rien de semblable à craindre en Angleterre, cette circonstance n'en est pas moins digne de fixer l'attention des astronomes et des savans de tous les pays. » (*Chronicle.*) Les pluies dont il s'agit ici étant, selon nous, causées par les changemens de *l'action positive de la lune,* alors en conjonction avec la *force électrique primaire dominante,* c'est-à-dire avec la *force solaire,* et ces pluies s'étant principalement formées en conséquence dans la *région inférieure de l'atmosphère,* leur approche n'a pas, comme d'ordinaire, détruit *l'équilibre de sa pression* sur la surface de la terre, et naturellement n'a pas dû être indiquée par le baromètre ; au contraire, le passage au *beau temps* que l'on a remarqué, étant probablement produit par le changement de l'action lunaire du *positif au négatif,* à l'approche de la marée lunaire négative, et son effet de *transférer le siége de la condensation aqueuse de la région inférieure de l'atmosphère, dans la région supérieure* (le temps étant encore incertain); ce commencement d'action électrique inverse dans la région supérieure de l'atmosphère, bien qu'il ne fût pas encore bien développé dans le temps, affectant, plus que celle qui avait précédé, l'équilibre de la pression atmosphérique sur la surface de la terre, a dû nécessairement avoir un effet plus sensible sur le baromètre, et lui aura fait marquer *variable,* quoique le temps fût encore *beau.* — Cet instrument, considéré comme indicateur du temps, étant bien plus correct dans le second cas que dans le premier ; ainsi de telles irrégularités dans les phénomènes du baromètre ont toujours leur source dans *des irrégularités analogues dans l'ordre d'occurrence de la condensation aqueuse, produite par l'action lunaire, ou dans des circonstances qui s'y rattachent.*

Parmi les divers orages que produisit l'été de 1828 (époque où la plus grande partie de ces observations furent faites), *un seul*, autant qu'il est à ma connaissance, eut lieu hors des limites que je leur assigne ici, c'est-à-dire depuis la période *intercalaire* dans les *premier* et *troisième* quartiers de la lune, jusqu'à la même période dans les second et quatrième quartiers. Cet orage, dont l'exception est vraiment remarquable par les désastres qui l'accompagnèrent, eut lieu à Bucharest, dans la soirée du 25 juin 1828 (1), qui était le *jour après* l'intercalaire dans le second quartier, et par conséquent dans les limites assignées à l'action électrique positive de la lune dans ce quartier.

L'explication d'une telle particularité dans l'é-

----

(1) Les détails suivans sur ce sujet sont puisés dans un journal de Paris du 20 juillet 1828. « Un ouragan terrible, dit cette feuille, qui a eu lieu à Bucharest, dans l'après midi du 25 juin, a enlevé la toiture de la plupart des maisons et des églises, déraciné les arbres, etc., des environs, et a causé la mort d'une foule de personnes écrasées par la chute des bâtimens ; il n'a duré qu'une heure, et a été suivi par une pluie abondante. On évalue à trois millions de piastres les pertes qui en sont résultées. Les trois jours précédens avaient été d'une chaleur excessive, le thermomètre de Réaumur marquant 29 degrés. »

poque de cet orage, peut se trouver, probablement, dans la situation même du territoire, lequel est entouré d'une vaste étendue de continent ; ce qui fait que la chaleur pendant l'été, et le froid pendant l'hiver, y ont plus d'intensité que dans les localités situées sous la même latitude, mais plus voisines de la mer ou de hautes chaînes de montagnes. Ce pouvoir réflectif de la terre dans son ensemble a pour effet, dans l'intérieur des continens, de donner, pendant l'été, un *degré de force au principe de cohésion électrique* qui sert de limite à la condensation calorifique dans l'atmosphère, lequel degré de force met ce dernier à même de résister plus long-temps aux effets de l'action négative de la lune, en amenant la condensation aqueuse, que cela n'a lieu au voisinage des mers et des montagnes, les autres circonstances étant les mêmes. Or, comme l'effet de l'action négative de la lune sur la condensation calorifique, est pendant l'absence de la condensation aqueuse, *en produisant une plus grande concentration, d'accroître son action sur la température* : ainsi, comme nous le voyons dans l'exemple ci-dessus, le retard de l'action négative de la lune à amener la condensation aqueuse, par suite du degré de tenacité de cette force de sa cohésion que la condensation calorifique avait atteint, fit que cette action n'eut pas d'autre effet que celui d'augmenter la température de l'atmosphère, jusqu'à une chaleur brûlante. Mais si la tenacité de la condensation calorifique n'est pas suffisamment puissante pour résister à la force accumulée de l'action négative de la lune lorsqu'elle est concentrée dans un foyer, au moment de donner lieu à l'influence de son action opposée, et que, dans de semblables circonstances (comme dans le cas en question), il y a une action électrique inverse dans cette région ; les phénomènes atmosphériques auxquels cette action donne lieu, sont d'autant plus terribles, que, par le retard de son arrivée, les principes de *contraste* et de collision, dans lesquels elle a sa source, sont élevés par-là à un degré extrême dans leur action coopérante.

Les *convergences électriques* dont il est question, et qui ont été signalées comme exerçant une si puissante influence sur la condensation aqueuse, ont leur source dans cette loi de l'action électrique sur l'atmosphère, savoir : que de quelque espèce qu'elle soit, elle tend toujours à un foyer ; et ces dernières sont tellement indispensables à ce phénomène, qu'il ne se forme pas dans l'atmosphère un seul nuage qui ne puisse être regardé comme le résultat d'une convergence électrique, et comme en formant le centre. Les foyers électriques de ces convergences sont, comme les bases électriques de l'atmosphère et leur action séparée et combinée, de *trois espèces*, savoir : *solaire*, *terrestre* et *inverse*, qui ont leurs théâtres respectifs d'action dans l'élévation et l'extension de l'atmosphère ; car, c'est par l'action électrique inverse dans la région moyenne de l'atmosphère, dans l'échelle de son ascension, que les liens de leur union dans la base solaire en bas, et terrestre au-dessus, sont temporairement dissoutes, pendant la progression du premier; comme aussi, c'est par la concentration de l'action directe des pôles électriques opposés de ces bases sur l'atmosphère, que les foyers de l'action électrique inverse sont dissous, attendu qu'il n'y a pas de suspension dans le mouvement des forces électriques de l'atmosphère, même pour un seul instant, depuis l'époque de leur premier développement jusqu'à nos jours, cela étant incompatible avec leur nature et avec leur action. Aussi, ce n'était point sans raison, quant à l'atmosphère, que Descartes créa sa théorie des tourbillons, tout étranger qu'il était à l'espèce d'action dans laquelle ils ont leur source.

Mais pour mieux faire comprendre ce qu'on entend par ces *convergences électriques*, — en tant que liées avec la condensation aqueuse d'un côté, et avec l'action lunaire de l'autre, je crois nécessaire de faire observer que comme, dans chaque *cercle diurne* de mouvement électrique, les pôles électriques opposés de l'atmosphère accomplissent une révolution autour de leur centre dans son corps; ce qui est le seul mouvement direct et régulier qu'ils aient, et qui est plus immédiatement lié avec le principe de *température :* l'action lunaire paraît être plus particulièrement destinée, par la nature, à causer par ses *changemens plus prolongés*, le phénomène de *l'action inverse de ces pôles;*—et comme le corps de l'atmosphère, semblable à la surface de la terre (en raison de la différence dans l'action des forces élec-

triques primaires, amenées par la différence des
latitudes, de même que par les différens effets sur
sa température et autres phénomènes produits par
les espèces opposées de *localités*) *se divise en régions particulières :* il en résulte que, par suite de
sa disposition particulière, l'action lunaire, sans déranger la révolution ordinaire des pôles électriques
opposés verticalement dans le corps de l'atmosphère, — en raison des espèces opposées de localités, *répondant différemment à son action,* cause
des *convergences de température différentes* dans
ces classes opposées ; lesquelles convergences inégales de température, en se concentrant sur les
points de ces localités qui leur répondent le plus
puissamment dans les collisions électriques suivantes, sur ces points amenés par les changemens
lunaires, — à cause de *l'étendue locale* que son
action embrasse, aussi bien que le prolongement
de temps pris par chacune de ses marées consécu-
tives, étant plus grand que celui qui a lieu dans
le cercle diurne, sont cause que les collisions électriques sur les points de ces convergences locales
en question (parce qu'elles sont plus puissantes
que celles amenées par les *changemens diurnes*),
exercent d'autant plus d'influence que ces dernières
dans la création de *l'action inverse* et de la condensation aqueuse. Les convergences électriques amenées par l'action des forces primaires dans le *cercle
annuel* de leur mouvement, étant nécessairement
productives de plus grandes inégalités de température dans ses hémisphères opposés, comme leurs

changemens, des collisions électriques beaucoup plus générales et plus puissantes dans le corps de l'atmosphère (ainsi qu'il est prouvé par les phénomènes équinoxiaux), que celles amenées par les marées lunaires et leurs changemens ; le *principe* cependant étant le même dans les deux : de-là la source et la signification du mot *convergence électrique*, si fréquemment employé en traitant du phénomène de la *condensation aqueuse*.

Comme liées au sujet qui nous occupe, il n'y a que ces convergences électriques dans lesquelles la condensation aqueuse a sa source, qu'il soit nécessaire de mentionner ici. Ces convergences sont de deux espèces, savoir : celles qui ont leur source dans la prépondérance du principe de *contraste électrique*, et celles produites par la prépondérance du principe de la *collision électrique*. Il y a une différence tellement marquée entre les phénomènes qui suivent la condensation aqueuse, lorsqu'elle est amenée par la convergence électrique produite par une prépondérance du principe du contraste électrique, et ceux qui tiennent à la condensation, lorsqu'elle est amenée par l'espèce opposée de ces convergences qui ont leur source dans une prépondérance du principe de collision électrique, que si l'on n'y portait une grande attention, la plus grande partie du mystère qui, jusqu'ici, a enveloppé cette opération de la nature (la condensation aqueuse) demeurerait sans explication.

La grande différence qui se trouve entre ces deux classes opposées de convergences électriques paraît consister en ceci : celles qui ont leur source dans la prépondérance du principe de *contraste électrique* ont leur commencement dans la région inférieure de l'atmosphère, et *ne s'étendent pas à une élévation aussi considérable* dans son corps ; tandis que la classe opposée, ou celles amenées par une prépondérance du principe de *collision électrique*, semblent avoir leur commencement dans la *région supérieure de* l'atmosphère d'où elles descendent à l'inférieure. Ce qui caractérise la première classe de ces convergences électriques, c'est qu'elles produisent rarement les orages, le tonnerre et les phénomènes d'une espèce violente, et que les pluies qu'elles occasionnent, quoique étendues dans l'espace qu'elles occupent, et abondantes dans leur masse, tombent généralement en *petites gouttes* ou en épais brouillards ; ou, si elles sont congelées dans le second degré de leur formation, la condensation aqueuse qu'elles produisent tombe sous la forme de neige. Ce qui caractérise la seconde classe de ces convergences électriques, ou celles qui ont leur source dans une prépondérance du principe de *collision électrique*, c'est que leur commencement, dans la région supérieure de l'atmosphère (ainsi qu'il est prouvé par l'aspect des *aurores boréales*, et à d'autres époques par les nuages *cirrus*) , précède assez souvent de quelques jours (comme aux équinoxes) les époques où leurs effets se développent dans celle qui avoisine la surface de la terre ; — elles amènent ordinairement à leur suite les tempêtes et les phénomènes les plus violens : la condensation aqueuse qu'elles produisent tombe ordinairement en larges gouttes ; et si, comme il est ordinaire, elle est congelée dans le second état de sa formation en grêles, et toutes les autres circonstances étant les mêmes, — la sphère de leur action est ordinairement *plus circonscrite* dans son ensemble, que celle de la classe opposée.

Je crois devoir placer ici, comme servant à expliquer les observations précédentes, quelques exemples frappans des effets opposés sur la condensation aqueuse et les phénomènes qui en dépendent, lorsqu'elle est amenée par une prépondérance du principe du *contraste électrique,* ou par une prépondérance de *collision électrique,* comme liée à l'action lunaire ; ces exemples eurent lieu au Havre pendant l'année 1828. Il faut se rappeler que pendant l'été les convergences électriques amenées par une prépondérance du principe du *contraste électrique,* sont celles qui ont lieu aux époques des *syzigies lunaires,* attendu que les convergences amenées par une prépondérance du principe de *collision électrique,* ont lieu à l'époque des *quadratures lunaires.* Le premier de ces exemples fut la *neige,* dont il a été déjà question dans une note, qui tomba au Havre dans la matinée du 12 juillet 1828, ainsi que le rapporta le *Galignani's Messenger* du 15, — exactement à l'époque de la *nouvelle lune ;* et qui fut, par conséquent, un effet de la convergence électrique amenée par l'action positive de la lune, ayant sa source dans une prépondérance du principe de *contraste électrique.*

Le second exemple eut lieu au même endroit et fut rapporté par le journal de Galignani du 24 juillet dans les termes suivans : « Le port et les environs du Havre ont été, le 20 du courant, le théâtre d'un ouragan terrible, par l'effet duquel quatre bâtimens ont échoué à la côte, et cinq hommes se sont noyés. La campagne des environs a été complètement dévastée, et les pommiers entièrement dépouillés de leurs fruits. » Ces faits parlent d'eux-mêmes.

Les exceptions peu nombreuses à ces caractères généraux des condensations aqueuses et des phénomènes qu'elles produisent, qui résultent des classes opposées de convergences électriques, paraissent être dues aux causes suivantes : — lorsque les convergences électriques produites par une prépondérance du principe de *contraste électrique*, ensemble avec la condensation aqueuse, donnent lieu aux phénomènes atmosphériques les plus violens, tels que les ouragans, le tonnerre, etc. ; c'est parce que le courant calorifique produit par cette convergence, venant en contact dans *la même couche de l'atmosphère* (comme dans les montagnes), avec un courant beaucoup plus raréfié et plus froid, il en résulte, quoique dans un degré modifié, que cette collision produit des effets semblables à ceux qui résultent des classes opposées de convergences électriques, en raison du mélange des courans d'air de la même couche, aussi opposés dans leurs propriétés électriques que ceux des régions opposées de l'atmosphère dans l'échelle de son ascension,—les derniers étant une conséquence nécessaire des convergences amenées par une prépondérance du principe de collision électrique, produite, comme je l'ai dit, dans la région supérieure de l'atmosphère : et, comme preuve que c'est là en effet la cause de cette exception, on peut citer que la classe des phénomènes les plus violens , tels que les orages, etc. , produits par les convergences électriques amenées par une prépondérance du principe de contraste électrique , n'ont rarement lieu, même dans les régions montagneuses , *qu'au commencement de l'été;* c'est-à-dire , avant que l'atmosphère de ces localités ait assimilé sa température à celle des plaines environnantes, — desquelles localités aux premières , comme on l'a vu , ces sortes de convergences prennent leur direction.

On reconnaîtra que les exceptions dans la classe des convergences électriques qui amènent une prépondérance du principe de *collision électrique* , *en ne produisant pas d'orages,* proviennent de ce qui suit : lorsque, pendant l'hiver, ces convergences ont lieu dans les cieux polaires, ou dans des latitudes plus basses de l'intérieur des continens qui , par le retour fréquent de la condensation aqueuse, pendant la saison précédente , la région la plus basse de l'atmosphère , ou celle qui touche à la surface de la terre, est aussi épuisée de sa base calorifique pour être assimilée presque , dans ses propriétés électriques , avec l'air de la région supérieure qui produit cette espèce de convergences; alors, par suite du manque de *coopération* dans le principe de *contraste électrique* dans la région in-

férieure, dans leur descente au dernier, elles ex-
pirent ainsi souvent, sans produire leurs effets ordinaires : ainsi que *l'aurore boréale* qui, comme je
l'avance, a sa source dans la dernière espèce de convergences électriques, pour montrer ses feux légers
dans cette partie des cieux, pendant l'hiver, sans
être suivie, comme à l'époque de l'équinoxe d'automne, par ces tempêtes terribles, que la descente
de cette espèce de convergences électriques doit
certainement amener à cette époque, par suite de
leur rencontre avec le principe opposé de *contraste
électrique*.

L'explosion électrique, ou le tonnerre, étant
un effet de *l'action inverse* de ses bases opposées,
et étant liée par-là au sujet qui nous occupe, ré-
clame ici une Notice plus particulière que celle
qu'il m'a été permis de lui donner dans ce qui
précède.

Le phénomène du tonnerre peut être considéré
comme une espèce de point *central* dans l'échelle
ascendante de force avec laquelle, dans des circonstances opposées, la condensation aqueuse de
l'atmosphère s'opère : son existence présuppose un
certain degré de rapidité de progression ou *d'intensité* dans l'action électrique inverse du moment,
tenant à une certaine force coopérative dans les
principes de *collision* et *contraste* électriques, dans
lesquels cette action a sa source, — ne pouvant
avoir lieu dans des circonstances différentes : en
conséquence les divers degrés de force du tonnerre
et les phénomènes qu'il produit, sont déterminés

par les variations dans la somme de la force coopérative qui existe entre ces principes au moment où il a lieu.

Il est nécessaire d'observer à l'égard du tonnerre et de l'*éclair* qui l'accompagne toujours, que, quoiqu'ils soient des *effets* de l'action électrique, ils sont considérés, ainsi que la combustion ordinaire, comme d'une nature strictement *chimique*,—leurs forces terribles étant simplement une suite de l'énergie extraordinaire de l'espèce d'action électrique dans laquelle ils ont leur source. Comme la combustion, soit qu'elle soit produite par des moyens mécaniques, chimiques, ou par l'action électrique, exige, pour être produite, l'action combinée et coopérante de *deux* agens distincts l'un de l'autre, savoir : —*une base combustible* et l'*air;* l'application de ce principe, en traitant ce sujet, combinée avec d'autres circonstances de nature locale, peut contribuer à nous montrer l'origine secrète du tonnerre plus exactement qu'on ne paraît l'avoir compris jusqu'à ce jour.

Ainsi le tonnerre qui, sans être le seul, est bien certainement le plus terrible phénomène dépendant de la combustion électrique, doit, pour être produit, être nécessairement précédé par la formation d'une *base combustible* dans la partie de l'atmosphère où il a lieu ; laquelle base consiste dans la *masse de vapeurs* d'abord créée par l'action électrique inverse dans le premier état de sa progression ; sa formation paraît s'effectuer de la manière suivante : la masse de vapeur réunie dans le nuage à tonnerre (par suite de l'intensité du mouvement intérieur dans les particules des bases opposées de l'atmosphère, amenée par l'action inverse de leurs pôles), dont les relations électriques, par leur changement, amènent la rapidité du changement dé leurs propriétés, en entrant dans leur nouvel état de combinaison électrique, combinée avec la collision dans le corps de cette masse accumulante, causée par les courans d'air opposés qui la pénètrent, — la dernière étant un effet du *vide* que le nuage produit dans la région où il se forme ; et une conséquence nécessaire de la compression extraordinaire de volume qu'éprouve l'air constituant ses bases électriques dans ce changement de propriétés. Ainsi la force toujours croissante de l'action électrique inverse dans le nuage, se concentrant elle-même dans un point particulier au foyer, — quel que chose de semblable à l'effet de la lentille sur les rayons solaires, quoique tout-à-fait différent dans sa nature, parvenant enfin à une certaine intensité, produit le phénomène de combustion dans ce foyer : il en résulte une explosion instantanée qui se répand dans toute la masse combustible de vapeur, déchirant ses noirs replis, et accélérant par le vide soudain qu'elle produit, l'incorporation plus rapide de ses parties séparées, par le refoulement également soudain dans ce vide au moment qui termine le choc de l'explosion. Cette force de refoulement de concentration entre ces parties étant égale à celle du mouvement d'explosion interne qui un instant auparavant les séparait, produit par-là *la formation immédiate de l'eau* qui, par suite de cette rapidité de sa formation, est généralement dans un état imparfait, c'est-à-dire sous la forme de grêle.

Le tonnerre, comme on sait, n'empêche pas la progression ultérieure de l'action électrique inverse d'avoir lieu ; il paraît, au contraire, l'accélérer par le vide dans l'atmosphère dont il a été question, — des explosions subséquentes suivant en général la première. Indiquant ainsi la position des *nouveaux foyers*, successivement formés par la progression rapide de l'action électrique inverse dans la masse réunie de nuages qui forment son théâtre ; jusqu'à ce que la force de la *convergence* électrique dans laquelle cette action et les phénomènes qui l'accompagnent avaient leur source, ayant expiré — avec celle des précédentes dispositions de ses pôles opposés, rende ces bases électriques opposées de l'atmosphère, à leurs régions opposées dans l'échelle de son ascension. De même que par l'action renouvelée de ces pôles électriques sur les restes nuageux de l'action inverse, la région qui formait son théâtre est bientôt rendue à son premier état de transparence, ne laissant pas « la moindre trace » de ses sombres et funestes tourbillons.

Une circonstance, trop remarquable pour être passée sous silence, relativement au phénomène du tonnerre, c'est que le foyer igné d'un nuage électrique, au lieu de s'y étendre dans la voie ordinaire, est quelquefois projeté par la direction de la convergence électrique du corps de ce nuage, avec une vélocité et une force inconcevables, en une espèce de *tourbillon* concentré, qui a l'aspect d'un globe de feu ; et auquel on donne la dénomination emphatique de *foudre*. Ce corps, prenant sa direction, comme je le suppose, par l'inclinaison de la couche de vapeur d'où il est lancé, ou par l'attraction de quelque conducteur métallique, ou autre, prolonge sa course jusqu'à ce que l'intensité de son action concentrique expire ; ou s'il vient en contact avec la terre, il se termine par une explosion soudaine et dont les effets sont souvent destructeurs, — anéantissant en un instant les objets les plus massifs et les plus matériels, et dispersant au loin leurs fragmens brisés. Or, s'il est concentré dans le sol, il met en fusion, par son contact, les substances les plus insolubles, effectuant à cet égard, avec la rapidité de la pensée, ce que les feux les plus ardens pourraient à peine opérer. Les faits suivans suffiront pour en donner la preuve. Ils sont puisés dans un article du *London literary Gazette*, du 29 mars 1828, ayant pour titre : *Vitrifications naturelles*.

« On sait fort bien qu'il a été trouvé sur les plus hautes montagnes, des tubes de matière vitrifiée, dont le mode de formation est demeuré inconnu jusqu'à ce jour, mais que quelques naturalistes ont attribué à la chute du tonnerre sur un sol sablonneux, dont il fond et vitrifie le sable à une plus ou moins grande profondeur. Tous les doutes à cet égard ont disparu depuis qu'on a vu de ces tubes se former instantanément aux endroits où la foudre venait de tomber. M. Fiedler, jeune physicien allemand, en a trouvé plusieurs en Allemagne, qu'il a fait présenter à l'Académie française, par M. Arago. Ils sont fort grands, et l'un, entre autres, a environ dix-neuf pieds de long. Il est difficile de concevoir comment la décharge d'un nuage électrique peut fondre et vitrifier une masse aussi épaisse. Un effet pareil serait produit à peine par la plus ardente fournaise. »

Maintenant, la circonstance de divers phénomènes particuliers à différentes régions de l'atmosphère, prouve qu'il existe des variétés dans l'air de ces régions, quant à ce qui concerne leurs propriétés électriques, ou que le corps de l'atmosphère, dans son ascension, se rapprochant en cela de la conformation de la terre, consiste *en couches horizontalement disposées*, variant plus ou moins dans leur nature, l'une de l'autre. Or, comme la base de ces couches atmosphériques est la terre, où, ainsi que dans les régions montagneuses, la surface, au lieu d'être horizontale, est brusquement interrompue par des sommités et des pics qu'entrecoupent des vallons et de profonds ravins ; il est naturel de supposer que les effets de cette base sur les couches de l'atmosphère qui la surmontent, doivent être bien différens de ceux des plaines, ces dernières ayant pour effet de communiquer à ces couches atmosphériques, la régularité de leur extension horizontale ; tandis que la classe opposée ou les montagnes doivent avoir nécessairement pour effet de déranger cette disposition, ou de donner plus

ou moins, à ces couches, une partie de leurs inégalités, circonstance qui ne peut manquer d'exercer
une influence marquée sur quelques-uns des phénomènes de l'atmosphère dans ces espèces opposées
de localités, mais plus particulièrement sur ceux
liés avec la condensation aqueuse. Ainsi, comme
l'action électrique inverse dans l'atmosphère, *a
pour base la surface* de la condensation calorifique
qui constitue sa région inférieure, lorsque cette
surface est inégale, elle doit avoir pour effet, jusqu'à un certain point, de communiquer son inégalité à la base des nuages qui se forment dans ces
régions. Il s'ensuit que lorsque des nuages contenant le tonnerre, se forment dans les montagnes,
l'inclinaison de leurs bases, semblable au pointage
des canons, doit avoir pour effet de donner une
direction plus *basse* à leur décharge électrique qu'à
celle qui a lieu dans les plaines, où, avec la couche
atmosphérique, les bases de ces nuages doivent
tendre à une direction plus horizontale *dans leur
formation*, dans la progression de laquelle seulement a lieu le phénomène du tonnerre. Et là, nous
trouvons aisément la raison pourquoi le tonnerre
(ainsi que cela a lieu) fait plus de mal dans les
régions montagneuses que dans les plaines qui
s'étendent hors de l'influence de ces dernières, et
où d'ailleurs les décharges des nuages électriques,
prenant une direction plus horizontale, ont lieu en
général à une plus grande élévation de la terre.

D'après cette conformation de l'atmosphère disposée en couches horizontales, ainsi que par cer-

tains de ses phénomènes, tels que la formation des *nuages cirrus* qui précèdent les orages, l'*aurore boréale*, etc. , il paraît certain que les convergences électriques qui produisent la condensation aqueuse, quoiqu'elles tendent à des foyers particuliers ; *prennent une direction horizontale* dans leur commencement, s'étendant jusqu'à une certaine extension proportionnée à leurs forces sur la couche d'air où elles ont pris naissance.

Il paraîtrait encore, comme dans cette classe de condensations aqueuses, c'est-à-dire celles qui sont causées par une prépondérance du principe de *collision électrique*, et qui, par conséquent, ont leur source dans les convergences électriques de la région supérieure de l'atmosphère, que, *pour qu'elles aient lieu*, la force de ces convergences dans la région supérieure, doit avoir une *proporion relative* avec ce qui a été appelé la *force de cohésion*, ou *tenacité*, dans la condensation calorifique de la région inférieure ; attendu que c'est seulement lorsque la force de la convergence électrique dans la région supérieure est telle qu'en détruisant l'équilibre de la condensation calorifique, elle transporte son foyer ou pôle à celle de l'action électrique inverse dans la région moyenne de l'air , que la condensation aqueuse produite par la dernière, prend une forme apparente. Ces convergences, dans la région supérieure, descendent fréquemment à un certain degré dans la couche inférieure , où elles donnent naissance à des nuages, et quelquefois, ainsi que quelques aéronautes l'ont reconnu, en *neige*; mais ces nuages, à cause que les forces de ces convergences *sont inférieures* à la force de cohésion dans la condensation calorifique, *se dissolvent en air*, sans descendre en pluie sur la terre, etc., et sans déranger la balance établie par la force de cohésion dans la condensation calorifique inférieure (1). C'est par ce principe seul que l'on paraît pouvoir expliquer les variations relatives aux époques d'accession de la condensation aqueuse, par rapport à l'action lunaire. — *La période de l'occurrence de la condensation aqueuse, étant plus rapprochée de celle du changement dans l'action lunaire par laquelle elle est amenée, en proportion de la faiblesse de la force de cohésion dans la condensation calorifique dans ces régions de l'atmosphère; et plus éloignée de cette époque de changement lunaire, à proportion de la plus grande somme de cette force dans cette région.* L'accroissement considérable de chaleur qui, lorsque la force de cohésion dans la condensation calorifique est considérable, précède ordinairement de quelques jours l'apparition des orages les plus violens, étant un effet de la concentration, de la

---

(1) C'est à la différence de tenacité électrique existant entre la base de la force électrique dominante, et celle de son opposée, pendant les périodes de l'action extrême annuelle de la première, que l'on peut probablement attribuer la circonstance, que les collisions électriques amenées par les changemens dans l'action lunaire qui correspond avec ces derniers, sont celles qui, à ces époques, produisent la condensation aqueuse.

condensation calorifique, amenée par la descente graduelle de la couche supérieure, et la pression qui en résulte des convergences électriques sur des couches inférieures, qui donnent lieu à ces orages avant que ce balancement de la force de sa cohésion dans sa condensation calorifique, soit par là détruite, — il en résulte, quoique rarement, que lorsque ces sortes d'orages ont lieu *hors* des limites de l'action lunaire qui leur sont assignées, nous pouvons reconnaître la cause dans laquelle ces déviations ont leur source. Or, il peut être important de remarquer, comme une circonstance à mes yeux très probable, que l'influence exercée par *l'action néga-tive de la lune en élevant la température*, et qu'on signale ici, laquelle par suite de son effet ordinaire de créer des tempêtes, peut convenablement être nommée *chaleur d'orage* : et quoiqu'elle forme une exception à la règle générale relative à l'action lunaire sur la température, — particulièrement dans *les basses latitudes* où la force de cohésion, dans la condensation calorifique, suffit pour résister à sa puissance de créer *l'action électrique* inverse ; — que cette *action* négative de la lune peut bien être la cause occasionnelle qui, dans ces latitudes, amène le *maximum* ou plus haut degré annuel de température.

De plus, ces convergences électriques, qui prennent naissance dans la région supérieure de l'atmosphère, paraissent concentrer leurs forces, *dans des limites plus étroites*, à mesure qu'elles descendent ; et de telle manière que si la somme finale de cette concentration dépendait de la somme de résistance qui leur est opposée par la condensation calorifique, dans la région inférieure. En effet, là où, comme sous les tropiques, la force de cohésion dans la condensation calorifique, est telle qu'elle puisse opposer le plus grand degré de résistance dont cette force, dans la condensation calorifique, est susceptible, à ces convergences électriques dans leur descente; et lorsque ces dernières, sous de semblables circonstances, viennent à agir sur les surfaces des condensations calorifiques, de manière à détruire entièrement le balancement de force de cohésion, en transportant l'action de son pôle électrique dans la région inférieure de l'atmosphère à l'action inverse commençant au-dessus, — cette concentration de la convergence électrique, dans sa descente des régions supérieures, se concentre quelquefois en un point; de manière que son premier effet sur les surfaces de la condensation calorifique, s'aperçoit seulement, sous la forme d'une légère tache ou petit nuage, dans la vaste étendue de l'éther qui les entoure. C'est cet aspect de mauvais présage, et qui, dans ces régions, est l'annonce certaine d'une tempête, que les marins appellent *œil de bœuf*. Cependant, à partir de ces foyers circonscrits de leur concentration, et de cette grande élévation, ces convergences augmentent rapidement la sphère de leur action, et développent leurs forces en descendant, jusqu'à ce qu'enfin l'horison entier est couvert par leurs flots impétueux. Il semblerait, en vérité, que la violence des tempêtes causées par cette classe de convergences électriques, dépend également de la somme de cette concentration de leur foyer au moment de leur développement, et de la longueur du temps qui s'écoule entre les époques des changemens lunaires qui commencent, et ceux qui déterminent ces effets définitifs ; les tempêtes les plus violentes étant celles qui ont lieu ou *dans les jours intercalaires*, à la fin de l'action lunaire, dans les changemens desquels les convergences électriques qui les amenèrent avaient leur source, ou dans les jours qui suivent immédiatement ces derniers : c'est-à-dire ceux qui se trouvent entre la période *intercalaire* et le commencement du quartier lunaire suivant. Cela est prouvé par les remarquables exemples suivans, qui eurent lieu pendant l'été 1828, savoir : l'orage destructeur de Bucharest, dans la soirée du 25 juin, le lendemain de l'intercalaire dans le second quartier; l'orage qui eut lieu à Bath, dans l'après-midi du 9 juillet, le jour après la période du dernier quartier, et deux orages violens, l'un à Mells, le 25, l'autre à Malmsbury, le 26 juillet : le premier, le jour après l'intercalaire, le second, dans l'après-midi du jour où arrivait la *pleine lune*.

Les orages ci-dessus étant les *seules exceptions* fournies pendant l'été 1828 (autant que j'ai pu m'en assurer) à la règle générale que je donne, quant à l'arrivée de ces phénomènes par rapport à l'action lunaire dans leur création : pour donner une idée de la *faible proportion* de ces exceptions, relativement aux orages de la même espèce qui, pendant la même période, eurent lieu *dans* les limites que je leur assigne, il me suffira de citer *une partie seulement* de ceux que je trouve relatés dans les journaux, savoir : un orage accompagné de tonnerre, à *Broadstairs*, pendant lequel la chaumière de *Braeside*, dans le voisinage, fut frappée par la foudre, le vendredi 6 juin, second jour après la période de la seconde quadrature de la lune. (*London and Paris Observer* du 29 juin 1828.) Un orage accompagné de tonnerre, près de *Bolton-Abbey*, suivi par un tourbillon de vent très remarquable, entre trois et quatre heures de l'après-midi du samedi 7 juin, qui était le *troisième jour* du dernier quartier. (*Leeds Intelligencer*.) Le même jour 7 juin, un orage terrible accompagné de tonnerre eut lieu à *Aberdeen*; et la veille, vendredi, un orage de la même nature avait éclaté à *Hants* et tué plusieurs chevaux. (*Galignani's Messenger* du 19 juin.) Un orage accompagné de tonnerre et de grêle d'une grosseur prodigieuse éclata à *Dijon*, et détruisit en moins de dix minutes les récoltes de toute espèce, dans une étendue de vingt-cinq lieues de longueur et quatre de largeur, le 17 juin. (*Le Constitutionnel* du 6 juillet.) Un orage accompagné de tonnerre et de grêle d'une grosseur extraordinaire, et qui blessa plusieurs personnes, éclata dans le *Hanovre*, le 21 juin. (*Le Constitutionnel* du même jour.) Le premier de ces deux orages eut lieu le lendemain de la période *intercalaire* dans le premier quartier de la lune, et par conséquent au commencement de son action négative dans ce quartier ; le *second,* le lendemain de la période de la première quadrature. Un orage accompagné de tonnerre, à Londres, le 22 juin, fit plus de mal dans cette capitale qu'aucun de ceux qui y avaient éclaté pendant un grand nombre d'années, puisqu'il n'y eut pas moins de trois maisons frappées de la foudre, dans les environs d'*Hoxton,* etc. (*Atlas*), étant le second jour du *second quartier.* Un orage accompagné de tonnerre, pendant lequel plusieurs maisons furent frappées de la foudre, eut lieu à Paris, le 5 juillet (*Galignani's* du 7) ; c'était le troisième jour du *dernier quartier.* Un terrible orage accompagné de tonnerre, dans les environs de *Tarrare,* près de Lyon, le 6 juillet. (*Gazette de France* du 18 juillet.) Le même jour et les deux suivans, une forte grêle et des orages suivis de tonnerre eurent lieu dans le département du Puy-de-Dôme. On remarquera que ces trois derniers eurent lieu *les second, troisième* et *quatrième jours du dernier quartier,* le quatrième jour étant la période *intercalaire.* Un orage accompagné de tonnerre et de grêle d'une grosseur énorme, à *Castlebar* (Irlande), le 7 juillet. (*Galignani's Messenger* du 17 juillet.) Un orage accompagné de tonnerre, à *Mayo* (Irlande), pendant lequel un enfant fut frappé de la foudre, le 6 juillet. (*Galignani's Messenger* du 19 juillet.) Dans la nuit du 18 juillet, orage de tonnerre et de grêle, qui détruisit, entre *Aiguillon* et *Caude-rat,* département de Lot-et-Garonne, presque entièrement les vignes, le maïs, etc. (*Gazette de*

France du 14 juillet.) Ouragan terrible, à *Moscou*, dans l'après-midi du 8 juillet, qui occasionna une perte estimée à deux cent mille roubles. (*Galignani's Messenger*, 12 août.) Forte grêle et tonnerre, à *Bampton* (Oxfordshire), dans la soirée du 8 juillet. (*Galignani's Messenger* du 23 juillet.) On remarquera que ces trois orages destructeurs eurent lieu dans la soirée de la période *intercalaire* dans le dernier quartier. Ouragan au *Havre,* le 20 juillet, par lequel quatre bâtimens furent jetés à la côte et cinq hommes noyés. (*Galignani's Messenger* du 24 juillet.) Ce dernier eut lieu à l'époque de la *première quadrature*. Orage à *Lyon,* le 21 juillet. (*Galignani's Messenger* du 25 juillet.) Orage terrible à *Vienne*, dans la nuit du 21 juillet. (*Galignani's Messenger* du 1er. août.) Ces derniers eurent lieu le *premier jour du second quartier*. Ouragan à *Nantes* le 20 juillet (*Galignani's* du 26 juillet), époque de la première quadrature. Orage accompagné de tonnerre, à *Paris,* le 3 août (*Galignani's* du 4 août), *le premier jour du dernier quartier*. Enfin, l'ouragan qui eut lieu au *Port-Louis* de l'île Maurice, le 6 mars 1828, et qui occasionna la perte du *Georges-Canning,* vaisseau de la Compagnie des Indes (*Galignani's* du 19 juillet 1828); c'était le *jour après* la période *intercalaire* dans le troisième quartier de la lune, et par conséquent le commencement de la période de son *action négative* dans ce quartier.

Ainsi, d'après des calculs faits par aperçu, il paraît que depuis le mois de mars, jusqu'au milieu

du mois d'août 1828, parmi les orages remarquables qui ont eu lieu, *vingt-trois* se sont trouvés
dans les limites que j'assigne, relativement à l'action lunaire pour leur création, et *quatre* seulement hors de ces limites, ce qui donne une proportion de *six* à *un ;* et je ne doute pas qu'elle ne
fût de *dix* à *un,* si l'on y portait une attention plus
particulière, ce qui ne laisse pas que d'être une
forte preuve en faveur de l'exactitude de cette
théorie de l'action lunaire sur l'atmosphère. Le fait
suivant, pris parmi une foule d'autres, dont les
journaux n'ont fait aucune mention, peut venir à
l'appui de mon assertion : « Dans la séance de l'Institut, du 6 octobre 1828, le secrétaire lut un Mémoire adressé par M. d'Hombre Fermas, contenant
des détails sur une chute de grêle qui eut lieu dans
le département du Gard, le 21 mai 1828. Cette
grêle était d'une telle grosseur, qu'un grêlon entre
autres, pris au hasard par M. d'Hombre Fermas,
pesait cinq onces. » (*Le Globe* du 15 octobre 1828.)

On observera que cet orage eut lieu précisément
à l'épcque de la *première quadrature lunaire*, sans
qu'il eût été publié avant cette époque, que je sa-
che, aucun détail de cet orage remarquable autre
que celui qu'on vient de citer.

D'après les faits précédens, il paraîtra démontré
que *l'ordre d'accession de la condensation aqueuse
et du beau temps*, par rapport à l'action lunaire,
par suite des effets opposés sur le temps, relativement à cette action, amenés par les classes opposées de localités (comme on l'a vu), pendant toute

l'année, ne peut être autre *chose que relatif* dans son application ; — les convergences lunaires qui amènent la *sécheresse* dans les localités de l'intérieur des continens, produisant *l'humidité* dans celles qui sont au voisinage de la mer et des montagnes, et *vice versâ*.

Je crois devoir ajouter ici que, comme dans une partie précédente de ce chapitre, j'ai dit que c'est seulement dans le commencement de l'été, que les convergences électriques, liées aux changemens lunaires aux syzigies, donnent lieu au phénomène du tonnerre dans les régions montagneuses, par suite de la somme du contraste existant alors entre la température de l'atmosphère de ces dernières, et celle des plaines qui les avoisinent ; des observations ultérieures me portent à penser, que vers la fin de l'été, lorsque ces espèces de convergences cessent de produire les orages dans les régions montagneuses, *leur action devient plus puissante dans la direction de la mer*, où elles causent, dans cette dernière saison, des orages suivis de tonnerre.

Les faits suivans peuvent être cités à l'appui de ces assertions. Le 28 juin 1828, qui était *le jour après* la période de la pleine lune, le premier orage accompagné de tonnerre de la saison eut lieu à *Barèges*, comme on l'a vu. A l'époque du *changement lunaire*, qui suivit le 12 juillet, il y eut à Barèges de la pluie, mais sans tonnerre, tandis que dans la matinée du même jour il tomba de la neige au Havre, comme on l'a vu, mais nécessairement sans tonnerre ni orage. Le 10 août, la période sui-

vante de la *nouvelle lune* arriva , et le passage suivant, extrait d'un journal de Paris du 15 août, ser-
vira à démontrer la croissance de force des convergences électriques produites par les changemens
lunaires aux *syzigies , dans la direction de la mer,*
avec l'avancement de la saison, comme je l'ai dit : le
temps dans les Pyrénées , pendant ce jour et le précédent, quoique légèrement humide , étant libre
d'orages de toute espèce. — « Le 11 du courant, le
brick norvégien le *Ingebord Margaretha* , fut atteint de la foudre dans le chantier du commerce au
Havre. Le fluide électrique entra par une écoutille,
et sortit par un écubier. Plusieurs hommes qui arri-
maient le lest dans la cale , furent renversés par la
violence du coup. Heureusement personne ne per-
dit la vie, et le bâtiment n'éprouva aucun dommage. » (*Galignani's Messenger,* 15 août 1828.)

Je ne puis terminer ce chapitre sans signaler une
observation que j'ai vue récemment dans les journaux ; c'est « qu'*un certain nombre de taches* sont
maintenant visibles dans le disque du soleil : et
comme une circonstance semblable fut remarquée
pendant l'été pluvieux de 1816, il est à présumer
qu'on peut assigner à la même cause l'humidité de
l'été actuel (1828). » Toutes les personnes qui connaissent l'opinion d'Herschell sur ces taches solaires , savent qu'il tirait de leur apparition une conclusion *toute opposée,* prétendant qu'elles indiquent
une *chaleur inaccoutumée ,* ce qu'il s'efforça de
prouver au moyen de l'histoire.

N'y ayant aucun moyen de concilier des théories

qui diffèrent autant que les précédentes, et qui, aussi loin que nous sachions, peuvent être présentées comme ayant des *droits égaux* à notre croyance ; — une cause plus voisine s'étant mêlée d'ailleurs aux phénomènes du temps pendant la saison actuelle (1828), cause qui semble avoir plus de titres à notre attention que ces théories opposées ; j'ai cru devoir mentionner cette circonstance, pour qu'elle pût servir de témoignage aux observations à venir. On sait que notre hémisphère se divise en zônes différentes de température, qui varient sensiblement l'une de l'autre : on sait encore que le plus haut *degré annuel* de température n'a pas lieu à la *même époque* dans ces différentes zônes, mais qu'en proportion que les lieux se rapprochent des pôles, cette époque arrive *plus tôt*, après le solstice d'été ; tandis qu'en proportion de la plus grande distance des pôles, ou du rapprochement des tropiques, cette époque du plus haut degré annuel de température arrive à des intervalles *plus éloignés* des solstices. Il est également essentiel d'observer que l'action électrique positive coopérative de la lune sur la température de l'atmosphère, est tellement plus puissante à l'époque de la *nouvelle* qu'à la *pleine lune*, ou à aucune autre période de son cours, que, dans chaque révolution de la lune autour de la terre, cette époque du *changement* peut être regardée comme la *clé* de son action positive sur la température de l'atmosphère ; et que le reste de son action positive dans tout son cours comparativement, peut être regardé comme lui étant subordonné.

Maintenant, l'époque où l'action coopérative du soleil et de la terre sur l'atmosphère amène le plus haut degré annuel de chaleur dans la *zône tempérée* de notre hémisphère, paraît se trouver *du milieu à la fin de juillet;* de manière que, lorsque la nouvelle lune a lieu *dans cette période*, le plus haut degré annuel de température, et les autres phénomènes de l'atmosphère qui en dépendent, en se présentant dans leur ordre naturel, passent sans qu'il arrive rien de remarquable dans le temps pendant la saison.

Mais l'influence exercée par l'action lunaire sur la température de l'atmosphère est si considérable, que, lorsque la *nouvelle lune* a lieu (comme cela arriva en 1828), *peu de jours avant l'époque*, dans laquelle, *dans leur ordre naturel*, l'action coopérative du soleil et de la terre produit son plus grand effet sur la température ; et que par-là l'arrivée de ce degré, dans les régions précitées, est *suspendue*, jusqu'à l'époque suivante de la *nouvelle lune :* — le reflux de la condensation calorifique dans l'atmosphère de ces régions étant arrêté, au-delà du temps ordinaire, dans le cours de son déclin annuel, paraît donner la raison pourquoi les convergences électriques amenées par les changemens lunaires durant cet intervalle de suspension, en prenant, par suite de cette circonstance, une extension plus grande et plus efficacé, occasionneraient un retour plus fréquent et plus général de condensation aqueuse dans ces régions, que si l'action de la lune au changement concourait avec celles du soleil et de la terre, dans son ordre naturel.

On observera que les pays situés au sud des Alpes et des Pyrénées, n'éprouvèrent point, pendant l'été de 1828, les mêmes vicissitudes que ceux qui sont au nord, puisqu'on rapporte au contraire que les premiers eurent une continuité de sécheresse, tandis que les autres souffrirent de l'abondance des pluies. On peut expliquer cette circonstance par les latitudes de ces contrées où le plus haut degré annuel de température, dans son ordre naturel, arrive *plus tard*, dans cette saison, qu'en France, en Angleterre et autres pays des latitudes plus élevées; de manière que l'action lunaire, qui était si défavorable au temps dans ces dernières contrées, peut avoir correspondu exactement avec celui des premières, et leur avoir donné un été plus égal que celui des autres années.

En preuve que le plus haut degré annuel de température suit l'action lunaire, à l'époque du *changement*, et qu'en 1828, il fut retardé au-delà de la période ordinaire de son apparition, selon l'opinion que j'ai émise, on peut citer qu'à *Bagnères de Bigorre*, où je me trouvais alors, le 13 août, qui était le *troisième jour* après la période de la *nouvelle lune*, à cinq heures de l'après-midi, le baromètre de Réaumur marquait à l'ombre, et à une élévation d'environ sept pieds du sol, 25 degrés 1/2, ce qui était la plus haute température qu'on y eût éprouvée pendant l'été : mais un ciel couvert et la pluie, ce jour-là et les suivans, ainsi que l'ont rapporté les journaux, empêchèrent nécessairement l'action lunaire, sur la température de Paris, pendant cette période, de produire son effet accoutumé.

Enfin, comme les périodes des changemens lunaires, pendant tout le cours de l'année, sont marquées d'avance dans les almanachs, si des observations futures démontrent l'exactitude de ce raisonnement, on y trouvera un fil conduisant à l'explication des variations qui ont lieu dans les climats des différens pays précités pendant la partie indiquée de l'été ; et qui serviront à prendre à l'avance des précautions contre les effets nuisibles apportés aux récoltes par les saisons pluvieuses.

CONDENSATIONS IMPARFAITES

DE L'ATMOSPHÈRE,

AVEC QUELQUES OBSERVATIONS SUR LE SYSTÈME DU RAYON-
NEMENT NOCTURNE.

Je crois nécessaire de placer ici quelques observations sur une dissertation qui a paru dans l'*Annuaire du bureau des longitudes*, 1828, sous le
titre de *Notices scientifiques, par M. Arago*,
parce que cette dissertation et ces observations se
rattachent à la partie de l'électricité planétaire que
je me propose de traiter en ce moment.

Cette dissertation se divise en différens chapitres : *Sur le rayonnement nocturne. De la rosée.
Théorie de la rosée. Comment la neige empéche
la gelée de descendre profondément dans la terre
qu'elle recouvre. De la congélation des rivières.
Sur la lune rousse. Sur la grêle,* etc., etc.

Je regarde ces *Notices scientifiques* comme très
importantes, non seulement parce qu'elles renferment d'excellentes choses, mais parce que nous
venant revêtues du sceau de l'Institut, elles sont
comme une sorte de *Digeste doctrinaire,* — un
sommaire de foi sur le plus grand nombre des sujets qui y sont traités, et qu'elles nous donnent
sur les autres les théories les plus nouvelles.

En parcourant ces *Notices scientifiques*, la première chose dont on est frappé, c'est qu'il n'y est pas donné un mot d'explication sur les plus importans phénomènes de l'atmosphère : *la chaleur solaire*, et *la formation de l'eau* dans son corps; que l'on peut compter parmi les sources de ses autres phénomènes. Une seule allusion est faite à *la formation de l'eau dans le corps de l'atmosphère*, c'est lorsque, dans la théorie de la *grêle*, d'après le principe de l'évaporation, l'auteur dit : « L'évaporation d'un nuage *formé primitivement par une cause quelconque*. » Montrant ainsi qu'il n'a pas intention d'essayer d'offrir le moindre principe explicatif de cette opération, l'une des plus importantes de la nature.

Il faut observer que le *rayonnement* est le principe fondamental sur lequel reposent ces *Notices scientifiques*, comme la théorie de l'astronomie Newtonienne sur *l'attraction*. Si le docteur Wells n'est pas l'inventeur de ce principe, il peut du moins réclamer la gloire d'en avoir fait l'application. Or, comme j'ai dessein de faire quelques observations sur ce même principe, avant que d'examiner les *Notices scientifiques*, il n'est que trop juste d'écouter d'abord ce qu'en dit M. Arago lui-même. « Tout le monde sait que si l'on place deux corps diversement échauffés l'un devant l'autre, à une distance quelconque, même dans le vide, celui dont la température est la plus élevée échauffera graduellement le plus froid. Il y a donc des effluves, des rayons de chaleur qui émanent de la surface des corps à toutes les températures et par l'intermédiaire desquels ils peuvent agir *à distance* : ces effluves, ces rayons, constituent ce que les physiciens nomment le *calorique rayonnant*. — Tous les corps ne jouissent pas au même degré de la propriété d'émettre le calorique sous forme de rayons ; cette faculté, qu'on a appelée *le pouvoir rayonnant* ou émissif, dépend de la nature particulière du corps et de l'état de sa surface. — Pour chaque nature de corps, l'intensité du rayonnement augmente avec la température.—A température égale, les gaz paraissent être au nombre des corps qui rayonnent le plus faiblement. Les substances filamenteuses, au contraire, telles que la laine, le coton, le duvet de cygne, etc., ont un pouvoir émissif très considérable. Les métaux polis rayonnent peu en général ; cette propriété toutefois, d'après les expériences de M. Leslie, est plus marquée dans la platine, le fer, l'acier et le zinc, que dans l'or, le cuivre et l'étain.

» Puisque tout corps perd incessamment du calorique par voie de rayonnement, sa température ne pourra demeurer constante, qu'autant qu'il s'appropriera, à chaque instant, une portion de la chaleur totale que lui lancent les corps dont il est entouré, exactement égale à celle qui émane de sa propre surface. Le corps se refroidira ou s'échauffera, dès que ces échanges instantanés ne se compenseront pas parfaitement.

» Cela posé, concevons qu'un petit corps, dont la surface rayonne librement du calorique, soit placé, par un ciel serein, au milieu d'une vaste plaine découverte de tous côtés. On peut prouver que dans cette position il se refroidira promptement. — A chaque instant ce petit corps lancera, en effet, des rayons calorifiques vers tous les points du ciel situés dans l'hémisphère visible ; nous n'avons donc qu'à chercher si cet hémisphère peut lui rendre tout ce qu'il perd ainsi. Or, d'une part, l'espace vide dans lequel notre globe se meut n'enverra rien de sensible ; de l'autre, l'effet total provenant du rayonnement de l'atmosphère elle-même sera peu considérable ; 1º. parce que tous les gaz ont un faible pouvoir rayonnant ; 2º. à cause que les couches atmosphériques sont déjà très froides à une petite hauteur, comme le prouvent les neiges perpétuelles dont tant de montagnes sont couvertes.

» Il demeure ainsi constaté que, pendant une nuit sereine, un corps placé dans un lieu découvert émet plus de calorique rayonnant qu'il n'en reçoit ; il se refroidira donc indubitablement, et l'effet pourra être considérable si une substance peu conductrice interposée entre le sol et le corps, en mettant obstacle à l'arrivée de la chaleur terrestre, l'empêche d'aller combler le déficit.

» Les substances dont l'enveloppe du globe est formée étant en général très peu conductrices, le refroidissement qu'éprouvera la couche superficielle se communiquera lentement aux couches qui la supportent : celles-ci jouent le rôle de la substance peu conductrice qui, dans la supposition précédente, était interposée entre le petit corps et le sol.

» Les couches inférieures de l'atmosphère sembleraient devoir éprouver un abaissement de température pareil ; mais leur faculté rayonnante étant très faible, comme celle de tous les gaz, le refroidissement s'y manifestera à un degré beaucoup moindre, en sorte que, par un ciel pur, un thermomètre placé sur le sol et un thermomètre suspendu dans l'air ne marqueront pas la même température : le premier sera le plus froid. Cette différence de température de l'air et les corps solides ou fluides placés à la surface du sol, étant un effet du rayonnement vers l'espace, on doit s'attendre à la trouver d'autant plus forte, que la faculté rayonnante de ces corps sera plus marquée, et qu'une plus grande étendue du ciel se montrera à découvert.

» L'interposition d'un écran solide entre le corps en expérience et le ciel préviendra son refroidissement ; car la perte de calorique que le corps eût éprouvée en rayonnant vers l'espace, est compensée presque exactement par le rayonnement en sens contraire de la surface inférieure de l'écran, la température de cette surface étant peu différente de celle de l'air qui la touche. Les nuages tiendront lieu de cet écran, et empêcheront ou amoindriront de la même manière le rayonnement nocturne ; il faut seulement ajouter que les nuages devant jouir d'une température à-peu-près égale à celle de la couche d'air qu'ils occupent, compenseront d'autant moins complètement par leur rayonnement propre la perte de chaleur des corps terrestres, qu'ils seront plus élevés.

» Pour que le rayonnement vers l'espace produise des effets sensibles sur la température de certains corps, il ne semble point indispensable que le soleil soit couché. Partout où la lumière de cet astre n'arrive pas directement, il sera possible qu'on observe, même dans le jour, une température plus élevée dans l'atmosphère que sur l'herbe, si une grande portion du ciel s'y montre à découvert : rien ne prouve en effet que le rayonnement de tous les corps terrestres vers l'espace, ne peut jamais surpasser le rayonnement en sens contraire qui s'opère de l'atmosphère éclairée vers ces corps. »

Tels sont les élémens de cette théorie du *rayonnement nocturne*. Que cette théorie soit regardée comme le principe explicatif de quelques-uns des phénomènes les plus importans qui se lient à l'astronomie, c'est ce dont on ne saurait douter, puisqu'à l'exception des articles sur la théorie de la grêle de M. Volta et ceux qui s'y rapportent, on y renvoie le lecteur dans les explications données sur tous les autres sujets traités dans les *Notices scientifiques*.

C'est donc comme liée à l'astronomie que nous devons considérer cette théorie du rayonnement, et il faut avouer que, comme celle du mouvement diurne du soleil autour de la terre, et quelques autres encore, il ne se peut rien imaginer de plus *spécieux*, mais en même temps de plus *erroné*, astronomiquement parlant.

On ne saurait manquer d'être frappé comme de quelque chose d'étrange, qu'en liant aussi intimement qu'on l'a fait cette théorie du *rayonnement nocturne*, au principe de la température planétaire, on ne nous a pas dit un seul mot qui indique que ce même *rayonnement nocturne* soit le moins du monde influencé par des *causes astronomiques*; ou, en d'autres termes, qu'il soit affecté par *la masse* et le *mouvement de rotation* de la terre; par *les saisons*, *la position des lieux par rapport aux pôles de la terre*, ou *les variations qui naissent des localités de terre ou d'eau* qui composent sa surface. Cette théorie supposerait que, *dans un temps donné*, le même degré de rayonnement aurait lieu dans la *lune*, ou un autre satellite, en l'absence du soleil, que dans Jupiter ou tout autre corps céleste de la classe supérieure; ou qu'une sphère d'*un pied* de diamètre, chauffée artificiellement et suspendue dans les régions de l'espace, en l'absence de l'action solaire, y rayonnerait de la même manière qu'à la surface de la terre; ce qui, sous le rapport astronomique, suffit pour montrer le *vide* et la *fausseté* de cette théorie.

La source de l'erreur dans cette théorie me paraît être dans l'opinion généralement reçue, que la *chaleur* ou, comme on l'appelle, le *calorique*, est un *élément matériel*; tandis que la vérité est qu'on ne saurait considérer ce principe comme ayant une existence séparée dans la nature; mais que, semblable à la *lumière*, aux *couleurs* et au *son*, ce n'est qu'une *qualité accidentelle*, un effet lié à la matière, qui, comme ceux que nous venons de citer, peut avoir sa source dans une variété de causes ; car, puisque c'est un fait admis par tout le monde, que, non seulement le *feu*, mais les corps chauffés par la combustion ou autrement ont la faculté de transmettre en rayonnant la chaleur qu'ils ont ainsi acquise ;— il s'ensuit, dis-je, comme conséquence nécessaire, que la température planétaire ou les sensations atmosphériques de *chaleur* et de *froid* sont gouvernées par des lois analogues à celles qui s'exercent quand ces mêmes sensations sont des effets résultans de la présence ou de l'absence de la combustion ; ou, en d'autres termes, que la chaleur est *matérielle* et que le *froid* est la conséquence de sa perte éprouvée par la terre, au moyen de son pouvoir rayonnant, dans l'absence, pendant la nuit, de la fournaise solaire, d'où cette chaleur était dérivée. Mais quoique ce raisonnement soit bon aux yeux du chimiste, il est absolument impossible de l'appliquer à l'explication des circonstances qui se lient à la température dans les grands laboratoires planétaires de la nature ; car, comme les sources de la température, la *chaleur* et le *froid* étant regardés comme *électriques*, il s'ensuit que d'après notre théorie, la sensation de froid dans l'atmosphère, pendant la nuit, est supposée avoir sa source dans l'action négative de la terre, et conséquemment dans un principe tout-à-fait différent de celui du *rayonnement nocturne*.

Si ce n'était parce qu'il existe une différence entre la source de la température planétaire, et celle de la température provenant de la combustion, et aussi parce que le principe de la température n'est qu'une *qualité* des corps, son *abaissement* et son *élévation annuels* ou *diurnes*, seraient *uniformes dans leur progression* dans les deux circonstances de *temps* et de *lieu* sur le sol et dans l'atmosphère. Tandis que, non seulement l'abaissement de la température, qui a lieu pendant la nuit dans l'atmosphère, est capricieux et incertain, comme dépendant de la progression ou de la non progression actuelle de certains phénomènes atmosphériques, comme on le dira plus au long à l'article *rosée*, mais encore *dans les mêmes périodes* et *dans les mêmes districts*, cet abaissement de la température pendant la nuit, *varie suivant les variations du sol*, etc. Et quant aux saisons, bien que le degré extrême annuel de *froid* arrive toujours, aussi bien que celui de *chaleur*, à-peu-près à la même époque de l'année,—la progression de la chute annuelle de la température, vers ce degré extrême, n'est rien moins *qu'uniforme.* — Les gelées les plus intenses, comme nous en avons eu un exemple frappant dans l'hiver de 1828-29, sont souvent précédées par *les temps les plus doux;* ce qui montre que le froid planétaire a sa source dans un autre agent, et est régi par des lois bien différentes de celles que suit la réfrigération des corps précédemment échauffés par la combustion; car il faut observer que les corps échauffés par la combustion sont toujours les derniers à tomber à la température la plus basse, c'est-à-dire à celle de l'air milieu où ils sont placés ; et que le rayonnement de leur chaleur dans la sphère de son action dans ce milieu, tandis qu'ils se refroidissent, varie en degrés suivant la variation de la distance où les lieux sont, par rapport au corps précédemment échauffés ; car l'air milieu est plus chaud à mesure qu'il s'approche davantage, et plus froid à mesure qu'il s'éloigne de ce même corps. Ainsi, d'après ces principes, la terre étant le corps échauffé, devrait être plus lente à se refroidir après la disparition du soleil, au commencement de la nuit, que la couche d'air qui se trouve immédiatement en contact avec elle ; comme cette première couche d'air serait plus lente à se refroidir que celle placée immédiatement au-dessus, et ainsi des autres. Toutefois, de nombreuses expériences ont prouvé qu'il en était tout autrement ; — la surface de la terre, ou les substances placées sur ou auprès d'elle, étant les premières à marquer l'abaissement de la température à la nuit tombante ; la couche d'air immédiatement en contact avec la surface de la terre se refroidit ensuite, et le refroidissement gagne successivement et progressivement les couches supérieures : en sorte que celles qui se trouvent à deux cents pieds du sol conservent pendant les nuits d'été une température plus élevée que celles qui sont plus près de la surface. Donc, si le froid de la nuit est un effet du *rayonnement nocturne* du calorique que la terre avait absorbé pendant le jour, au lieu de prendre

la direction ordinaire d'un corps précédemment
échauffé par la combustion, il en prend une diamétralement opposée; car d'après les faits cités, *il
descend vers la terre, au lieu que celle-ci soit
son point de départ.*

L'on voit par-là que vouloir concilier cette théorie du rayonnement nocturne avec les faits, ce serait à-peu-près la même chose qu'entreprendre
d'expliquer la lumière du *ver luisant* par celle
d'une *chandelle*, ou toutes autres circonstances
de nature également dissemblable. Mais telles sont
les contradictions auxquelles on arrivera toujours,
quand on voudra partir d'une donnée fondée sur
un principe particulier, pour expliquer des phénomènes qui ont leur source dans *un autre principe différent ;* ou quand on prendra des données,
que l'on peut appeler *chimiques,* pour expliquer
des *phénomènes astronomiques :* car les principes
de ces sciences étant radicalement et essentiellement différens, il ne peut sortir de leur amalgame
que des conclusions incongrues et fausses. Quant
à l'idée des *écrans,* à laquelle on a recours pour
échapper à ces contradictions, nous l'examinerons
dans l'article sur la *rosée.* Nous sommes donc autorisés à conclure des faits précités, que le *froid*
de la nuit, au lieu d'être *causé* par le rayonnement de la chaleur terrestre, quel que soit d'ailleurs
le rayonnement qui puisse accompagner cet abaissement de la température, n'est rien autre chose,
non plus que ce prétendu rayonnement lui-même,
qu'une partie des *effets* qui résultent de l'opération

d'une cause différente, c'est-à-dire *de l'action élec-trique négative de la terre*, ainsi qu'il a été ex-pliqué à l'article *température*.

LA ROSÉE.

L'article le plus saillant des *Notices scienti-fiques*, copié dans notre précédent, y est suivi du compte rendu des expériences du docteur Wells, tirées de son *Traité de la rosée (Treatise on Dew)*, et citées à l'appui de la théorie du rayon-nement nocturne ; mais comme l'ouvrage du doc-teur Wells doit être connu du lecteur savant, je ne crois pas nécessaire d'entrer ici dans le détail de ces expériences : elles avaient pour l'un de leurs principaux objets la solution de la question de sa-voir si l'abaissement de la température, pendant la nuit, *précédait* ou *suivait* la formation de la rosée ; et elles donnèrent pour résultat que l'abaissement de la température *précède* en effet cette formation. On peut remarquer que ce fait est strictement d'accord avec la théorie du froid planétaire, subs-tituée à celle du rayonnement nocturne. Je crois cependant convenable d'observer que les phéno-mènes du froid nocturne et de la formation de la rosée, peuvent être généralement considérés comme simultanés dans leur mouvement ; — la formation de la rosée, par suite de la quantité de la *base ca-lorifique* de la région inférieure de l'atmosphère qu'elle *neutralise* ; facilitant l'abaissement de température qui a lieu dans cette même région, quoique l'action négative de la terre soit la première cause de ce décroissement.

Cependant, comme il me serait impossible de parler convenablement de quelques circonstances importantes qui se rattachent à la *Théorie de la rosée* et à celle du *rayonnement nocturne*, sans recourir souvent à la première, je vais l'insérer ici telle qu'elle nous est donnée dans les *Notices scientifiques.*

DE LA ROSÉE.

Des circonstances qui ont quelque influence sur la production du phénomène.

« La rosée *n'est abondante* que pendant les nuits *calmes et sereines.* On en aperçoit quelques traces dans des nuits couvertes, s'il ne fait pas de vent, ou malgré le vent, si le temps est clair ; mais il ne s'en forme jamais sous les influences réunies du vent et d'un ciel couvert. A l'instant où le ciel se couvre, la rosée cesse de se former. On observe même alors, fort souvent, que celle qui déjà avait mouillé les plantes disparaît entièrement, ou du moins diminue beaucoup. Un *léger mouvement* de l'air favorise plutôt qu'il ne contrarie la formation de la rosée.

» Dans deux nuits *également* calmes et sereines, il peut se précipiter des quantités de rosée très inégales : *on en trouve beaucoup s'il a plu récemment, très peu au contraire après un certain nombre de jours de sécheresse.* Les vents du sud et de l'est, qui chez nous viennent de la mer, *favorisent sa formation;* en Égypte, au contraire, au sud de la Méditerranée, on en aperçoit à peine quelques traces *quand les vents du nord ne soufflent pas.* En général, comme il était naturel de s'y attendre, tout ce qui augmente l'humidité de l'air, tout ce qui fait marcher l'hygromètre vers le terme de la saturation, contribue à rendre la rosée abondante.

» Il n'est pas exact, quoique plusieurs physiciens le disent, qu'il ne se forme de rosée que le soir et le matin : un corps se couvre d'humidité à toute heure de la nuit, pourvu que le ciel soit serein.

» Suivant toute probabilité, la rosée commence à se déposer dans les lieux à l'abri du soleil, aussitôt que la température de l'air diminue, c'est-à-dire à partir de trois ou quatre heures de l'après-midi. Il est du moins certain qu'à l'ombre, l'herbe est déjà sensiblement humide long-temps avant le coucher du soleil ; toutefois, on aperçoit rarement de petites gouttelettes tant que cet astre est sur l'horison ; le matin, après son lever, les gouttelettes de la nuit continuent à grossir encore quelque temps.

» A parité de circonstances, *il se forme moins de rosée durant la première moitié de la nuit que pendant la seconde, quoiqu'à cette dernière épo-*

que l'air ait déjà perdu une certaine portion de son humidité.

» Les phénomènes de la précipitation de la rosée sur un corps dense et poli , sur une plaque de verre , par exemple , ressemblent parfaitement à ceux qu'on observe lorsqu'une vitre est exposée à un courant de vapeur d'eau plus chaude qu'elle : une couche légère et uniforme d'humidité ternit d'abord la surface ; il se forme ensuite des gouttelettes irrégulières et aplaties qui se réunissent après avoir acquis un certain volume , et ruissellent alors dans toutes les directions.

» Les *métaux polis* sont de tous les corps connus ceux qui attirent le moins la rosée. — Cette propriété des métaux est assez tranchée pour avoir porté d'habiles physiciens à affirmer que la rosée ne les mouille jamais. Sous des circonstances très favorables , M. Wells a cependant aperçu une légère couche d'humidité à la surface de quelques miroirs d'or, d'argent, de cuivre, d'étain, de platine, de fer, d'acier, de zinc et de plomb ; mais on n'y remarque presque jamais même les gouttelettes extrêmement petites qui , sur l'herbe, sur le verre, etc. , caractérisent les premiers instans de la précipitation du liquide.

» Les métaux ne résistent pas tous également à la formation de la rosée. Ainsi, par exemple , on voit parfois la platine, le fer, l'acier et le zinc, distinctement couverts d'humidité, pendant que l'or, l'argent, le cuivre et l'étain , quoique semblablement situés, se conservent parfaitement secs.

26..

» Un miroir de métal, mouillé à dessein, se sè-che quelquefois là où d'autres substances devien-nent très humides.

» Cette inaptitude des métaux à se couvrir de rosée se communique aux corps qui reposent sur leur surface : ainsi un flocon de laine, exposé à un ciel serein, se chargera, sur un miroir de métal, de moins d'humidité que s'il était placé sur une lame de verre.

» Réciproquement, les corps sur lesquels les métaux reposent influent à leur tour sur la quantité de rosée qui mouille ces derniers. Voici l'expérience qui le prouve : une feuille quadrangulaire de papier doré ayant été attachée par de la colle à une croix formée de deux tiges légères de bois de huit centimètres de long, d'un centimètre de large et de deux centimètres d'épaisseur, on exposa le tout à l'air, à douze centimètres du sol, le côté du papier en dessus ; après quelques heures, la partie du papier qui débordait la croix se trouvait couverte d'une multitude de petites gouttes de rosée, tandis que celle qui adhérait au bois était restée parfaitement sèche.

» L'état mécanique des corps influe sur la quantité de rosée qu'ils attirent. Des copeaux très menus, par exemple, s'humectent beaucoup plus, dans un certain espace de temps, qu'un morceau de bois épais de la même nature. Le coton non filé paraît ainsi attirer un peu plus de rosée que la laine, dont les filamens sont généralement moins déliés.

» La quantité de rosée qui se précipite sur les corps ne dépend pas seulement de leur constitution et de leur nature, mais encore de la situation dans laquelle ils se trouvent placés par rapport aux objets circonvoisins.

» *Tout ce qui tend, en général, à amoindrir l'étendue de la portion du ciel qui peut être aperçue de la place que le corps occupe, diminue la quantité de rosée dont celui-ci se recouvre.*

» Pour prouver ce principe, je plaçai, dit M. Wells, dans une nuit calme et sereine, dix grains de laine sur une planche peinte, d'un mètre et demi de long, de deux tiers de mètre de large, de deux centimètres d'épaisseur, et qui était soutenue à plus d'un mètre au-dessus de l'herbe, par quatre appuis de bois très mince et d'égale hauteur ; en même temps j'attachai, mais sans trop les serrer, dix grains de laine au milieu de la face inférieure. Les deux touffes étaient conséquemment à deux centimètres de distance, et se trouvaient également exposées à l'action de l'air. Cependant, le lendemain matin, je trouvai que la touffe supérieure s'était chargée de quatorze grains d'humidité, tandis que l'inférieure n'en avait attiré que quatre. Une seconde nuit, ces quantités d'humidité furent respectivement dix-neuf et six grains ; une troisième onze et deux ; une quatrième, vingt et quatre : c'était toujours la laine attachée à la face supérieure de la planche qui acquérait le plus de poids.

» On observait de plus petites différences quand

la touffe inférieure n'occupait pas , comme dans l'expérience que je viens de rapporter , une place d'où l'on ne découvrait presque aucune portion du ciel. Aussi dix grains de laine déposés sur l'herbe , *verticalement au-dessous de la planche* , acquirent dans une première nuit un excédant de poids de sept grains ; dans une seconde , de neuf ; dans une troisième , de douze. Par les mêmes circonstances , une quantité égale de laine placée aussi sur l'herbe , mais tout-à-fait à découvert , se chargea de dix , de seize et de vingt grains d'humidité. La planche , dans la première expérience , masquait la presque totalité du ciel , parce que la laine était en contact avec sa face inférieure ; dans la seconde , à la distance de plus d'un mètre , une portion considérable du ciel était visible de la place que la laine occupait.

» On pourrait peut-être imaginer que la rosée tombe à la manière de la pluie , et que la planche n'en garantissait la laine que mécaniquement , quoique , dans cette supposition , il serait difficile d'expliquer comment la touffe attachée au milieu de la face inférieure de la planche était devenue humide. Pour lever au surplus toute espèce de doute à cet égard , M. Wells plaça verticalement sur l'herbe un cylindre de terre cuite ouvert à ses deux bouts , ayant près d'un mètre de hauteur et un tiers de mètre de diamètre. Un flocon de dix grains de laine , qui occupait le centre de la base inférieure du cylindre , ne se chargea dans une nuit que de deux grains d'humidité , tandis que pour un flocon semblable, mais tout-à-fait à découvert, l'augmentation fut de seize grains : cependant, comme il ne faisait pas le moindre vent pendant l'expérience, les deux flocons de laine auraient certainement reçu la même quantité de rosée si celle-ci tombait verticalement, ainsi que quelques physiciens l'ont supposé (1).

» Des corps tout pareils, et situés de même relativement au ciel, peuvent néanmoins se couvrir de quantités inégales de rosée ; il suffit pour cela qu'ils ne soient pas semblablement placés à l'égard du sol. Dix grains de laine *déposés* sur une planche à un mètre de terre, acquirent dans une nuit un excédant de poids de vingt grains, pendant qu'un flocon pareil *suspendu* à un mètre et demi de hauteur, n'absorba que onze grains d'humidité, quoiqu'il présentât une plus grande surface à l'air. »

---

(1) « Il serait possible qu'on prétendît qu'une partie notable de l'humidité, dont une touffe de laine se charge pendant la nuit, résulte de l'action hygroscopique que ses filamens exercent sur la vapeur atmosphérique ; mais M. Wells a observé que *dans les lieux privés de l'aspect du ciel, dix grains de laine n'augmentent pas de poids d'une manière appréciable, pendant la durée d'une nuit.* L'effet est encore moindre *si le temps est couvert,* quoique alors à cause de l'abondance des vapeurs, l'effet hygroscopique de la laine doive être à son maximum. »

THÉORIE DE LA ROSÉE.

« En comparant les *deux* chapitres précédens ; »
— le *premier* de ces chapitres est celui auquel il est
fait allusion dans le paragraphe qui sert ici d'introduction, que nous avons cité comme étant
une récapitulation des expériences de M. Wells,
et que nous nous abstenons de donner par les raisons déjà énoncées : « on remarquera combien il règne d'analogie entre la faculté que possèdent tous
les corps solides, de se couvrir de rosée, et la propriété non moins curieuse dont ils jouissent de se
refroidir, pendant des nuits calmes et sereines,
beaucoup plus que l'atmosphère.

» Si le refroidissement des corps précède l'apparition à leur surface des gouttelettes de rosée, l'explication du phénomène n'offrira aucune difficulté :
on n'y pourra voir qu'une précipitation d'humidité, analogue à celle qui s'opère sur les parois
d'un vase renfermant un liquide plus froid que
l'air (1).

---

(1) « Un corps d'une température quelconque, plongé
dans une atmosphère sensiblement plus chaude, refroidît
promptement la couche qui vient le toucher ; si cette couche était imprégnée de beaucoup d'humidité, elle en dé-
poserait aussitôt une portion à la surface du corps, puisque, comme tout le monde sait, la quantité d'eau hygro-
métrique qu'un gaz peut retenir est d'autant moindre que
sa température est plus basse. Un petit excès de pesanteur,
un léger souffle, déplacent bientôt la première couche ;

» Il reste donc cette question à examiner : *Le froid observé par une nuit calme et pure à la surface de presque tous les corps terrestres, précède-t-il ou suit-il l'apparition des petites gouttelettes ?* Dans le premier cas, le froid sera la cause immédiate de la rosée ; dans la supposition contraire, on pourrait imaginer que nous nous sommes mépris jusqu'ici sur l'origine du refroidissement nocturne, qu'il est *la conséquence* de la précipitation du fluide : l'expérience suivante du docteur Wells tranche la difficulté.

« *Par un temps* TRÈS SEC, six grains de laine placés sur une planche élevée étaient déjà de sept degrés, sept centigrades, plus froids que l'air *avant d'avoir acquis le moindre excédant de froid,* ce qui fut constaté avec une balance qu'un seizième de grain faisait trébucher ; tandis que dans d'autres circonstances atmosphériques, *une différence de température beaucoup plus petite* amena, sur le même flocon de laine, près de vingt grains de rosée, en sorte que son poids se trouva triplé.

» Dès qu'il est ainsi bien constaté que le froid

---

une couche nouvelle lui succède, se refroidit aussi par le contact du corps, et abandonne à son tour toute l'eau que sa nouvelle température la rend inhabile à conserver. Ce même phénomène se renouvelle un grand nombre de fois dans un temps très court, et bientôt la surface du corps, quelle qu'ait été la cause première de son refroidissement, est couverte de gouttelettes ou même d'une lame d'eau continue que les couches atmosphériques y ont déposées. »

précède l'apparition de la rosée, ce météore, sur lequel on avait tant discouru, se trouve devoir être assimilé au phénomène naturel le plus simple et le mieux expliqué, c'est-à-dire à la précipitation d'humidité qu'on observe dans l'intérieur des grands édifices, lorsque les murs graduellement *refroidis* pendant l'hiver, viennent ensuite à être frappés subitement, au moment du dégel, par l'air *chaud* de l'atmosphère extérieure. »

Avant que d'examiner les observations contenues dans cette théorie de la *rosée*, je ferai remarquer que le phénomène que l'on a pris pour exemple a été on ne peut plus malheureusement choisi ; en ce que l'on y dit que la *rosée* est un *effet du froid*, tandis que l'on reconnaît la production de l'humidité prise pour exemple à l'appui de cette théorie, comme un *effet de la chaleur*. L'ensemble de ce raisonnement se borne donc à admettre un fait suffisamment connu, savoir, que la production de l'*humidité* suit toujours *une collision de températures atmosphériques opposées*.

Mais, en résumé, les observations contenues dans les extraits précédens peuvent se partager en *deux classes*. Les unes se rapportent à ce que l'on peut appeler les propriétés relatives, *attractives* et *répulsives*, déployées par certains corps dans leur manière de ressentir l'abaissement de la température pendant la nuit, et la présence de l'humidité ou le dépôt de la *rosée* sur leurs surfaces qui en sont les suites ; — les autres se rattachent à l'influence qu'exercent sur ce dernier phénomène des circonstances accidentelles et autres , telles que *la direction du vent , la présence des nuages ,* l'état précédent de l'atmosphère, *sèche* ou *pluvieuse,* et enfin *l'exposition* comparative des lieux à un ciel plus ou moins étendu. Quant aux faits avancés dans ces observations, on remarquera qu'ils n'offrent presque rien de nouveau ; quelques-uns étaient connus dès le temps d'Aristote ; ce n'est donc pas tant sur ces faits eux-mêmes que sur les conclusions que l'on veut en tirer à l'appui de la théorie du rayonnement nocturne que se dirigeront mes observations.

Nous occupant d'abord de la *première classe* de ces observations, je crois être autorisé par l'expérience à dire que les corps qui sont les *premiers* à répondre par *l'élévation* de leur température à l'action positive du soleil, quand ils y sont exposés, sont les *derniers* à répondre par *l'abaissement* soudain de leur température à l'influence réfrigérante de l'action négative de la terre , ou à la chute de la température atmosphérique pendant la nuit, et *vice versâ*. Ainsi se trouvent tracées une ligne *d'homogénéité* dans une classe de corps à l'action positive du soleil sur leur température, et une autre *homogénéité* également bien caractérisée, dans une autre classe de corps par la manière soudaine dont ils répondent par l'abaissement de leur température à l'action négative de la terre, quand ils y sont exposés. A l'extrémité de la première classe paraissent devoir être placés les *métaux*, particulièrement quand leurs surfaces sont polies ; comme la *laine ,* le *coton* et autres substances de cette nature occupent l'extrémité de l'autre classe, — le *verre* paraissant occuper exactement le point milieu entre elles, c'est-à-dire répondant également bien à l'action de chacune des deux forces primaires, positive et négative, quant aux phénomènes qu'elles produisent. Comme cette aptitude des corps à conserver les températures opposées de chaud et de froid paraît être dans une certaine proportion avec leur *densité*, cette circonstance pourrait peut-être expliquer pourquoi la température de la classe de corps qui sont les premiers à ressentir l'influence glacée de l'action négative de la terre, tombe en si peu de temps tant de degrés *au-dessous* de l'air ambiant; et pourquoi la classe opposée, lorsqu'elle est exposée à l'action solaire, s'élève de tant de degrés au-dessus de la température de ce même air ambiant.

La *seconde* classe de ces observations demande un examen plus particulier que la précédente, car elle renferme des circonstances à-la-fois plus importantes dans leurs relations et plus cachées quant à leurs causes. Sous le rapport de l'importance scientifique, la première de ces circonstances est peut-être celle des effets opposés produits sur le phénomène de la rosée par les états opposés du temps, au moment de son dépôt ou immédiatement avant, c'est-à-dire immédiatement après la *pluie* ou pendant la durée d'une longue *sécheresse*. A cette circonstance se rattache celle de la *direction du vent*, quant à la position des lieux par rapport à la mer ou l'intérieur des continens; — en sorte qu'une bonne solution de ces ques-

tions comprendrait l'origine de l'atmosphère elle-
même.

Ainsi, comme son origine, si nous admettons
que la source du *renouvellement* de l'atmosphère
de la terre est la décomposition de ses eaux, effectuée par l'action qu'ont sur elles les forces électriques primaires; comme cette décomposition de
l'eau en air *est ensuite susceptible de différens
degrés de perfectibilité;* et que c'est en proportion de ces mêmes degrés, toutes circonstances
égales d'ailleurs, que, pendant la nuit, l'action
négative de la terre exerce une influence plus ou
moins grande sur le phénomène de la *rosée;* —
de-là, la nécessité de rechercher les *causes* qui
amènent ces degrés de différence dans la nature de
l'air atmosphérique. Ces causes sont de deux sortes;
dans l'échelle toujours présente et toujours variable de l'action exercée alternativement par les
forces électriques primaires opposées du soleil et
de la terre sur les élémens de l'eau et de l'air, — le
degré d'action de ces forces primaires opposées par
lequel est effectuée la décomposition de l'eau en air
atmosphérique: et enfin la *longueur du temps* pendant lequel l'air atmosphérique, ainsi dégagé de
l'élément de l'eau, *est subséquemment exposé par
une continuité de sécheresse,* à une continuation
prolongée de l'action de la force primaire qui l'avait
d'abord transformé dans l'atmosphère. Ainsi, plus
l'action de la force électrique primaire par laquelle
avait d'abord été effectuée la décomposition de l'eau
en air sera puissante, plus la longueur de temps

pendant lequel cet air est subséquemment exposé, sans qu'il survienne de pluie, à la continuation de cette même action, sera grande; *moindre sera,* toutes circonstances égales d'ailleurs, *le dépôt de rosée,* amené pendant la nuit, par l'action négative de la terre sur cette partie donnée de l'atmosphère, et *vice versâ.* Car, par exemple, encore que l'action du soleil qui aura causé cette décomposition de l'eau en air soit puissante, si cet air n'est pas subséquemment exposé pendant quelque temps, sans l'interruption de la condensation aqueuse, à une continuité de la même action solaire, par suite de *son état encore imparfait de décomposition,* il arrivera qu'il répondra par d'amples dépôts de rosée, à l'action négative de la terre pendant la nuit. C'est à cette circonstance qu'il faut attribuer l'influence exercée par les *vents de mer* sur le phénomène de la rosée, en Europe, en Afrique et ailleurs, influence que nous avons remarquée dans les observations précédentes. — Telle étant la grandeur du courant d'évaporation des eaux de la mer, causée par la force de l'action solaire dans les latitudes chaudes, que, semblable au changement d'eau dans le lit d'une rivière, provenant de ses courans, — l'atmosphère de la mer étant continuellement renouvelée par ces décompositions, ce n'est qu'après qu'elle a été poussée par les vents dans l'intérieur des continens voisins, et là exposée à la continuation de l'action solaire, qu'on peut dire que sa décomposition est entièrement perfectionnée. Ainsi, toutes choses égales d'ailleurs, moins il y aura de temps que l'air atmosphérique aura été dégagé de l'eau, son élément premier, plus il déposera de rosée pendant la nuit. D'un autre côté, dans les époques de sécheresse, quand le vent souffle de l'intérieur des continens, où la décomposition de l'eau en air atmosphérique est plus parfaite, parce que cet air est plus long-temps exposé à l'action de l'une ou l'autre des forces électriques primaires, il se fait si peu de dépôt de rosée pendant la nuit, que quelquefois elle est à peine perceptible.

C'est d'après le même principe de degrés comparatifs de la décomposition de l'air atmosphérique, que les dépôts les plus considérables de rosée ont lieu aux époques qui suivent immédiatement les pluies. En effet, ces dernières, par le dérangement qu'elles occasionnent dans l'état préexistant de l'atmosphère, combinées avec les exhalaisons copieuses de la terre qui leur succèdent, donnent toute l'influence dont elle est susceptible à l'action négative de la terre, pour extraire, pendant la nuit, du sein de l'atmosphère, la plus grande quantité possible de rosée.

C'est à la même source, c'est-à-dire *aux différens degrés de décomposition de l'air atmosphérique,* qu'il faut attribuer plusieurs des contrastes que présente le temps dans les diverses saisons de l'année, avec les variations que l'on peut observer dans le climat de pays situés entre les mêmes parallèles, — conséquences de la situation de ces mêmes pays dans *le voisinage de la mer,* ou dans *l'intérieur* des continens : car la *sécheresse,* et une plus

grande portée de température atmosphérique ,
dans les saisons opposées de l'hiver et de l'été , sont
les caractères distinctifs de cette dernière classe de
localités ; comme *l'humidité* et une portée de température annuelle moins étendue sont ceux de la
première. Ainsi, la *rosée* étant de la même espèce
de phénomènes atmosphériques que la *pluie*, l'état
de l'atmosphère le plus propre à amener celle-ci,
sera aussi, par analogie, le plus propre à la production de celle-là. Il est bon de remarquer cependant que cette dernière observation ne s'applique au phénomène de la rosée que quand il y a
suspension totale de la *condensation aqueuse*, dans
une certaine région de l'atmosphère donnée ; car le
commencement de ce dernier phénomène (on l'a
découvert depuis long-temps, et nous en explique-
rons la raison bientôt) arrête immédiatement, et
pendant sa durée, la progression de celui de la
rosée.

Les circonstances mentionnées dans cette classe
d'observations dont nous nous occupons en ce moment, qui se rapportent au phénomène de la rosée,
et qui appellent actuellement notre attention, sont
celles qui se rattachent aux effets d'un changement
de temps, lorsque le ciel , naguère clair et brillant,
devient nuageux et sombre pendant la nuit ; et les
effets opposés produits par *une plus grande exposition des lieux à l'action des cieux*, quand cette
exposition était précédemment rétrécie et diminuée
par le *passage des nuages , l'interposition des
écrans , par des murailles*, etc., etc.

Pour expliquer d'une manière satisfaisante les résultats de ces causes sur le phénomène de la rosée, il convient de répéter ici ce que nous avons déjà avancé dans une autre partie de cet ouvrage, savoir : que l'action des forces électriques primaires du soleil et de la terre sur l'atmosphère est *collective* ou *planétaire* de sa nature ; — qu'il est de l'essence de l'action électrique planétaire dans l'atmosphère, de quelque espèce qu'elle soit, *de converger vers un foyer*. — Que, bien que l'action électrique planétaire opère continuellement, il n'y a jamais qu'une espèce de cette action *qui puisse se développer, à-la-fois*, dans une même région de l'atmosphère ; — qu'en conséquence, dans le *cercle diurne* de l'action électrique sur l'atmosphère, un commencement de cette action de l'une des forces primaires du soleil ou de la terre, après qu'il a, d'abord en la concentrant, porté à son *degré maximum* celle de la force primaire opposée qui l'avait précédé, l'affaiblit ensuite, et finalement la suspend pendant tout le temps que dure sa propre opération. — Qu'un commencement de *l'action électrique inverse* qui forme la pluie, dans une région quelconque de l'atmosphère, suspend immédiatement *l'action directe* des forces électriques opposées du soleil et de la terre, sur la région inférieure de l'atmosphère, pendant le temps de sa durée, par la direction opposée qui se trouve ainsi donnée à l'action de leurs pôles : et qu'avec leur action directe se trouve aussi suspendue la marche des phénomènes qu'elles produisent.

Ainsi, comme lorsque l'action des deux forces électriques primaires, positive et négative, est *directe*, elle a, d'après notre théorie, son *foyer local* dans la région inférieure de l'atmosphère, à la surface de la terre, et que *le premier effet* de cette action se produit sur la *température* de cette région. — De-là il suit qu'à partir du déclin de l'action solaire dans l'après-midi, mais plus particulièrement quand, au commencement de la nuit, le ciel est clair et serein, et que l'action négative de la terre entre dans une opération directe et complète sur la région inférieure de l'atmosphère; — son action, semblable à celle du soleil, étant concentrée dans cette dernière région, affecte d'abord le principe de sa température, y cause une sensation de *froid*, et *un changement total dans sa nature* et celle de ses phénomènes; — changement diamétralement opposé à celui précédemment causé par l'action solaire. L'effet de ce changement dans la nature de l'atmosphère, causé par l'action négative et directe de la terre, est que sa région inférieure, qui, peu d'instans auparavant, était *la plus chaude* et *la plus sèche*, est la première à devenir *froide* et *humide*. Même avant le coucher du soleil, quand le temps est beau et clair, en été, on reconnaît le commencement de ce changement dans la nature de l'air de la région inférieure de l'atmosphère, à l'épaisseur d'*ombre* et à la teinte qu'il prend *à distance* et *vers l'horison*, comme contrasté avec l'air de la région supérieure; — on y remarque, quoique dans un degré moindre, quelque chose qui se rapproche de la nature du *brouillard*; ce qui est produit par le mélange des actions des forces électriques primaires opposées, qui a lieu vers le coucher du soleil, dans cette région inférieure de l'atmosphère où se trouve leur foyer local. Une preuve plus palpable encore de cet effet causé par le mélange des actions des forces primaires dans la région inférieure de l'atmosphère, nous est fournie par ce qui se passe *le matin de bonne heure*, particulièrement au-dessus d'un sol qui a, pendant la nuit, émis des exhalaisons humides, quand nous voyons un air, immédiatement avant transparent et sans couleurs, se changer en un *brouillard épais*. La preuve que cette dernière circonstance est un effet du mélange, dans la région inférieure de l'atmosphère, des actions des forces électriques primaires opposées, est démontrée par le fait que cette espèce de brouillard, ou de tendance au brouillard, n'existe que jusqu'à ce que l'influence, qui se retire alors, a tout-à-fait cessé d'exister. — L'action directe de la force primaire dominante, jointe à l'influence plus décidée qu'elle exerce sur la température et le changement de propriétés de l'air de cette région, ayant de plus l'effet, en proportion de son plus grand degré de force, de rendre à cet air un degré plus parfait de transparence, conséquence du pouvoir de décomposition que possède cette action.

Mais, pour résumer : il est donc évident que l'abaissement de température qui a lieu dans l'air de la région inférieure de l'atmosphère, à la chute du jour, est un effet du commencement de l'action électrique négative de la terre sur cette région ; et que la formation et le dépôt subséquent de la rosée, ne sont que les effets du *changement de propriétés* qui s'opère dans cette région, par suite de son exposition à l'action négative de la terre. — Qu'en conséquence, les phénomènes de la rosée varient suivant les circonstances, dont quelques-unes peuvent être regardées comme locales ou temporaires, comme se rapportant au *sol* et à l'état actuel de l'atmosphère; et d'autres sont d'un caractère plus défini, parce qu'elles se rapportent aux relations que le dépôt de la rosée et l'abaissement de la température ont avec les degrés et les états différens de l'action électrique négative de la terre pendant la nuit. Ainsi nous voyons que, si la condensation aqueuse n'intervient pas, *l'accroissement de force* de l'action négative de la terre amène l'accroissement de l'abaissement de la température pendant la nuit, et du dépôt de la rosée; car cet abaissement et ce dépôt sont plus considérables quand l'action électrique négative sur la région inférieure est la plus grande : c'est-à-dire à *l'époque de sa concentration* amenée par le commencement de l'action solaire qui va succéder, ou peu après l'aube du jour : ce qui ne serait pas le cas, on sera forcé d'en convenir, si la rosée, comme on le prétend dans la théorie que nous examinons dans ce moment, était un effet du *rayonnement;* car si celui-ci exerçait une influence sur ce phénomène, cette influence et ses effets seraient plus considérables dans *la première* que dans *la dernière* moitié de la nuit, et conséquemment, toutes circonstances égales d'ailleurs, le dépôt de rosée serait plus grand au commencement qu'à la fin de la nuit. Mais comme l'on admet qu'il en est tout autrement, la théorie de la rosée, fondée sur ce principe, *porte en elle-même la preuve de sa fausseté;* tandis que la marche reconnue de ce phénomène donne un témoignage concluant de la justesse de la nôtre, qui lui assigne pour cause le changement dans la nature de l'air de la région inférieure de l'atmosphère, amené par l'action exercée sur cette même région pendant la nuit, par l'action électrique négative de la terre. — La chute de sa température et l'accroissement progressif du dépôt de la rosée, suivent exactement l'accroissement de force de l'action où nous avons posé leur source; — l'abaissement le plus léger de la température, avec le plus petit dépôt de rosée qui a lieu dans la région inférieure, — le plus grand abaissement de sa température, et le dépôt le plus considérable de rosée dans cette région, étant ceux qui ont lieu au commencement de la nuit, et peu après l'aube du jour, ainsi que nous l'avons avancé.

Tel est donc le principe sur lequel nous fondons, dans notre théorie, ces phénomènes de la rosée justement appelés « les plus mystérieux, » c'est-à-dire l'action électrique négative de la terre sur la région inférieure de l'atmosphère : théorie dont les faits prouveront la vérité dans tous ses détails, pourvu que ce phénomène ne soit pas interrompu dans sa marche par un changement de temps, ou, en d'autres termes, par un changement d'action électrique dans la partie de l'atmosphère où il se développe pendant la nuit.

Mais, lorsque pendant la nuit il survient un changement de temps causé par un commencement de condensation aqueuse, et par conséquent par la formation de nuages dans la partie moyenne de l'atmosphère, que l'opération *directe* de l'action négative de la terre sur la région inférieure demeure suspendue, avec elle, comme on l'observe, cessent la formation ultérieure et le dépôt de la rosée. Un changement de cette nature s'explique par cette loi de l'électricité planétaire qui veut qu'*une seule* des espèces de son action puisse, dans un seul et même temps, opérer dans la même région de l'atmosphère; — ce qui fait qu'un commencement de condensation aqueuse dans la partie moyenne de l'atmosphère, pendant la nuit, produit immédiatement *un changement de direction* dans l'action de son pôle électrique *actif*, en la faisant passer de la région *inférieure*, ou région de la rosée, dans celle placée au-dessus : et comme la condensation aqueuse tire son aliment des régions opposées, c'est-à-dire supérieure et inférieure de l'atmosphère, son commencement dans la région moyenne, non seulement suspend la formation ultérieure de la rosée dans la région inférieure; mais encore, comme on l'a observé, si son action est forte, elle décompose et dessèche celle qui était déjà formée.

Quant à cette partie des observations à l'appui de la théorie de la rosée, fondée sur le *rayonnement nocturne*, qui se rapportent aux effets produits sur ce phénomène, aussi bien que sur la température, par l'interposition de nuages, d'écrans, ce sont elles peut-être qui donnent les meilleures preuves de l'exactitude de notre théorie ; savoir, que l'opération négative de la terre, aussi bien que l'opération positive du soleil sur l'atmosphère, est *collective* dans son action sur la température et les autres phénomènes soumis à son influence. En effet, l'interruption de l'action solaire, par l'interposition de corps de cette espèce, empêche son effet pour *élever* la température atmosphérique, comme l'interruption de l'action négative de la terre, causée par leur interposition, empêche son action pour *abaisser* cette même température ; et change sa tendance à la *sécheresse* dans le premier, aussi bien que celle à l'*humidité* dans le second cas. Le même raisonnement s'applique aux effets opposés que produit sur les phénomènes de la rosée une *plus grande, et plus petite exposition des lieux à la vue ou à l'action des cieux.* Ainsi s'établit comme une règle d'électricité planétaire, qu'un objet qui intervient ou interrompt, si peu que ce soit, l'*action* collective de l'opération, exercée alternativement sur l'atmosphère et les superficies de la terre par les forces primaires opposées, *diminue d'autant* son effet sur la température et la marche des phénomènes sur lesquels ces forces primaires opposées exercent une influence.

—En un mot, nous pourrions hardiment défier que l'on nous citât une seule circonstance (sans excepter l'effet produit par la neige pour la conservation des végétaux, et auquel un article a été consacré dans les *Notices scientifiques*) où l'interruption de l'action *directe* et *collective* de la force négative de la terre, pendant la nuit, ne produisît pas, quoique dans une direction opposée, des effets semblables, en ôtant quelque chose de la force de l'*action positive du soleil, pendant le jour*, sur la température et les phénomènes qui en découlent.

Après avoir ainsi passé en revue les argumens et les faits principaux avancés à l'appui de la théorie de la rosée, fondée sur le principe du *rayonnement*, et cité les raisons qui, à mon avis, prouvent que cette même rosée doit s'expliquer par l'opération d'une action électrique; il me semble que je laisserais cet article incomplet si je ne considérais pas les phénomènes de la rosée sous un autre point de vue, qui n'est pas le moins important, c'est-à-dire, celui sous lequel l'action négative de la terre se lie aux localités particulières, telles que le voisinage des rivières et des lacs, des marais et des sols : et si je n'y joignais un examen des sources des *miasmes terrestres*, ou des différens degrés de salubrité et d'insalubrité des localités particulières dans certaines saisons de l'année.

D'après les observations précédentes, on voit que les phénomènes de la rosée, toutes circonstances étant d'ailleurs les mêmes, sont affectés par deux classes de causes, savoir : celles qui proviennent des différens degrés de décomposition de l'air, et celles qui proviennent d'un changement de temps, de l'interposition des nuages, etc. Quant aux effets produits sur les phénomènes de la rosée par le voisinage des *rivières*, des *lacs*, et sous un certain rapport des *marais*, ils ressemblent tellement à ceux causés par le voisinage de la mer et par les vents de mer, qu'il serait superflu de nous y arrêter ici autrement que pour indiquer leur nature, liés qu'ils sont à la *première classe* de causes dont nous venons de parler. Nous pourrons donc simplifier notre travail en limitant nos recherches actuelles à l'influence que dans des circonstances particulières les différens *sols* exercent sur les phénomènes de la rosée et de la salubrité de l'atmosphère. Afin donc de mieux comprendre comment la classe de causes dont nous allons nous occuper exerce une influence si marquée, non seulement sur les phénomènes de la rosée, mais encore sur l'*insalubrité* de certaines localités, il devient indispensable de placer d'abord ici quelques observations sur la nature des *sols* ou couches végétales de la terre.

Excepté lorsque quelques circonstances qui se rattachent aux situations particulières interviennent pour l'empêcher, les *sols* sont, en général, *comme leurs sous-sols*, c'est-à-dire *absorbans* ou *retentifs* ; et, d'après cette propriété, ils se divisent d'eux-mêmes en deux classes opposées ; — comme en proportion que les *sous-sols* ont plus d'incapacité à retenir l'humidité , les *sols sont plus absorbans ; et vice versâ.*

Il n'est peut-être pas inutile de faire observer que c'est seulement pendant les chaleurs de l'été, et dans de certaines latitudes, qu'a lieu cette différence des *sols*, quant à leur influence sur les phénomènes de la rosée et la salubrité comparative de l'atmosphère ; car, pendant les mois de l'hiver, ou quand la température atmosphérique est au-dessous d'un certain degré, la différence de nature des sols n'en produit aucune, ou n'en produit tout au plus qu'une fort peu considérable , quant à leurs effets sur les phénomènes de la rosée et de la salubrité comparative de l'air ; comme, pendant cette saison , tous les *sols* sont saturés de l'humidité qu'ils reçoivent de l'atmosphère. — Toutefois, peu après le commencement de la végétation au printemps, et plus encore à mesure que les chaleurs de l'été augmentent, on observe bientôt une différence remarquable entre les classes opposées de sols ; la classe *absorbante* devient bientôt sèche et aride , tandis que ceux de la classe opposée retiennent généralement leur verdure avec une portion de leur humidité : et comme l'humidité des sols nous paraît être le principe d'où dépend leur pouvoir d'évaporation; les sols de la première classe, à mesure que leur aridité augmente, continuent à dégager pendant la nuit des exhalaisons de moins en moins copieuses. Or, ces exhalaisons étant le *pabulum local* de la rosée, il en résulte que, comparativement, les sols de la classe absorbante cessent

bientôt d'exercer une influence *locale* sur les phénomènes de la rosée ; c'est donc vers la classe *retentive* des sols, comme vers celle qui exerce une influence particulière sur les phénomènes de la rosée
et de l'insalubrité de climat pendant les chaleurs de
l'été, que nos observations doivent se diriger. Après
avoir réduit nos recherches dans ces limites étroites,
mais justes, la circonstance qui appelle d'abord
notre attention, est *le principe mystérieux* qui,
pendant cette saison, est, dans la classe *retentive*
des sols, *la source commune de l'influence qu'ils
exercent sur les phénomènes de la rosée et sur l'insalubrité de l'air.*

Le lecteur a sans doute été frappé de la grande
affinité qui existe entre les qualités qui donnent
la fertilité aux sols, et celles de la classe que nous
examinons en ce moment ; d'un autre côté, puisqu'avec le petit nombre d'exceptions indiquées,
tous les sols, bien que saturés d'*humidité*, exercent
indifféremment une influence bénigne pendant
les mois de l'hiver ; il en résulte que, quoique
l'humidité soit un auxiliaire nécessaire de l'influence
délétère qu'exerce, pendant les mois d'été, la classe
retentive sur la salubrité de l'air, elle ne saurait en
être la source exclusive. Il est à peine nécessaire
d'ajouter qu'on doit mettre la plus haute importance à bien connaître la source de cette influence
dont les ramifications sont si étendues, en ce qui
touche la salubrité de l'air, puisque c'est d'elle que
dérivent tant de *maladies de climats* dont de si
vastes portions de la terre sont chaque année le

théâtre. Ce principe mystérieux de la classe des sols retentifs, qui jusqu'ici avait échappé à toutes les recherches, et qui a tant d'affinité avec celui de leur fertilité, semblable en quelque sorte à l'affinité qui subsiste entre les *qualités morales*, et qui conduit au développement opposé des plus grandes vertus et des plus grands vices; ce principe, dis-je, on peut le retrouver dans celui-là même par lequel la terre supplée aux besoins de l'homme, quant à la partie alimentaire, c'est-à-dire dans la *fermentation*. Pour bien comprendre comment le principe de fermentation des sols exerce une influence délétère sur la salubrité de l'air, il est bon d'observer que de même qu'il existe différens degrés de qualités absorbantes ou retentives dans les sols, de même il y a, par rapport à la nature de l'air, toutes autres circonstances les mêmes d'ailleurs, *une échelle de salubrité*, fournie par les latitudes ascendantes de chacun des deux hémisphères, de l'équateur aux pôles. Cela vient de la force supérieure de l'action négative de la terre sur l'atmosphère dans la direction des pôles, et de la force supérieure de l'action positive du soleil dans la direction des tropiques ; et par conséquent ce principe s'identifie avec celui de la température, précédemment exposé dans l'article qui porte ce nom. De-là il arrive que dans chacun des deux hémisphères il y a une sorte de point *zéro*, où l'action des forces électriques opposées, pendant les saisons opposées de l'été et de l'hiver, se balance si heureusement que, sans nuire à la salubrité des pays ainsi exposés, elle y produit cet heureux effet qu'on trouve mélangés sur leur sol la plus grande partie des produits des zônes opposées de chacun des deux hémisphères : telles, par exemple, sont les provinces du midi de la France et du nord de l'Italie. Mais à mesure que de ces points *zéro* nous avançons de l'un ou de l'autre côté, nous verrons que les *maladies*, dites *de climats*, sont *plus rares dans la direction des pôles*, et qu'elles sont *plus communes* dans la direction opposée.

Ainsi, comme la *fertilité* n'est pas particulière aux latitudes basses de chacun des hémisphères, et que le principe de *fermentation des sols* nous paraît celui en vertu duquel les plantes tirent de la terre leurs sucs alimentaires, cette circonstance prouve que, si *le principe* de leur fertilité est le même, il existe *une différence dans la nature de ce principe*, pour les pays situés dans les latitudes opposées des deux hémisphères.

On peut supposer que cette différence dans le principe de fermentation des sols, par rapport aux pays situés aux extrémités opposées de chacun des hémisphères, a sa source dans la prépondérance de l'action solaire dans l'un, et de l'action négative de la terre dans l'autre; car l'action de la *gelée éteint* chaque année ce principe dans les sols qui se trouvent suffisamment dans sa sphère d'opération ; tandis que dans ceux qui se trouvent en dehors de cette même sphère d'opération, la fermentation, quoiqu'elle paraisse suspendue, *n'est jamais éteinte;* d'où il suit que dans les lieux où la

gelée éteint chaque année le principe de **fermenta-**
tion des sols, et où l'action solaire **le renouvelle**
chaque année, au retour du printemps, ce principe
peut être appelé *annuel;* tandis que dans les lieux
où l'action de la gelée *ne développe pas* une force
suffisante pour éteindre la fermentation des sols,
ce principe peut être considéré comme *pérenniel :*
dans les *premiers,* la fermentation n'est *pas malfaisante* par rapport à la salubrité de l'air; dans le
second, ce principe fertilisant de la végétation est
en même temps une *source également fertile de
maladies.*

La *fermentation* est synonyme de la *putréfaction :*
et comme c'est par suite de son existence perpétuelle
dans les sols alluviaux des latitudes chaudes que ce
principe dégénère dans son espèce maligne, c'est à
cette circonstance de *la fermentation putride des
sols* qu'il paraît que l'on devrait attribuer les effets
funestes du climat de certains pays situés dans de
telles latitudes.

Deux circonstances se présentent si intimement
liées au sujet qui nous occupe, et si importantes
par les effets qu'elles produisent sur la salubrité de
l'air atmosphérique, qu'il serait impossible de les
passer sous silence : ce sont les effets qui résultent
de la *différente profondeur des sols,* et ceux qui
proviennent de la différence de la nature et des
propriétés particulières *des végétaux et autres
restes* dont ces mêmes sols sont composés. C'est par
suite de la *première* de ces circonstances que la
même action de la gelée qui, dans *la classe des*

sols plus légers, éteint chaque année le principe de fermentation, de manière à rendre leurs effets postérieurs sur l'air sans influence malfaisante, ne peut, à cause de *la plus grande profondeur* des sols de la classe opposée, produire sur eux le même effet, encore qu'ils soient exposés au même degré d'action ; parce qu'elle ne saurait les pénétrer à une profondeur suffisante. C'est à un principe analogue que sont dus les effets de l'agriculture sur la salubrité de l'air, même dans les sols les plus alluviaux, parce qu'en les ouvrant à l'action de l'air, elle les dégage de leur matière fermentable, et éloigne ainsi la source de leur insalubrité ; la seconde circonstance se rapporte plus particulièrement aux climats chauds, où ses effets, démontrés par la diversité des maladies auxquelles elle donne naissance, ne sont pas moins remarquables qu'importans ; car d'attendre que les maladies causées par les *miasmes* de sols différens, et de température diverses, soient les mêmes, — ce serait la même chose que de vouloir que les plantes des différens sols et des divers climats fussent pareilles et uniformes ; en effet, chaque particularité dans la nature des restes dont les différens sols sont composés, amène une variété correspondante dans la nature des miasmes qu'ils engendrent dans de certaines circonstances.

Parmi ces combinaisons délétères, il n'en est peut-être pas de plus fertiles, pour le nombre et la malignité des maladies qu'elles engendrent, que celles qui sont causées par l'envahissement accidentel des *eaux de la mer* sur les alluvions placées dans son voisinage, où elles se mêlent à ses alluvions et à l'eau douce dont elles sont imprégnées, — donnant ainsi plus d'élasticité et de malignité à leurs miasmes pestilentiels. Cette circonstance a été bien évidemment la cause de fièvres très meurtrières particulièrement dans les marais de l'Italie ; puisqu'on a rendu une salubrité comparative à ces cantons, seulement en empêchant l'entrée des eaux de la mer, ce qui a fourni le sujet d'un mémoire présenté à l'Institut, en 1825, par M. G. Giorgini.

On peut observer encore que, particulièrement dans les *latitudes basses*, il n'y a point de localités si remarquables, pour le nombre et la variété des fièvres meurtrières, et des autres maladies de climats, que les *villes* et surtout les *villes maritimes* ; parce qu'il n'y a pas de localités plus sujettes à *l'accumulation des pires espèces de ces dépôts fermentables que les grandes villes;* dépôts qui, exposés à l'action d'une haute température en été, deviennent, pour ainsi dire, des serres chaudes de maladies. Les effets funestes de ces dépôts sont sans doute aggravés encore par le flux interne et le mélange des eaux de la mer.

Nous voyons facilement que les effets funestes produits par l'entrée des *eaux de la mer* sur des sols alluviaux ou des dépôts fermentables, ne viennent point de ce qu'il y ait dans ces eaux rien *d'essentiellement délétère;* car, dans ce cas, l'atmosphère de la mer serait très insalubre, tandis qu'elle est peut-être, au contraire, la plus salubre de toutes : mais cette circonstance s'explique très bien par le principe posé dans les *Observations préliminaires*, savoir, que les *corps salins*, comme les acides, accroissent l'effet de l'action des forces électriques primaires *sur la décomposition des eaux des marais*, etc., « en amenant en contact des élémens qui possèdent des électricités opposées l'une à l'autre, quand elles sont mutuellement excitées » par une telle action. Nous voyons aussi que, quand l'*eau douce* est, en été, saturée de miasmes délétères dans des sols ou dépôts de cette nature, l'énergie de leur décomposition étant accrue par l'action des forces primaires, provenant de ce qu'ils sont imprégnés de matières salines amenées par les eaux de la mer, — la quantité, l'élasticité, et par conséquent l'étendue de ces miasmes s'augmentant dans l'atmosphère locale, donnent naissance aux propriétés malfaisantes de l'air, si connues dans de telles localités, pendant les chaleurs de l'été. Cette circonstance, on le voudra bien remarquer, vient encore à l'appui de notre hypothèse, que la source de l'action qui effectue la décomposition des eaux de la terre *est électrique;* comme aussi de la part qu'a dans le renouvellement de l'atmosphère cette circonstance que les eaux de la mer *sont salées*. Le remède le plus simple et le plus sûr pour la première classe de ces localités, ou marais, ou voisinage de la mer, serait d'élever des vannes, pour empêcher l'entrée de ses eaux : et dans les villes maritimes, de construire les égoûts publics de telle sorte qu'ils vinssent se décharger en *pleine mer*, et à une distance suffisante du point où s'arrête la marée basse; que les immondices qu'ils charrient se trouvassent éloignées de l'action de l'atmosphère. Ces mêmes principes, parmi lesquels nous comptons l'élasticité donnée aux miasmes de ces localités, nous montrent en même temps pourquoi *le commencement de la saison des pluies est le plus insalubre de l'année* dans les contrées rapprochées des tropiques.

Une autre circonstance mérite encore notre attention : *l'air de la mer* a des effets funestes sur l'accroissement de la plupart des arbres forestiers, tandis que sa présence est nécessaire à quelques autres arbres; à *l'olivier*, par exemple, qui, comme on le sait, ne profiterait pas à une certaine distance de la mer. Cette circonstance prouve, dis-je, qu'il y a quelque chose de particulier dans la nature de l'air de la mer, — qui peut-être n'est pas suffisamment connu; et j'ai mentionné ce fait, pour prouver que quand bien même on empêcherait dans les villes et au voisinage des villes tout mélange des eaux de la mer, celui de *l'air de la mer avec les miasmes* engendrés par des dépôts fermentables, pourrait être cause que ceux-ci produisissent plus de fièvres malignes et d'autres maladies, que s'ils étaient éloignés davantage du contact de ce même air de la mer.

Ainsi celles que l'on appelle *maladies de climats*, quoiqu'elles proviennent toutes de la même source, savoir, des *miasmes engendrés par des dépôts fermentables,* — varient de nature et de malignité, d'après la différence de la nature de la matière fermentable qui engendre ces miasmes, d'après les degrés de la température qui les force à s'exhaler, et d'après d'autres circonstances qui se lient aux localités.

La *fièvre commune* et la *peste* peuvent être regardées comme les deux points extrêmes parmi les diverses maladies qui doivent leur origine à cette source féconde de calamités humaines. A l'exception des maladies amenées par des excès individuels ou le manque de précaution en s'exposant à l'action trop puissante du soleil, je crois que la totalité des maladies dites de climats ont leur source dans la présence de quelque espèce particulière de miasmes terrestres. Le nombre des victimes humaines moissonnées chaque année par cette classe de maladies, et dont la dernière fièvre de Gibraltar nous offre un terrible exemple, est si grand, que, puisque j'ai parlé de leur source, on me pardonnera sans doute de m'écarter un moment de mon sujet, pour dire un mot sur les moyens de rendre la salubrité aux lieux qui en ont été infectés.

Nous voyons que l'action de la *gelée* est le seul moyen fourni par la nature pour l'extinction d'un fléau si destructeur que celui qui provient de l'*excès* du principe de fermentation dans les sols; et que conséquemment dans les pays où l'action de la gelée n'atteint pas un degré de force suffisant, il devient nécessaire de recourir à d'autres remèdes. Nous recommanderions d'abord, pour les villes,—avec l'éloignement de tous les dépôts de matières impures et fermentables loin de leur enceinte et de leur voisinage, une augmentation de propreté dans les habitudes domestiques : et pour la campagne, la promotion de l'agriculture.—Les antidotes naturels de cette espèce putride de fermentation des sols, ou dépôts impurs, sont les *terres absorbantes;* et il faut encore observer que les corps de cette nature varient considérablement dans leurs propriétés ab-sorbantes. De toutes les terres que l'on peut appeler absorbantes, celles qui ont été soumises à l'action du *feu*, telles que la *chaux*, les *cendres*, etc., peuvent être considérées comme les plus puissantes; et parmi celles-ci, les *fraisils et cendres volca-niques* tiennent peut-être le premier rang. Nous avons un exemple de l'efficacité de ces derniers corps pour prévenir les miasmes pestilentiels, à Naples, où, par suite de sa proximité du *Vésuve*, les fièvres et autres maladies de climats sont exces-sivement rares, quoique la propreté soit loin d'être une qualité de la masse de ses habitans ; et malgré l'insalubrité notoire des marais circonvoisins. Main-tenant aucune personne familiarisée avec le sujet ne niera que ces classes de maladies ne soient en-tièrement *locales* dans leur origine ; et que l'exem-ple cité, et celui de tous les lieux où il existe des vol-cans, ne prouvent leur efficacité pour prévenir de semblables maladies. Considérant qu'à Gibraltar seulement, des milliers d'hommes ont été enlevés par la fièvre dans le cours d'un petit nombre d'années, — ne serait-il pas digne d'en faire l'expérience, et d'essayer d'un remède si simple, en important, ce qui se pourrait faire à fort peu de frais, une quantité suffisante de ces cendres volcaniques, pour les mêler dans les jardins, où elles feraient un excellent engrais, avec le pavé des rues, etc., etc.? L'application de ces cendres volcaniques serait un moyen certain d'assurer la salubrité permanente d'une ville ; et outre que la vie des citoyens n'y courrait plus de dangers, la valeur de toutes les *propriétés foncières* s'y éleverait par une conséquence naturelle. Encore, un pareil exemple, et les heureux effets qui découleraient de cette expérience, engageraient d'autres villes, également situées, à la répéter ; en sorte que, dans le cours de quelques années, on n'entendrait pas plus parler des ravages causés par ces maladies pestilentielles , que de ceux de la *petite vérole,* depuis l'introduction générale de l'*inoculation.* Que *la force des circonstances* appelle l'attention publique sur l'expérience que je propose ici , qu'elle doive être faite un jour ; il ne faut pas être sorcier pour le deviner. — Mais, d'après l'apathie constitutive, ou plutôt le dégoût de la société pour les *premiers essais,* quelque importans que soient les intérêts qui se rattachent à leur succès, comme des exemples modernes ne le prouvent que trop, l'homme étant toujours dans les *extrêmes,* — il n'est pas aisé de dire dans combien de temps cette expérience sera tentée. N'importe, je n'en ai pas moins de plaisir à offrir gratuitement cet avis dans l'intérêt de l'humanité (1).

En résumé, on pourrait prendre pour une digression les observations précédentes sur les sols, la source et la nature des miasmes terrestres ; mais, indépendamment de l'importance de ce dernier article dans l'intérêt de l'humanité, l'omission d'un paragraphe sur ces circonstances intimement liées, ainsi que j'espère le prouver, aux phénomènes de la rosée, eût laissé le sujet dans un grand état d'imperfection. La connaissance de ces circonstances doit mener à celle des *causes locales* qui exercent une influence si considérable sur les phénomènes de la rosée ; car ces causes locales, quant aux sols, s'identifient en quelque sorte avec les variations qui se remarquent dans le principe de leur *fermentation* : ce principe, il est vrai, est d'abord mis en activité par l'action solaire ; mais quand les sols ont assez de profondeur, cette activité continue après que la cause qui lui a donné naissance a cessé d'agir. C'est là la source véritable de la chaleur, ou plutôt, pour parler avec plus de justesse, de l'*accroissement de température*, que l'on trouve dans les hivers même les plus rigoureux, à une certaine dis-

---

(1) Je prendrai la liberté de renvoyer le lecteur à l'Appendice, où il trouvera copie d'un Mémoire que j'adressai, en 1826, à Son Altesse Royale le duc d'York, commandant en chef les forces britanniques, sur *la cause et les moyens de prévenir les maladies endémiques dans l'armée des Indes*, avec des extraits de la correspondance qui s'ensuivit.

tance au-dessous de leur surface ; et qui paraît l'un des moyens les plus efficaces que la nature ait pu employer pour préserver, pendant les grands froids, ces productions végétales les plus délicates. Ainsi , joint à beaucoup d'autres, ce fait prouve que la température, ou la chaleur , n'est qu'une *qualité* des corps, qui peut avoir sa source dans différentes causes.

Il paraît que c'est à une *espèce différente* de ce principe de fermentation terrestre (dont la source est dans l'action de cette base primaire de toute fermentation, l'*eau*, sur certaines couches de substances fossiles plus ou moins susceptibles d'être affectées par son contact) qu'il faut attribuer la variation de température que l'on a trouvée aux diverses profondeurs de différentes mines : sujet qui a depuis quelque temps si fort occupé l'attention de l'Institut, et qui a fait renaître l'hypothèse d'un *foyer central d'ignition*. Quand cette dernière espèce de fermentation est mise en action , elle exerce nécessairement une plus grande force sur la température, à proportion qu'elle se trouve renfermée entre des limites plus resserrées : de-là vient que, quand elle se développe dans les mines , l'élévation de température qu'elle occasionne accroît généralement en proportion de leur profondeur. C'est encore à ce principe qu'on peut attribuer , avec vraisemblance, les *tremblemens de terre* et les *volcans :* on a remarqué que les premiers de ces phénomènes, quand ils ne sont pas l'effet de l'action volcanique, comme dans les Pyrénées, arrivent plus fréquemment après de grandes pluies, telles que celles d'automne, que dans d'autres temps; d'un autre côté, l'on sait que les volcans sont toujours situés, *quand ils sont en activité, dans le voisinage de la mer,* ou d'autres grands réservoirs d'eau, d'où ils tirent les alimens nécessaires pour nourrir leurs feux emprisonnés. Les éjections d'*eau bouillante* qui accompagnent quelquefois les irruptions volcaniques, confirment encore la liaison intime qu'elles ont avec cet élément. Il est aisé aussi d'expliquer ce phénomène, d'après le principe du *piston* : le *lancement* et l'*élévation* d'eau dans les puits des volcans qui doivent précéder, ne sont plus simplement que les effets de l'intimité qui existe entre leurs profondeurs et les eaux de la mer, et du vide causé le long de leur ligne d'éjection, que leurs jets expirans vomissent par torrens au dehors. On sait qu'au milieu de ces inondations aqueuses des volcans se trouvent quelquefois nombre de *poissons,* ce qui a induit quelques personnes à supposer l'existence de *lacs souterrains* dans ces montagnes; comme s'il était possible que le poisson puisse vivre dans l'eau ainsi privé de l'action de l'atmosphère.

Revenons au sujet de la rosée. Les *causes locales* qui exercent une influence sur les phénomènes de la rosée paraissent pouvoir se diviser dans les classes suivantes: L'exhalaison d'humidité qui, dans les chaleurs de l'été, a lieu pendant la nuit dans les *marais;* exhalaison amenée par le double principe du *refroidissement* des eaux, et de l'action de *fermentation* de leurs sols au-dessous : ce qui, en saturant la région inférieure de l'atmosphère dans leur voisinage d'humidité et de particules terrestres volatiles, fait que les dépôts les plus considérables de rosée, incidens aux causes locales, sont ceux qui se précipitent de ces régions de l'atmosphère. Le rayonnement nocturne d'humidité, qui pendant l'été part des *lacs*, des *rivières* et de *la mer*, par suite du *refroidissement* de leurs eaux en l'absence du soleil, et qui, comme la première classe, surchargeant la région inférieure de l'air d'humidité, quoique *sans aucune des matières terrestres*, cause nécessairement une décharge proportionnée de rosée de ces régions de l'atmosphère, et, sous ce rapport, paraît devoir occuper *la seconde place* parmi les causes locales qui exercent une influence sur les phénomènes de la rosée. Le rayonnement nocturne d'humidité et de matières terrestres et volatiles ou *miasmes*, qui a lieu pendant l'été dans les *terrains richement alluviaux*, causé principalement par l'action de la *fermentation*, paraît occuper la place suivante dans l'échelle des causes locales. Finalement, les exhalaisons nocturnes des sols *végétaux les plus légers*, et de la *classe absorbante des sols*, étant les moins considérables et celles qui fournissent le moins d'alimens à la rosée, occupent la dernière place dans la liste de ces causes locales.

Une autre observation qui se lie parfaitement au sujet des *miasmes*, c'est que l'expérience a prouvé qu'il y a très peu de risques d'attraper l'infection pen-

dant le jour, même dans les cantons les plus pestilentiels, et quand ce fléau est dans toute sa force ; que
ce n'est que *pendant la nuit*, ou aux approches de
la nuit, qu'il faut éviter surtout ses funestes effets :
et que l'espèce la plus meurtrière de ces miasmes est
celle de ceux qui sont élevés dans l'air par les *plus
hauts degrés de température*. Mais heureusement
la portée de leur influence destructive est plus limitée, en raison inverse du degré de malignité qu'ils
possèdent ; et les espèces les plus funestes, celles
qui éteignent la vie presque au moment de leur
contact avec les poumons, comme il arrive quelquefois dans les marais de l'Italie, ne s'élèvent souvent qu'à quelques pieds de la surface de la terre.
On sait également que la rosée se forme beaucoup
plus vite au-dessus des marais et des sols fertiles,
quand leur principe de fermentation est excité par
la température la plus élevée, qu'au-dessus des sols
de la classe opposée ou absorbante.

La raison de la première de ces circonstances
paraît être que, comme il est de la nature de l'action solaire de *décomposer* en leurs élémens premiers toutes les matières volatiles que la fermentation fait passer des sols dans l'atmosphère, ce qui
neutralise pour un temps leurs effets nuisibles ; il
est au contraire de la nature de l'action électrique
négative de la terre sur l'atmosphère, de recombi-
ner ces molécules terrestres volatiles en les mélan-
geant avec l'humidité qu'elle fait naître dans la
région inférieure. Ainsi les particules terrestres volatiles nagent dans la région inférieure de l'atmos-

phère au‑dessus de cette classe de sols, gardant leurs qualités *putrides*, et amalgamées avec les élémens de la rosée qui commence à se former; — dans cet état subtil, elles pénètrent avec ces élémens par les poumons et les pores de la peau dans le système des personnes qui se trouvent exposées à l'action de l'atmosphère dans ces climats, et cette matière putride se trouvant ensuite mêlée à la masse du sang, comme par *inoculation*, produit bientôt ses effets, par les diverses maladies qu'elle engendre.

C'est encore un des caractères distinctifs de la présence de ces miasmes terrestres dans la région inférieure de l'atmosphère, que le passage d'une chaleur excessive au froid, qui a lieu au moment du coucher du soleil ou peu de temps après, *est plus rapide* dans les contrées où se trouvent ces miasmes, que dans celles qui en sont exemptes. Cette circonstance, jointe à cette autre que le dépôt de rosée a lieu plus tôt qu'ailleurs dans les contrées marécageuses, paraît avoir sa source principale dans l'accroissement de pesanteur que la présence de ces miasmes donne à l'air auquel ils se trouvent mêlés. — Cet air, au moment où il va subir le changement dans ses propriétés, amené le soir par le commencement de prépondérance de l'action négative de la terre sur l'action positive du soleil dans l'atmosphère, se coalise en conséquence avec une plus grande rapidité. — La neutralisation également rapide de l'oxigène de cette région de l'air, que cause ce changement de ses propriétés, ainsi que la formation prompte de la rosée, occasionnent ces transitions soudaines de température, si remarquables au commencement de la nuit dans l'air des contrées pestilentielles.

Arrivons à une conclusion. D'après les observations précédentes, nous croyons qu'il demeure évidemment prouvé que le phénomène de la rosée a sa source, non dans le principe du *rayonnement nocturne*, du calorique précédemment absorbé par la terre, comme on le prétend dans la théorie que nous venons d'examiner ; mais bien dans le principe planétaire de *l'action électrique négative*, sur la région inférieure de l'atmosphère. Et, indépendamment des circonstances se liant à ce phénomène, amenées par l'action répulsive et attractive des classes opposées de corps dans la réception de ses dépôts nocturnes ; que les variations que l'on y remarque ont leur source dans l'une ou l'autre des causes assignées : savoir, dans les différens degrés de *décomposition* de l'air sur lequel il agit ; dans les interruptions de l'action *combinée* et *plus parfaite* du principe planétaire dans lequel nous avons placé la source de ce phénomène, sur la région inférieure de l'atmosphère ; et dans l'interruption de son occurrence, causée par l'interposition des nuages ou d'autres corps, ou par l'occurrence de la condensation aqueuse. — Ou, enfin, dans cette classe de causes qui se rattachent aux *localités* ; dans lesquelles on verra que le rayonnement de la terre dans lequel elles ont leur source, bien qu'un effet de la chaleur, est moins un rayonnement de chaleur, que de *moiteur* et de *matières terrestres volatiles* enlevées en ce moment dans cette région de l'atmosphère.

Je ne saurais m'empêcher de mentionner ici un fait, vérifié, dit-on, par le docteur Wells, et cité dans les *Notices scientifiques*, à l'article *sur la formation artificielle de la glace au Bengale*, fait d'où l'on voudrait déduire une distinction entre le *rayonnement de l'eau et l'évaporation*. Le voici : « M. Wells a prouvé qu'à Londres, et ceci tranche toute difficulté, l'eau se congèle quelquefois à une température supérieure à zéro, *sans rien perdre de son poids*, comme cela devrait être cependant, si l'évaporation avait quelque part au phénomène. » L'on ajoute encore, « en admettant que l'évaporation fût la cause de la première lame de glace dont l'eau se recouvre, il faudrait toujours chercher comment l'épaisseur s'augmente graduellement pendant la nuit, *lorsque toute évaporation est supprimée?*» Si, comme on l'avance ici, cette évaporation de l'eau était entièrement empêchée par la première croûte de glace qui se forme à sa surface, il n'y aurait guère besoin d'emprunter aux expériences du docteur Wells, le fait précité, à l'appui du principe, car alors celui-ci *trancherait de lui-même toute difficulté*, à cet égard. Mais on me permettra de nier l'exactitude de l'un et l'autre fait, par la raison bien simple de leur *totale impossibilité*. Quant au premier, ce que l'eau perd, en passant de l'état fluide à l'état solide, ou à l'état de glace, étant une partie intégrante et indispensable de ce corps dans le premier état, c'est-à-dire, une portion de son oxigène ou de sa base solaire, ne saurait être enlevé à ce corps, sans que l'on diminue d'autant sa substance et *son poids*. Quant au second, la *glace* n'est qu'une autre espèce de neige, plus compacte; ces deux substances sont formées par l'amas de petites cristallisations, et conséquemment elles sont suffisamment poreuses, pour admettre le libre dégagement par l'*évaporation* de cette portion de sa base calorifique nécessaire pour effectuer ce changement de l'eau de son état fluide à l'état fixe. La seule différence peut-être de l'évaporation de l'eau à travers une feuille de glace, et l'évaporation ordinaire, c'est que, semblable à un fluide passé à travers un *filtre*, la portion ainsi perdue par l'évaporation est dégagée *dans un état plus parfait de décomposition*, que quand aucune substance ne vient mettre obstacle à la liberté de l'opération. Une expérience bien simple montrera l'effet extraordinaire qu'a l'action de la gelée sur l'évaporation de l'eau, et que l'interposition de la glace *n'empéche pas l'évaporation de l'eau.* — Si l'on prend un tube étroit et profond, ou un autre vase de cette espèce, que l'on y verse de l'eau, à-peu-près à un tiers de sa profondeur, et qu'on l'expose découvert pendant une nuit très froide, si l'action de la gelée est suffisamment puissante, on verra en peu de temps une couche de glace commencer à se former, *non à la surface de l'eau,* mais à une certaine distance au-dessus, près de l'ouverture du vase, et autour de sa surface interne:

si l'action de la gelée continue avec une force suffisante, cette couche de glace s'étendra dans tout le travers du vase, laissant entre elle et la surface de l'eau un espace vide de peut-être un pied ou davantage. On peut remarquer cette même circonstance après une nuit où il a gelé dans les ornières ou les trous des routes, où l'eau qui a reçu l'action de la gelée se trouve plus bas que l'ouverture du trou qui la contient, tandis que la feuille de glace se forme à une certaine distance au-dessus de la surface de cette même eau, et *continue d'accroître en épaisseur*, après qu'elle a hermétiquement fermé l'ouverture de ce vase ou de ce trou ; accroissement d'épaisseur qui deviendrait absolument impossible si la présence de cette feuille de glace suspendait l'évaporation de l'eau placée au-dessous, car une fois formée parfaitement, ce n'est que par l'évaporation qu'elle peut obtenir *cet accroissement d'épaisseur.*

Nous pouvons voir dans ceci, comme dans les phénomènes de la rosée, un effet résultant de l'interruption apportée par les parois de ce vase, etc., à l'action directe et collective du principe planétaire dans lequel nous avons placé la source des phénomènes de la rosée et de la gelée. Interruption qui, empêchant l'*action directe* de ce principe de venir en contact avec la surface de l'eau, de manière à amener sa congélation, comme si elle lui avait été librement exposée, la laisse cependant assez puissante pour produire son évaporation rapide, et l'arrête au point où son action plus parfaite est suffisante pour la convertir en glace.

L'on voit combien sont loin d'être fondées sur des faits les suppositions que nous venons d'examiner; — donnant ainsi un nouvel exemple du vice des écoles péripatéticiennes, si bien décrit par Bâcon, « de contourner des phénomènes réels pour leur faire prendre une forme qui s'adapte mieux aux idées qu'on s'est d'avance formées sur la constitution et la nature des choses. »

Je ne puis quitter les *Notices scientifiques* de M. Arago, sans remarquer que l'explication qu'il donne de ce qu'il appelle l'erreur vulgaire de l'influence que la *lune rousse* exerce sur la végétation, — explication fondée sur ce que la lumière réfléchie de la lune, *n'affectant pas la température*, ne peut exercer aucune influence sur la végétation, et par laquelle il attribue les effets produits au *rayonnement nocturne* : ne me paraît rien moins que satisfaisante.

On sait que la *lumière solaire*, indépendamment de la température, exerce une influence puissante sur la *couleur* et la *santé* des végétaux ; et comme l'on ne saurait supposer que rien n'existe dans la nature sans objet, — dans mon opinion, la lumière réfléchie de la lune, indépendamment de son utilité, comme *lampe de la nuit,* n'est pas sans être douée d'une influence d'un genre différent. Cette influence, à supposer qu'elle existe, doit, comme toutes les choses relatives à la végétation, se développer plus puissamment *en été* qu'*en hiver*, et pendant tout le cours de l'année, plus puissamment aussi dans les *latitudes basses*, que dans celles qui se rapprochent davantage des pôles. Nous avons des preuves palpables de l'existence d'une action de cette nature exercée par la lumière lunaire, dans son pouvoir de *putréfier les viandes* les plus fraîches qui lui sont exposées ; et dans ses effets nuisibles sur la *vue*, circonstance que les marins connaissent si bien. En présence de telles preuves, vouloir nier l'existence d'une action de cette nature, ce serait vouloir hasarder des conjectures en opposition à l'évidence des faits ; et nous n'y voyons qu'une nouvelle preuve de la variété extraordinaire qui existe dans le nombre des agens naturels (1).

Cette influence exercée sur les matières animales et végétales par la lumière réfléchie de la lune, paraît être d'une *nature fermentable ou putride*, car nous n'en pouvons juger que par ses effets.

On se rappellera que ce qui est pour nous la *lune rousse*, ou lune du printemps, est dans l'hémis-

____

(1) Il est une croyance universellement répandue parmi les Arabes ; c'est que les rayons de la lumière lunaire sont nuisibles au corps humain, et les peuples du Levant en Égypte ont la même opinion. Il peut y avoir quelque vérité dans cette prévention. « J'ai souvent vu mes mariniers sur le Nil affectés d'ophtalmie et de catarrhe par une suite évidente de cette cause. Leurs têtes ayant été découvertes pendant la nuit par quelque accident, dans le cours de la matinée ils se plaignaient de mal aux yeux, causé, disaient-ils, par l'effet de la lune. (Doct. MADDEN's *Travels*, vol. II, pag. 197.)

phère méridional la lune d'automne, et *vice versâ*. Maintenant le changement que les fruits subissent dans *leur dernier degré de maturité*, peut être regardé comme *leur premier degré de décomposition*, comme on le voit par les espèces de fruits les plus délicates, telles que les poires d'été, etc. Conséquemment, quoique nuisible en apparence à la végétation pendant le printemps, il faut que cette espèce d'action sur les végétaux, attribuée à la lumière réfléchie de la lune, soit dans l'autre hémisphère à la même époque, productive d'incalculables bienfaits en hâtant la maturité de ses produits végétaux, dont la plupart, peut-être, si cette action n'existait pas, n'arriveraient pas à un état parfait de maturité; ou ne le feraient qu'à une époque de l'année si avancée qu'il ne resterait pas assez de beau temps pour en effectuer la récolte. Nous pouvons apprécier par-là l'étendue et l'importance de l'influence qui peut être exercée pendant la nuit sur le règne végétal par la lumière réfléchie de la lune. Quant aux effets malfaisans en apparence qu'elle produit en pinçant les premiers bourgeons du printemps, — il faut être bien peu versé dans la science de l'agriculture pour ne pas savoir que ces échecs éprouvés par la végétation *dans son commencement*, loin de lui être nuisibles, lui sont extrêmement favorables. C'est ce que l'on voit par la différence *en quantité*, et plus encore *en qualité*, que présentent les moissons après des *hivers doux* ou *rigoureux*. Dans le premier cas, le blé et les autres céréales, semés en hiver, n'étant pas interrompus

dans leur croissance par l'action de la gelée, présentent au printemps la plus belle apparence ; mais
leur force de végétation étant épuisée *dans leur
tige*, le *produit* manque généralement sous le
double rapport de la quantité et de la qualité. Au
contraire, quand la végétation du blé et des autres
céréales est sévèrement interrompue dans son premier développement par l'action de la gelée, la
moisson qui vient ensuite est toujours abondante
et d'excellente qualité. La raison de ce fait paraît
être que, pendant l'échec que l'action de la gelée
fait éprouver à la végétation du blé et des autres
céréales semés en hiver, *leur racine continue à acquérir un accroissement de force;* ce qui fait qu'aussitôt que l'action de la gelée a cessé, elle agit avec
plus de vigueur pour accélérer la végétation de la
tige ; et que cette vigueur n'étant pas, comme dans
le premier cas, épuisée au moment où la force de
l'action solaire amène la floraison, se trouve réser-
vée pour celle de la production où elle se déploie
par la *création des grains*, et se montre, comme
nous le voyons, productive des effets les plus salutaires. Ainsi, comme la même analogie existe sans
doute pour les autres classes de produits végétaux,
que pour celle dont nous venons de parler, on en
peut conclure que l'influence de l'échec causé à sa
végétation par la lune rousse, si tant est qu'il existe,
au lieu de lui être funeste, peut avoir sur elle un
effet tout contraire.

Quant à la *théorie de la grêle*, de **M. Volta**, qui a
fourni le sujet d'un article des *Notices scientifiques*,

— comme d'autres out prouvé suffisamment qu'il est impossible qu'elle soit juste, je n'en dirai rien ici, si ce n'est que les extravagances que l'on y trouve prouvent suffisamment jusqu'où peuvent être conduits les hommes, même les plus éminens, quand ils entreprennent d'expliquer les phénomènes naturels par d'autres principes qué les véritables : et de plus quelle est la *valeur de ces vrais principes*, une fois découverts, non seulement pour leur utilité sous le point de vue scientifique, mais encore parce qu'ils mettent l'homme à même de dépouiller la nature des vêtemens bizarres dont les théoristes l'affublent et la défigurent, et de la contempler dans toute sa beauté et sa simplicité primitives.

BROUILLARD.

Les *brouillards* ne diffèrent en rien des *nuages*, ou premier état de la condensation aqueuse, si ce n'est par *la région* de l'atmosphère dans laquelle ils se forment, — étant amenés, jusqu'à un certain point, par l'action inverse des pôles électriques de ses bases aériformes opposées dans cette région. Le phénomène du brouillard et celui de la rosée, se rapprochant encore plus par leur nature, que de celle des nuages, — ne sont, au fond, que des modifications différentes de la même action dans la région inférieure de l'air ; c'est-à-dire l'action commençante ou rapprochement du *pôle actif* sur la base électrique de son opposé : amenant, par-là, comme on l'a vu, l'*action inverse* du dernier, jusqu'à un certain point,—et par le changement commençant de ses propriétés électriques qui en résulte, le changeant en une masse de vapeurs; car, l'on peut observer que l'action plus puissante du pôle électrique actif dissout ces vapeurs, et rend à cette couche d'air sa première transparence. Ainsi, il paraît que, dans tous les cas, le brouillard est un effet des *transitions* qui ont lieu dans l'*action directe* des forces électriques primaires sur l'atmosphère, et par conséquent, qu'il est borné au *théâtre de cette action*, — la région inférieure.

Mais, ainsi que nous l'avons observé de la rosée, les différens degrés de densité du brouillard, et l'on peut ajouter ceux de sa durée, doivent dépendre de circonstances *moitié locales, et moitié venant du dehors*,—sa formation présupposant l'existence de l'humidité, jusqu'à un certain point, ou la décomposition imparfaite de l'air, dans la région inférieure de l'atmosphère de la partie où il a lieu ; et qui peut être considérée comme formant sa base : de même que les différens degrés de son intensité dépendent à-la-fois de la somme et de la qualité de cette base, et du degré de l'action de la force électrique primaire qui le produit. Ainsi, les brouillards non seulement varient en intensité, dans des régions voisines, à *la même époque*, mais pour le temps de leur *durée*; selon le cercle d'action électrique par les changemens de laquelle ils sont produits. — Les brouillards, par rapport à cette dernière circonstance, étant divisibles *en trois espèces*,—*diurnes, lunaires*, et *annuels* : — les plus épais et de la plus longue durée, étant ceux qui sont amenés par les changemens dans le cercle annuel, au commencement de l'hiver, particulièrement dans les hautes latitudes, quelque temps avant l'arrivée de la gelée : de même que les plus légers sont ceux qui, en été, sur le lit des rivières ou des marais, au point du jour et au coucher du soleil, marquent, pendant le beau temps, l'action commençante à ces époques, des forces électriques opposées, sur la région inférieure de l'air, dans le cercle diurne de leur mouvement. Les brouillards lunaires ont lieu ordinairement aux *intercalaires* lunaires qui précèdent l'arrivée de la *marée lunaire*, du *même nom* que celui de la force électrique *dominante* du moment ; ou pendant les jours qui suivent immédiatement : l'époque de leur apparition étant, pour l'ordinaire, le commencement de l'été et de l'hiver.

L'espèce de brouillards qui dominent ordinairement pendant l'époque des gelées, paraît avoir sa source dans les radiations abondantes d'oxigène de la surface de la terre, produites par l'action négative ; et qui, arrêtées dans leur ascension par la présence du pôle négatif, et le changement électrique dans ses propriétés, amené par l'action de ce dernier, sont converties en une couche de vapeur à quelque distance de la terre. Mais par suite du changement de direction qui a lieu dans l'action principale de la force électrique négative, avant la fonte des glaces, cette espèce de brouillards qu'elles produisent se dissipe généralement avant le *dé-*

gel, dont leur disparition peut être considérée comme un indice.

On a fait remarquer, au commencement de ce chapitre, que les brouillards ne diffèrent des nuages que par la région de leur apparition. — Cela prouve une certaine analogie existante entre les phénomènes du brouillard et la condensation aqueuse ; et quant à cette analogie, que les phénomènes du brouillard sont divisibles en *modes opposés;* mais que dans tous les cas, comme ayant leur source dans le changement, ils peuvent être considérés comme des anneaux intermédiaires, et servant à lier deux phénomènes atmosphériques *dissemblables*, — ou *déjà existant et à venir*, d'espèces différentes : ainsi, l'espèce de brouillard dont nous avons déjà parlé, ayant son commencement dans la région inférieure de l'atmosphère, est toujours précurseur *du beau temps;* de même que l'espèce opposée, ou celui qui commence dans la région moyenne de l'atmosphère, et de là descend dans l'inférieure, est invariablement, s'il s'avance jusqu'à un certain degré, l'avant-coureur *de la pluie* et des phénomènes qui la suivent. Il suit de là que, quoiqu'elles aient leur source dans des principes semblables, ces espèces opposées de brouillards indiquent des temps exactement opposés ; et de là la nécessité, pour arriver à une connaissance exacte du temps qu'ils précèdent, si c'est dans un pays de montagnes, et particulièrement au voisinage de la mer, d'observer la direction *verticale* que prennent ces brouillards, — c'est-à-dire s'ils *montent* ou s'ils *descendent*. Dans le dernier cas, ces phénomènes sont un signe certain de pluie et assez souvent d'orage ; tandis que s'ils montent, rien de semblable n'est à appréhender.

De plus, l'*état de l'atmosphère* qui, pendant les époques de *brouillards lunaires* (comme il a été dit), répond le plus tôt aux changemens lunaires par l'espèce de brouillards qui précède le beau temps, doit être aussi l'état de l'atmosphère qui donne lieu le plus promptement à l'espèce opposée. En effet, l'existence, dans telle région que ce soit de l'atmosphère, de la *décomposition imparfaite* de son air, qui, comme on l'a dit, constitue la base essentielle du brouillard : paraît, quoique avec une certaine modification, n'être pas moins nécessaire dans la région moyenne que dans l'inférieure, à la formation des espèces de brouillards dans lesquels la condensation aqueuse prend sa source. Ainsi, nous voyons là encore une autre sage disposition de la nature, qui fournit cette base à l'endroit où elle est le plus nécessaire, pendant les chaleurs de l'été, dans la région moyenne de l'air ; c'est-à-dire au sommet des plus hautes chaînes de montagnes, par la dissolution des neiges dont elles sont couvertes, et *les évaporations* qui en résultent. De-là il suit, que par le fréquent retour des pluies que ces dernières amènent dans ces régions, un renouvellement continuel, et des dépôts toujours nouveaux ont lieu dans les réservoirs où les principales rivières de la terre ont leur source.

MÉTÉOROLOGIE.

Ayant traité consécutivement, dans ce qui précède, en premier lieu, des phénomènes de la lumière et de la chaleur, ainsi que du froid, etc., produits par l'action électrique positive directe du soleil et de la terre, au moyen de leurs *pôles* sur notre atmosphère; secondement, de l'action *électrique inverse* dans sa région moyenne, au moyen de laquelle les extrêmes de sa température sont modifiés, la terre reçoit une quantité continue de pluies rafraîchissantes, et le grand principe de circulation entre les élémens de l'air et de l'eau, si indispensable à leur régénération mutuelle, est maintenu et perpétué : ayant ensuite examiné les phénomènes dans sa région inférieure, dépendant des collisions électriques qui s'y trouvent, produites par les changemens des forces électriques primaires, soit diurnes, lunaires ou annuelles ; — le premier objet dont je dois m'occuper, pour parcourir le cercle entier des phénomènes atmosphériques, et terminer ainsi cette partie importante de la tâche que je me suis imposée, c'est de présenter quelques observations tendant à expliquer les phénomènes particuliers à sa région *supérieure*, — phénomènes que j'admets également comme des effets résultant des *collisions électriques* dans cette région.

D'après ce qui précède, on a pu reconnaître que, quoique le théâtre de la principale action électrique inverse, par laquelle la circulation entre les élémens de l'eau et de l'air est conservée, etc., soit bornée à sa *région moyenne*, des collisions électriques, semblables à celles qui amènent l'action inverse dans cette région, ne s'y trouvent pas exclusivement ; mais que les *régions inférieure* et *supérieure* qui, de chaque côté, renferment la moyenne, et constituent les grands dépôts atmosphériques de ses bases électriques opposées, sont également le théâtre de *collisions électriques*. Ces collisions, dans ces régions opposées de l'atmosphère, donnent lieu à des phénomènes, non seulement différens les uns des autres, mais encore de ceux qui dépendent de la principale action inverse de leurs pôles dans la région moyenne. Cette différence dans les phénomènes ainsi produits dans la région inférieure de l'atmosphère, de ceux de sa région supérieure, a sa source dans la différence qui existe entre les masses d'air de ces régions opposées ; *l'inférieure* étant le grand dépôt solaire, comme *la supérieure*, le grand dépôt terrestre de sa base électrique ou négative. Il n'est point admis cependant que l'air de chaque région est exclusivement composé de chaque base ; mais, au contraire, que l'air de l'une et de l'autre est légèrement mêlé avec l'opposée ; sans quoi les condensations dans chaque région où leurs phénomènes sont produits, ne pourraient suivre leur cours.

Ainsi, quoique le *principe* dans lequel toute cette classe de phénomènes, soit dans les régions moyenne, inférieure ou supérieure de l'at-

mosphère, prend sa source, soit le même, c'est-
à-dire l'*action électrique inverse* sur leurs bases,
amenée par la collision des pôles électriques opposés dans chacune ; cependant, par suite des
causes assignées, il existe une grande variété dans
les phénomènes que produit cette espèce d'action
électrique.

AURORES BORÉALES ET AUSTRALES.

De tous ces aspects lumineux dans l'atmosphère
qui sont compris sous la dénomination ordinaire
de météores, soit par la liaison que l'on sait qu'ils
ont avec les pôles de la terre, soit par l'élévation
extraordinaire de la région dans laquelle ils apparaissent, —l'époque de leur présence, — l'influence
qu'ils exercent sur l'aiguille aimantée,—les différens
reflets de leur lumière et de leur éclat, par rapport
aux hémisphères opposés et à des latitudes et des
localités particulières, ou la manière, tantôt uniforme, tantôt diversifiée, avec laquelle ils dardent
leurs feux enjoués :

         « Ensweeping first
The lower skies, they all at once converge
High to the crown of heaven, and all at once
Relapsing quick as quikly reascend,
And mix, and thwart, extinguish, and renew,
All ether coursing in a maze of light ; »

L'aurore *boréale* et *australe*, sous quelque point de
vue qu'on la considère, mérite d'occuper le premier

rang. Pour servir de préface aux observations que j'ai à présenter sur le principe dans lequel, ainsi que je l'admets, elle a son origine, je crois nécessaire de noter ici quelques-uns des principaux faits liés avec son existence, et que je trouve dans des ouvrages relatifs à ce sujet.

Ainsi, quant à l'époque de leur apparition, je trouve le passage suivant dans *Rees's Cyclopedia :* « On a observé que les aurores boréales sont plus communes vers *le temps des équinoxes*, qu'à aucune autre époque de l'année. » De plus, quant aux localités où on les voit paraître le plus souvent et avec le plus d'éclat : « Les voyageurs conviennent que dans la *Sibérie*, les aurores se montrent dans *la plus grande perfection*. » Dans les parties septentrionales de la Sibérie, d'après la description de Gmelin, traduite par le docteur Blagden, on voit ces lumières polaires commencer par de simples colonnes s'élevant dans le nord, et presque en même temps dans le nord-est, et qui, grandissant graduellement, embrassent un grand espace du firmament, se portent d'un endroit à l'autre avec une incroyable rapidité, et enfin, couvrant le ciel jusqu'au zénith, offrent l'aspect d'un immense voile brillant de l'éclat de l'or, des rubis et des saphirs. « Ce phénomène, ajoute-t-il, est accompagné, comme je l'ai appris par le récit de plusieurs personnes, par un sifflement, un craquement et un bruit tellement forts, qu'on croirait entendre le jeu d'un immense feu d'artifice : les habitans, pour exprimer ce qui frappe alors leurs oreilles, se servent de l'expression *spolochi chodjat*, c'est-à-dire voilà le passage de l'armée furieuse. » Une personne qui a demeuré plusieurs années dans la baie d'Hudson, confirme le récit de M. Gmelin, particulièrement en ce qui concerne ce bruit retentissant. M. Belknap de Douvre, New-Hampshire, Amérique septentrionale, rend témoignage du même fait, etc., etc. On remarque de plus que la « Sibérie est le pays le plus *froid* de la terre. » Comme une preuve de la liaison intime que ces phénomènes ont avec les pôles de la terre, on peut rappeler qu'à l'exception de la soirée du 25 septembre 1827, l'aurore boréale ne s'est point vue à Paris depuis vingt ans.

Les *aurores australes* ont été depuis long-temps observées vers le pôle-sud. Le 17 février 1773, sous le 58e. degré de latitude sud, M. Forster, qui accompagnait le capitaine Cook, dans son voyage autour du monde, observa, dit-il, « un superbe phénomène pendant la nuit précédente, qui reparut la nuit de ce jour et les suivantes : il consistait en de longues colonnes de lumière d'un blanc léger qui s'élevaient à l'est de l'horison, presque jusqu'au zénith, et se développaient graduellement sur toute la partie méridionale des cieux. Ces colonnes étaient quelquefois recourbées à leur extrémité l'une vers l'autre ; et quoique sous beaucoup de rapports elles fussent semblables aux lumières septentrionales de notre hémisphère, elles en différaient cependant, étant toujours d'une couleur *blanchâtre*, tandis que les nôtres prennent différentes teintes, et spécialement les nuances de feu et pourpre. Le ciel était généralement serein, lorsque ces phénomènes se montraient, et l'air, perçant et froid, le thermomètre se maintenant à la glace. »

Quant au degré d'élévation de l'aurore boréale, quoique, ainsi que dans les nuages ordinaires, des variations dans l'élévation de ceux qui leur donnent naissance puissent avoir lieu; cependant l'ensemble de ces phénomènes, comme la plus grande classe des météores globulaires, paraît appartenir à la région supérieure de l'atmosphère, et, vraisemblablement, à une région bien au-delà de la courbe de la lumière. On peut voir, à cet égard, l'écrit de M. Dalton, sur la hauteur des aurores boréales au-dessus de la surface de la terre, lu à la Société royale de Londres le 17 avril 1828, qui en cite particulièrement une observée à Warrington, le 29 mars 1826, dont il estime la hauteur à environ cent milles perpendiculairement au-dessus de la terre, et par un autre calcul, à 150 ou 160 milles.

Quant aux opinions des physiciens sur l'aurore boréale, nous n'y trouverons rien de bien satisfaisant ni concluant. Ainsi, le fameux docteur Halley pensait que les vapeurs ou exhalaisons aqueuses extrêmement raréfiées par le feu souterrain, et colorées par des courans sulfureux, pouvaient être la cause des aurores. M. de Mairan leur donnait pour origine la lumière zodiacale qui, selon lui, n'est autre chose que l'atmosphère du soleil. Euler, au contraire, pensait que l'aurore boréale n'est pas due à la lumière zodiacale, mais aux particules de notre atmosphère chassées hors de ses limites par l'impulsion de la lumière du soleil. Dans des temps plus rapprochés de nous, « des physiciens, dit un rédacteur de la *Cyclopedia*, ont été naturellement portés à chercher l'explication des météores dans l'*électricité*, et il n'est pas douteux maintenant, que la plupart d'entre eux, et spécialement l'aurore boréale, ne soient des phénomènes électriques, puisque, ajoute-t-on, l'aurore peut être imitée en partie au moyen de l'électricité artificielle. »

Finalement, « il a été observé, dit l'article précité, que l'aurore occasionne une agitation très sensible dans l'aiguille aimantée. »

Tels sont quelques-uns des principaux faits et opinions relatifs à ces singuliers phénomènes, et qui nous conduisent à reconnaître leur connexité avec les pôles de la terre, mais plus particulièrement avec son pôle d'hiver. Car, quoiqu'ils apparaissent fréquemment dans les hautes latitudes pendant les mois d'hiver, on les voit rarement, sous les latitudes de Londres et de Paris, si ce n'est vers l'époque des équinoxes, et presque jamais plus tard que l'équinoxe du printemps ou pendant la période des phénomènes atmosphériques qui en sont le résultat. Comme cependant, les faits remarquables qui suivent, à cause des époques de leur occurrence, paraîtraient être des exceptions à la règle générale que j'ai posée ici, j'ai cru nécessaire de les rapporter en les accompagnant de mes réflexions sur les causes qui les ont produits.—« Une superbe aurore boréale fut aperçue à Saint-Pétersbourg à minuit, le 5 de ce mois ; ce phénomène est *extrémement rare* à cette époque de l'année. (*Courrier, journal de Londres* du 24 mai 1830.) Ensuite, « une jeune femme fut frappée par la foudre pendant l'orage qui éclata sur la capitale hier au soir, au N°. 38 *Church Street* ; et elle expira sur-le-champ (1). »

---

(1) On remarquera que la nuit du 5 mai est antérieure de *deux jours* à l'époque de la *pleine lune*, et qu'en conséquence elle se trouvait au commencement *de la marée lunaire positive*, et que l'orage dont il est question arriva le lendemain de l'époque de la *nouvelle lune* (il fut précédé d'un phénomène semblable à Londres pendant la nuit du 21 mai); et, par conséquent, en même temps que l'aurore pendant l'action positive de la lune. Et d'ailleurs ce genre de phénomènes , à l'époque citée, ne se borna pas à l'Angleterre ; ils s'étendirent également à la France avec une violence redoublée, comme on peut le voir , en se reportant au récit de l'effroyable orage qui eut lieu à Bordeaux le 24, et à Périgueux le 25 mai ; c'est-à-dire pendant les jours qui restaient de *cette marée lunaire positive*, ainsi qu'il fut relaté dans les journaux de Paris du 29 mai 1830. A ce qui précède, on peut ajouter l'ouragan qui arriva le même jour 25 mai, dans le cercle de Krossen, qui , selon les journaux de Berlin du 6 juin, renversa cent soixante maisons, trois moulins à vent, un clocher d'église, etc., etc. (Voyez le *Morning Chronicle* de Londres du 15 juin 1830.) Et comme un exemple de l'immensité du théâtre sur lequel agissaient les causes où les orages, à cette époque, avaient leur source ; on peut citer celui qui arriva dans le Gulf de Mexique, le même jour 25 mai, à onze heures du matin ; orage qui occasionna le naufrage du bâtiment américain *le Boston*. Il fut brûlé jusqu'à

(*Morning Chronicle*, *journal de Londres* du 24 mai 1830.) L'occurrence de ces phénomènes, dis-je, mais surtout du *premier* à une époque si avancée de l'année et durant les époques de l'*action positive* de la lune; lorsque, ainsi qu'il est dit dans cette théorie, l'*ordre de leur occurrence*, pour ce qui concerne l'influence de la lune, devait avoir lieu *durant les époques de son action négative*. Il m'est impossible d'en rendre compte autrement qu'en les considérant, malgré la distance des époques de leur occurrence de celle de *l'équinoxe du printemps*, comme faisant partie des phénomènes produits par ce même équinoxe : les équinoxes, aussi long-temps que dure l'influence qu'ils exercent sur les phénomènes de l'atmosphère ayant pour effet, ainsi qu'il a été établi dans le commencement de cet ouvrage, de déranger *l'ordre d'occurrence de ces derniers*, pour ce qui se rapporte à l'action lunaire. On se rappellera d'ailleurs que les phénomènes atmosphériques amenés par les équinoxes sont considérés comme ayant leur source dans le renversement de la position des foyers principaux de l'action électrique négative de la terre, du pôle de l'été qui approche, au pôle de l'hémisphère de l'hiver sui-

---

fleur-d'eau. (Voyez le *Galignani's Messenger* du 9 juillet 1830.) L'aurore dont il est question, et qu'on regarda comme *si rare* à cette époque, ayant été *le précurseur* de ces violens phénomènes atmosphériques et des pluies continuelles qui, dans les latitudes méridionales *voisines*, la suivirent pendant quelque temps.

vant; et conséquemment *qu'ils sont des effets de
son action négative*. Et delà, quoique, comme
dans cette même saison, *à cause du concours de
causes particulières*, le développement définitif des
phénomènes amenés par l'équinoxe du printemps
puisse avoir été retardé au-delà du temps accoutumé, cependant aussi long-temps qu'il a duré,
l'ordre de l'occurrence de ces phénomènes pour ce
qui se rapporte à l'action lunaire (comme pendant
les mois d'hiver) devrait avoir lieu dans *les marées
positives* lunaires ; et par conséquent, si ces phénomènes étaient amenés par l'équinoxe du printemps,
l'ordre de leur occurrence, en ce qui concerne l'action lunaire, ne saurait être regardé comme une
exception à la règle générale.

Et, quant aux causes particulières auxquelles il
a été fait allusion et dont l'action sur les phénomènes de l'atmosphère est considérée comme
ayant retardé le développement des phénomènes
équinoxiaux, — comme, selon la présente théorie
que, pour ce qui a rapport aux phénomènes des
corps célestes, *rien n'est détaché ni isolé*, — (indépendamment de la présence d'une comète dans le
système solaire, comme l'agence de ces corps accroît
l'action positive électrique du soleil et des planètes,
pendant qu'ils sont dans leur voisinage, et cause
une augmentation correspondante de température
dans l'ensemble de ces corps ; *voyez* les Observations
générales.) — De ce que les planètes supérieures
sont alors *en opposition* et par suite de leur influence pour élever la température de l'atmos-

phère, et laquelle influence sur la température pendant cette saison a été suffisamment démontrée par la *précocité du printemps* et les intervalles de *température* extraordinairement élevée qui s'ensuivirent. —Cette force extraordinaire, dis-je, étant directement en opposition *avec l'action négative de la terre* sur la température et les autres phénomènes de l'atmosphère, — quoiqu'elle eût pour effet, comme il est dit, *de retarder* le développement de l'action équinoxiale, elle ne pouvait en définitive l'empêcher : et même quoiqu'elle dût être d'autant *plus puissante que le froid de l'hiver précédent avait été plus grand ;* — et venant ainsi à opérer pendant l'intervalle de la suspension comparative de l'action électrique positive du soleil et des planètes, sur la température, amenée par l'*intercalaire d'hiver* (au commencement duquel le premier eut lieu).—Ainsi, comme il est dit, donnant lieu à *ces phénomènes remarquables* dont il a été question, —tant sont cachées, à ce qu'il paraît, les sources de quelques-uns de ceux qui se lient à l'atmosphère.

En résumé, nous sommes conduits à reconnaître ensuite, par l'éclat extraordinaire avec lequel les aurores se montrent dans le nord-est de la Sibérie, la supériorité de l'action réflective de la *terre,* comparée à celle de *l'eau,* les autres circonstances étant les mêmes, sur ces phénomènes, ainsi que sur la température, — circonstance, à laquelle, je pense, on peut attribuer la différence très marquée qui existe dans leur aspect dans les hémisphères nord et sud : et qui, selon moi, prouve d'une manière évidente, qu'il n'existe pas de continens polaires méridionaux semblables à ceux qui entourent le pôle opposé.

Maintenant, pour montrer l'exactitude des assertions avancées dans le paragraphe d'introduction relativement à la cause de ces phénomènes, et conséquemment l'étroite affinité qu'ils ont avec *l'action électrique inverse* dans la région moyenne de l'atmosphère, quelques exemples récens de leur apparition et des circonstances qui y tiennent, seront trouvés suffisans, non seulement pour prouver, mais pour montrer qu'à ces époques les plus ordinaires dans lesquelles les aurores font leur apparition, c'est-à dire *aux équinoxes :* elles sont les *premiers effets* produits par le changement de position qui a eu lieu dans le *foyer* principal de la force électrique négative de la terre du pôle de l'été qui approche à celui de son hémisphère d'hiver qui suit : et comme rien n'est sans objet, dans les dispositions de la nature, que — particulièrement vers l'époque des équinoxes, lorsque les aurores apparaissent, on doit les considérer comme des avertissemens pour tenir les hommes en garde contre les orages dont ces phénomènes sont les précurseurs, et qui les suivent presqu'invariablement.

Ainsi, en nous rappelant toujours que la cause principale de l'apparition des aurores vers l'époque des équinoxes est supposée être le renversement du foyer principal de la force négative de la terre de l'un à l'autre de ses pôles, — s'il existe une affinité entre ces phénomènes et l'action inverse dans la région moyenne de l'atmosphère qui donne lieu à la pluie, le premier étant aussi remarquable dans l'ordre de leur apparition relativement à *l'action lunaire* que le dernier, cette circonstance pourrait être prise comme une preuve de cette affinité. Comme pendant la période de l'ascendant de la force négative de la terre sur la positive du soleil sur l'atmosphère, ou généralement depuis l'équinoxe d'automne jusqu'à l'équinoxe de printemps, l'ordre d'apparition de l'action inverse qui cause la pluie est supposé être pendant les périodes de *l'action positive de la lune,* c'est-à-dire depuis les périodes *intercalaires* dans les *second* et *quatrième* quartiers, jusqu'aux mêmes périodes, dans les *troisième* et *premier,* — ainsi, si l'affinité entre l'action électrique inverse dans la région moyenne de l'atmosphère, et celle qui est reconnue donner lieu à l'aurore, dans la région supérieure, existait, l'apparition de cette dernière correspondrait avec les époques de *l'action positive de la lune.*

On se souvient que, pendant l'automne 1827, parurent les aurores boréales les plus remarquables que l'on eût vues, tant en Europe qu'en Amérique, pendant les vingt ans précédens. La première apparition de ce phénomène en Europe, pendant cette saison, ainsi que le rapportèrent les journaux, eut lieu le 8 septembre en Norvège ; la seconde dans la soirée du 25 septembre, et fut aperçue à Paris et à Londres ; la troisième dans la nuit du 6 octobre, et fut vue à Manchester ; et finalement la dernière dans la matinée du 19 novembre, quand elle fut visible à Carnarvon et Bangor, à deux heures, et à trois la lumière en était si brillante , ainsi que les journaux l'ont rapporté , que l'on pouvait lire à sa clarté. Elle dura jusqu'au point du jour. Une coïncidence curieuse fut mentionnée dans le *Chronicle*, journal de Londres , du 4 octobre de cette année : « c'est que l'aurore boréale fut observée au commencement du mois dernier (septembre) dans les États-Unis ; toute la partie septentrionale du ciel était couverte par cette singulière lumière, etc. » Maintenant , quant à l'ordre de son apparition relativement à l'action lunaire , autant que l'on peut s'en rapporter aux dates , nous trouvons que la première apparition en Norvège (8 septembre) fut la nuit du *troisième* jour après la *pleine lune ,* et conséquemment dans la période de son *action positive ;* celle du 25 septembre fut à la période *intercalaire* du premier quartier , lorsque , par sa plus grande concentration de l'action positive précédente de la lune à l'époque du changement , elle est la plus puissante ; celle du 6 octobre fut le *jour après* la période de la *pleine lune ,* et celle du 19 novembre, exactement à la période de la *nouvelle lune.* Ainsi on voit que les époques de l'apparition des aurores boréales de l'automne de 1827 correspondent dans tous les cas avec celles de l'action positive de la lune, — se rapprochant davantage des époques des syzigies, à proportion que la saison était plus avancée ; et par conséquent de la prépondérance plus décidée de l'action négative de la terre sur la positive du soleil, sur l'atmosphère.

De plus , quant à la connexité supposée entre
l'aurore boréale et l'*action inverse* dans la région
moyenne de l'atmosphère , et à ce qu'on peut les
considérer comme une espèce de signal pour aver-
tir de l'approche des orages dans cette saison de
l'année , les faits suivans peuvent, ce me semble ,
être admis comme des preuves : l'aurore boréale du
25 septembre (1827) fut suivie le 9 octobre par un
vent impétueux d'équinoxe, à Paris et dans les environs ; c'était l'époque de l'*intercalaire* qui suivait
la pleine lune, ou exactement un *demi-mois lunaire* depuis l'époque de son apparition (1). Je n'ai
pas de preuves de ce genre à présenter pour l'aurore boréale vue le 6 octobre, à Manchester ; car,
outre qu'à cette époque je ne me trouvais pas en
Angleterre , et que je ne portais aucune attention
particulière à cette connexité supposée entre l'apparition de l'aurore et les approches de l'orage , je
prenais simplement note des ouragans qui, par leurs
ravages , obtenaient la publicité des journaux.
Quant à l'aurore vue à Bangor le 19 novembre ,
il ne manque pas de données pour établir cette connexité , puisque , onze jours après , le vendredi
30 novembre , elle fut suivie par un ouragan dont
on peut se faire une idée par le fragment suivant

---

(1) Ces phénomènes , à ce qu'il paraît, atteignirent leur
plus haut degré à Londres , dans la nuit du jeudi 11 octobre 1827, où , pendant un orage de vent et de pluie ,
une maison dans la Cité fut frappée par le fluide électrique , ainsi que le rapportèrent les feuilles du jour.

extrait du *Morning Chronicle* du 7 décembre 1827 : « Vendredi dernier , 31 novembre, un moulin à vent , sur la propriété de M. H. Partor , à Ched- zoy , fut emporté par la violence du vent à trente pieds de l'éminence sur laquelle il était placé. » Il paraît , par les nombreux accidens arrivés sur mer, et rapportés par les journaux, que, la nuit suivante (samedi 1er. décembre), l'orage fut également vio- lent sur les côtes d'Angleterre. Sept jours après cette dernière époque (le 7 décembre), c'est-à-dire l'intercalaire qui suivait l'époque de la *pleine lune,* cet orage se renouvela sur les côtes d'Angleterre et entraîna la perte d'un grand nombre de bâti- mens , ainsi que le rapportèrent les journaux. Il est également essentiel d'observer que l'automne de 1827 fut remarquable pour la violence des orages qui eurent lieu sur les côtes d'Amérique , et furent suivis par des pertes de navires, etc. , etc.

Ainsi, c'est là ce qui concerne la connexité entre l'apparition de l'aurore boréale et l'approche de l'orage, quant aux phénomènes de l'automne 1827 : d'où je passerai , pour trouver un appui ultérieur à la même saison de 1828 , dont on peut se faire une idée par le fragment suivant qui parut dans le *Chelmsford Chronicle ,* et que copia le *Galigna- ni's* du 16 septembre 1828 : « Dans la nuit de lundi dernier (8 septembre), l'aurore boréale parut dans nos environs. Elle n'était pas tout-à-fait aussi bril- lante que celle que l'on vit l'année dernière , le 25 septembre , mais elle l'était assez pour qu'on la remarquât généralement. Elle dura jusqu'à trois heures du matin du mardi, et *fut suivie par un des orages les plus terribles que nous ayons jamais vus.* De trois à quatre heures du matin, les éclairs présentèrent une clarté non interrompue, d'une teinte bleuâtre et rouge, occasionnée par la succession rapide des décharges électriques, tandis qu'un tonnerre éclatant et précipité se faisait entendre de différentes parties à-la-fois, etc., etc. » « A Cantorbery, les éclairs présentaient un des plus beaux spectacles qu'on ait vus dans ces environs depuis nombre d'années. Le vent soufflait avec toute la violence d'un ouragan des tropiques. » *Ibid.* On remarquera que ceci arriva précisément à l'époque de la *nouvelle lune*, étant, à proprement parler, dans la matinée du 9 (époque de la nouvelle lune), plutôt que dans la nuit du 8. Un autre orage suivit le précédent, le 29 septembre, c'est-à-dire à une distance de vingt-un jours ou trois quartiers lunaires. Le *Liverpool Advertiser* en rendit le compte suivant, copié par le *Galignani's Messenger* du 11 octobre 1828 : « Lundi 29 septembre, nous eûmes un échantillon des vents des équinoxes ; ils soufflèrent avec la plus grande violence du côté de l'est, une grande partie de la journée. Dans la soirée le vent tomba un peu. A midi, trois maisons nouvellement construites en face de la place du Parc, furent entièrement renversées au niveau du sol. »

Ainsi, quant au temps, l'aurore boréale peut être regardée moins comme le précurseur d'une grande gelée (ainsi que le prétend, je crois, l'opinion commune), que comme celui de l'orage, ce phénomène ayant paru plus souvent pendant l'automne de 1827 que dans celui de 18.8 ; tandis que comme on le sait, le premier hiver fut beaucoup plus doux que le dernier.

Une autre conséquence à tirer des faits précédens, est, à ce qu'il paraît, que les plus violens orages et autres phénomènes atmosphériques *ont leur commencement dans la région supérieure de l'atmosphère;* d'où, après un laps de temps plus ou moins prolongé, ils descendent pour exercer leurs ravages sur celle qui touche à la surface de la terre.

Ce principal objet de nos recherches, c'est-à-dire le principe dans lequel l'aurore boréale a sa source, étant, comme je l'espère, suffisamment établi, les points secondaires liés avec ces phénomènes, ne demanderont pas beaucoup de temps et de travail. Ainsi, quant aux sifflemens, craquemens et bruits retentissans, dont, comme on l'affirme, l'aurore boréale est accompagnée, dans les hautes latitudes du nord de l'Amérique, de la Sibérie, etc., je pense que le récit est conforme à la vérité; comme je crois que leur *lumière* est un effet de l'*explosion électrique* produite par la concentration de l'action inverse, le long de la ligne de ses foyers, dans la base ou région inférieure de nuages dans lesquels ce phénomène prend sa source : — c'est de ces foyers, par le moyen des conducteurs électriques fournis par la portion la moins dense de la vaste extension de ces nuages, combinée avec la nature éminemment inflammable de l'air de cette région, que les traits de lumière ainsi créés, comme l'on suppose, sont projetés en rayons à leurs extrémités opposées. C'est simplement la *faiblesse* comparative de l'aurore boréale, lorsqu'on la voit dans les basses latitudes, comparée avec la hauteur extraordinaire de la région dans laquelle elle s'agite, qui a pour effet de diminuer ou d'intercepter entièrement le son qui s'y forme, aux régions inférieures, — circonstance à laquelle on doit attribuer, selon moi, l'absence de tout bruit dans les aurores boréales de nos latitudes.

La seule circonstance relative à l'aurore boréale qui nous reste à examiner, est celle qui a rapport à *ses effets sur l'aiguille aimantée*, circonstance qui, d'après les citations suivantes, paraît avoir fortement attiré l'attention des physiciens les plus distingués de notre époque. En effet, « dans une des dernières séances de l'Académie des sciences de Paris, M. Arago a fait diverses communications et observations tendant à confirmer son opinion (qui est contredite par le docteur Brewster et d'autres), relativement aux effets sur l'aiguille aimantée produits par l'aurore boréale, *même lorsqu'elle n'est pas visible sur le lieu*, n'ayant pas dépassé l'horison. » (*Literary Gazette*, 28 février 1828.) Dans le récit d'une seconde expédition aux rives de la mer polaire, pendant les années 1825, 1826 et 1827, par le capitaine John Franklin, on lit le passage suivant : « Les longues nuits de décembre étaient embellies par la fréquente apparition de l'aurore boréale. Au moment où ce phénomène se montrait dans sa plus grande splendeur, le capitaine Franklin remarqua que l'aiguille aimantée éprouvait des variations considérables. Les observations qui furent faites convainquirent les officiers que les variations du compas suivaient la direction des rayons lumineux de l'aurore, et le capitaine s'assura lui-même, par des observations particulières, *que le changement de temps exerçait également une influence sur les mouvemens de l'aiguille ;* car *avant un orage de neige,* ou tempête ordinaire, les variations étaient toujours considérables; mais pendant *toute la durée de l'orage, l'aiguille demeurait presque invariablement stationnaire.* » (*Le Globe,* journal de Paris, du 8 octobre 1828.)

De plus, concernant cette partie de notre sujet, M. Arago communiqua à l'Académie des Sciences de Paris, dans une des dernières séances, le résultat de quelques expériences scientifiques, faites par M. Humboldt, sur l'aiguille aimantée, par lesquelles il paraît que sa variation diurne n'est pas du tout la même à Berlin qu'à Paris. A Berlin, le 29 janvier dernier, la variation était trois fois plus forte que le 27 ; tandis qu'à Paris, le 29, elle était beaucoup plus forte que le 27 à Berlin. Dans cette dernière ville, la variation du 11 du même mois fut double de celle du 10; à Paris, celle du 10 fut plus forte que celle du 11. D'après une comparaison des Tables, il est certain que cette circonstance ne peut être attribuée à aucune erreur d'observation ; mais *que le phénomène de la variation diurne est influencé par des causes locales*. (*London and Paris Observer*, 31 mai 1829.)

Maintenant, en examinant et comparant les faits et assertions ci-dessus, nous trouverons admis que quoique l'aiguille aimantée soit influencée par l'aurore boréale, elle l'est également, quoique peut-être à un degré moins puissant, par d'autres phénomènes atmosphériques, et finalement que les causes de sa variation sont de leur nature locales et temporaires. Un des résultats satisfaisans de l'admission de ces faits, est, qu'en écartant la plupart des obstacles qui entouraient la question de la cause des variations de l'aiguille aimantée, la forme et la portée de cette question sont renfermées dans des limites plus étroites et plus intelligibles.

La solution du problème des variations de l'aiguille aimantée, se trouvera dans la partie des *Observations générales* qui traite de la *direction* et de *l'union mystérieuse* existant entre les forces primaires de gravitation, le magnétisme et l'électricité, individuellement et collectivement dans les corps planétaires du système solaire. Cette union est telle qu'aucun corps exposé à *deux de ces forces quelconques*, et mis en mouvement par elles, n'est en même temps *entièrement sous l'influence de l'une et de l'autre;* comme l'influence apparente, exercée par l'une des deux, sur ce corps ainsi exposé, n'est que la mesure ou la balance de *la prépondérance* de cette force sur l'action de l'autre.

Ainsi, notre atmosphère étant identifiée avec l'action de chacune de ces forces primaires, si la *direction* de l'action électrique *dans* l'atmosphère n'était pas entièrement opposée à celle de la gravité sur cette même atmosphère, son ensemble céderait à l'action de la dernière force, et tombant sur la surface de la terre y demeurerait invariablement attaché dans un état solide. Mais comme l'atmosphère est également sous l'influence de l'électricité et de la gravité, et que la *direction* de l'action de la dernière est *de la surface au centre* de la terre, comme la direction de l'action de la première, *du centre à la surface*, à angles droits avec l'axe de la terre; il en résulte que le corps de l'atmosphère, entre l'action de ces deux forces, reste développé et suspendu, comme nous le voyons, nonobstant la force supérieure de gravité : l'action de la dernière force, comme nous nous en apercevons par les variations du baromètre, augmentant ou diminuant en proportion de la *diminution* ou de l'*augmentation* de l'action électrique dans son corps. Ainsi, le corps de l'atmosphère suspendu entre l'action opposée de ces forces, est maintenu dans un état presque continuel de vibration,—cette vibration étant quelquefois plus forte, quelquefois moindre; mais retournant toujours, après l'expiration de chacune des impulsions par lesquelles elle est conservée, vers le point moyen d'équilibre établi entre elles dans son corps.

Ainsi, semblable, jusqu'à un certain point, à l'action entre la gravité et l'électricité dans *l'ascen-*

sion entre l'atmosphère, l'action entre cette dernière force et celle du magnétisme a lieu *horizontalement* dans son corps, dans la direction des pôles de la terre : dans lesquels ou auprès desquels sont situés ses foyers opposés. Cela fait, comme l'atmosphère est le *conducteur* par lequel, semblables aux forces électriques, les forces magnétiques de la terre répondent dans la direction de leurs foyers opposés, — que lorsque par le commencement de l'*action électrique inverse* dans une région de l'atmosphère, l'équilibre d'abord existant entre l'action principale des forces électriques et magnétiques dans son corps est détruit dans cette région, — par la direction de cette action électrique, qui est différente de celle des forces magnétiques, et parce que l'aiguille aimantée répond à cette espèce d'action électrique, ainsi qu'à celle des forces magnétiques : l'action, dis-je, des premières, venant en collision avec celle des secondes, a pour effet d'interrompre, ou est même assez puissante pour suspendre tout-à-fait l'action des dernières, et pour causer ainsi, dans l'aiguille aimantée, ces variations qui ont donné lieu à tant de conjectures. C'est, comme on sait, une chose assez ordinaire, de voir le baromètre et l'aiguille aimantée (comme à l'approche d'un violent orage) être affectés en même temps.

La raison pour laquelle l'action électrique *inverse* est la seule dans l'atmosphère qui paraisse agir sur l'aiguille aimantée, est évidemment que, semblable à toute l'action électrique, comme elle converge vers un *foyer*, qui neutralise entièrement, pour le moment, celles formées par l'action *directe* des deux forces électriques primaires dans ses régions opposées; et comme l'étendue de son action est *limitée*, sa concentration la fait agir avec plus de célérité et de force que celle de l'action *directe* de chacune des deux forces primaires.

De plus, comme la *région supérieure* de l'atmosphère est le grand dépôt de sa *base terrestre*, et par conséquent le *grand conducteur* des forces magnétiques de la terre : et qu'en proportion que nous approchons des pôles de la terre, non seulement nous nous trouvons plus près (particulièrement de son hémisphère d'hiver) du foyer principal de l'action électrique négative de la terre, où les phénomènes sur lesquels elle exerce une influence sont nécessairement plus puissans; mais que nous nous trouvons également plus près des *foyers magnétiques* ou pôles. Il s'ensuit, dis-je, qu'elle paraît être la raison qui fait qu'à proportion de la plus grande élévation dans l'atmosphère à laquelle existe l'action électrique inverse, qui agit sur l'aiguille aimantée, est la même qui donne lieu à l'aurore boréale ; ou plus cette action est rapprochée des pôles de la terre, plus l'aiguille aimantée en est puissamment affectée.

Finalement, quant à la question discutée par M. Arago et le docteur Brewster, pour savoir si les variations de l'aiguille *précèdent* ou seulement *accompagnent* l'apparition de l'aurore boréale : — comme l'aiguille aimantée, entre l'action des forces magnétiques et électriques, semblable au baromètre, entre cette dernière et l'action de gravité, est la *balance* par laquelle l'action relative de ces forces dans l'atmosphère est indiquée ; certainement il n'est pas moins probable que l'action qui, dans l'un de ces cas, fait tomber le mercure dans le tube du baromètre, *avant* que l'orage qu'il indique se soit encore manifesté, agisse, dans l'autre cas, sur l'aiguille aimantée *avant* que les phénomènes que la variation amène aient encore paru ;— la cause, dans l'un et dans l'autre cas, se trouvant, non *dans les phénomènes,* mais dans *l'action* qui les produit. La vérité de cette circonstance est prouvée, non seulement par les observations de M. Arago, mais encore par celles du capitaine Franklin, comme il a été dit (1).

DES MÉTÉORES.

Le principe dans lequel j'admets que les météores ordinaires ou *globulaires* ont leur source, étant le

---

(1) Ce chapitre ayant été composé quelque temps avant la découverte citée dans le chapitre sur la *température ;* c'est-à-dire que la grande source de l'action magnétique dans l'atmosphère, et celle de l'action électrique positive du soleil, partent mutuellement du même centre, qui *est le foyer principal de l'action électrique positive du soleil entre les tropiques ;* pour éviter des répétitions, je renverrai à quelques observations dans le passage indiqué, qui portent directement sur les variations de l'aiguille aimantée.

même que celui de l'aurore boréale, c'est-à-dire l'action électrique inverse dans la région supérieure de l'atmosphère ; et plusieurs des circonstances qui les amènent étant communes, mes observations sur ces phénomènes seront nécessairement plus restreintes que celles sur l'aurore boréale, puisqu'il n'est pas besoin de les étendre davantage ici.

Ces espèces de météores globulaires paraissent pouvoir se diviser en deux classes, c'est-à-dire, *supérieure* et *inférieure* ; la première étant plus remarquable et moins fréquente que l'autre.

Parmi la première de ces deux divisions, on doit placer le grand météore observé par le docteur Halley, en mars 1719 ; celui qui fut vu en août 1783 ; et un vu à Lisbonne, dans la nuit du 7 septembre 1827. Le diamètre du premier fut évalué à 2800 toises, ou plus d'un mille et demi, son élévation de la terre, de 69 à 73 et demi milles, et sa vitesse, d'environ 350 milles à la minute : — le diamètre du météore de 1783 fut supposé égaler celui du premier, tandis que son élévation était de 90 milles, et que sa vitesse n'était pas moindre de 1000 milles à la minute : — le météore vu à Lisbonne est représenté comme ayant quelque chose de l'aspect d'une comète, et un éclat extrêmement brillant ; son explosion fut, dit-on, suivie par un bruit semblable à celui du tonnerre ; ainsi que le rapporta le journal anglais *le Sun* du 28 septembre 1827. A ces météores on peut ajouter celui qui fut vu à Caen, dans la nuit du 8 septembre 1828, à environ neuf heures et demie ; il fut accompagné d'un grand bruit; et, quoique la nuit fût obscure, la lumière était si brillante, que la ville entière en fut éclairée: plusieurs personnes furent renversées dans les rues, par le choc de l'explosion ; et le météore fut suivi par de nombreux éclairs qu'accompagna une légère ondée de pluie. Une circonstance assez curieuse, et qui montre la liaison existant entre la source de ces sortes de météores et l'aurore boréale, c'est que ce fut dans la même nuit (8 septembre) que ce dernier phénomène eut lieu dans le voisinage de *Chelmsford*, où il fut suivi, comme on l'a vu dans le chapitre précédent, d'un violent orage. Finalement, on rapporta qu'un autre de ces météores avait été vu, dans la nuit du mardi 18 octobre 1827, par le capitaine d'un paquebot, entre l'Angleterre et l'Irlande, ayant l'aspect d'une colonne de feu, et qu'il descendit dans la mer, sans explosion, à une petite distance du bâtiment. (*Galignani's Messenger* du 31 octobre 1827.)

On observera que les époques de l'apparition de cette sorte de météores correspondent avec celles de l'aurore boréale, c'est-à-dire *les équinoxes;* mais, comme cette dernière, plus particulièrement avec l'équinoxe d'automne. On peut observer également que, comme il y a toujours une correspondance entre les degrés extrêmes opposés de la température annuelle et les époques auxquelles les phénomènes équinoxiaux qui les suivent ont lieu, soit en automne, soit au printemps, et comme une plus grande variation dans ces extrêmes degrés se trouve entre les saisons d'années différentes : ainsi, les époques auxquelles les phénomènes équinoxiaux se développent, *sont quelquefois plus précoces, quelquefois plus tardives;* les circonstances de latitude et de localité étant les mêmes.

La classe *inférieure* des météores, ou ceux qu'on appelle *étoiles tombantes,* sont, comme on le sait, plus communs que les précédens, et paraissent, comme ceux-ci, plus fréquemment dans l'automne.

Il est prouvé que la source de la classe *supérieure* de cette espèce de météores est liée avec le renversement du foyer principal de la force négative de la terre, de l'un à l'autre de ses pôles, comme je l'ai dit, puisque ce n'est qu'à l'époque des équinoxes qu'ils paraissent : et, de plus, quant à leur origine commune avec l'aurore boréale, par l'ordre de leur apparition, étant la même, relativement à l'action lunaire,—nous voyons, autant que remontent nos dates, que la chose est prouvée par les faits. Ainsi le météore vu à Lisbonne, dans la nuit du 7 septembre 1827, eut lieu le second jour après la période de la *pleine lune;* celui du 18 octobre de la même année, vu dans le canal d'Irlande, le *second* jour *précédant la nouvelle lune,* et celui du 8 septembre 1828, à Caen, eut lieu vers la même époque que celle du changement de lune, la *nouvelle lune* ayant eu lieu le lendemain matin, à huit heures quarante-trois minutes. Ainsi l'époque de l'apparition de chacun de ces météores fut celle de *l'action positive* de la lune.

Les principales circonstances qui distinguent ces sortes de météores de l'aurore boréale sont leur forme, leur direction, et les latitudes et localités dans lesquelles on les voit le plus généralement. Ainsi, comme l'aurore boréale est plus particulièrement restreinte aux pôles de la terre, ces météores le sont avec *les basses ou moyennes latitudes* de chaque hémisphère. — Les localités les plus remarquables pour leur apparition étant les lignes qui séparent les masses de terre et de mer, c'est-à-dire *les rivages de l'Océan* : tandis que les localités les plus remarquables pour la fréquence, ainsi que pour l'éclat de l'aurore boréale, les autres circonstances étant les mêmes, comme on l'a dit dans le chapitre précédent, se trouvent dans l'*intérieur des continens.*

Quant aux grands météores qui sont créés dans la région supérieure de l'atmosphère qu'ils traversent, et à la circonstance de leur forme, étant au contraire de l'aurore boréale, entièrement détachés de tout autre corps lumineux, — cette circonstance paraîtrait être un effet produit par un *mouvement* plus *concentrique* dans la convergence électrique qui donne lieu à cette sorte de météores, que dans celle qui donne lieu à l'aurore boréale. Il paraît aussi que c'est à la force extraordinaire de l'action électrique qui donne lieu à ces météores, produite par ce principe de sa *concentration*, et à l'*impetus* qu'elle leur donne, qu'est due l'inconcevable vélocité avec laquelle ils exécutent leur mouvement, en s'éloignant des batteries électriques par lesquelles ils sont tirés. Je crois d'ailleurs extrêmement probable que cette espèce de combustion électrique produit dans l'intérieur des corps météoriques un *vide* autour duquel ils tournent en rapides tourbillons ; et que la durée de leur cours dépend de *leur force de concentration.*

En effet, comme leur force concentrique doit être plus grande à l'instant de leur ignition et décharge ; et par la double circonstance de leur éloignement du point de leur départ et de l'action mitigée qui doit résulter de la quantité qu'ils attirent et qu'ils consomment de l'air qu'ils traversent, que cette force de concentration doit rapidement décroître et être bientôt détruite.—C'est ainsi, et par cette raison, que, lorsque leur force concentrique expire, ils disparaissent soudainement en explosion.

Il m'a été impossible de savoir si la *direction* des grands météores vus par le docteur Halley et autres aux grandes élévations de la terre susmentionnées, était *horizontale*, comme celle des petits météores *oblique* en descendant. Mais il est probable que leur direction était horizontale, parce que les nuages électriques formant leur base inflammable, étant si éloignés de la couche inférieure de l'air, ne pouvaient être beaucoup influencés par ces derniers, dans leur forme et direction. Il est digne de remarque cependant, que plus près de la terre ont lieu les explosions électriques dans l'atmosphère, plus ils paraissent se décharger *perpendiculairement en descendant, et vice versâ:* — la lueur de l'aurore boréale , comme on sait, prenant une direction en apparence opposée , ou *en haut ;* comme s'il existait une *ligne de séparation* dans l'atmosphère pour déterminer le départ des phénomènes électriques à ses points opposés, et d'où ils prissent une direction opposée.

La singularité de direction que j'ai citée est évidemment bien établie, et elle paraît avoir sa source dans le *centre* en question , qui est le *centre d'action électrique* dans le corps de l'atmosphère (comme il a été dit dans le chapitre sur la température), duquel les pôles électriques opposés divergent à ses régions verticales opposées : car c'est dans ceux-ci qui sont les *localités* du développement ordinaire de l'action de ces pôles électriques opposés, qu'existe la plus grande *concentration ,* aussi bien que la plus grande pureté dans le volume de leurs bases électriques opposées dans le corps de l'atmosphère:—et de l'*attraction* que les masses de ces bases électriques dans les régions opposées de l'atmosphère , peuvent être supposées exercer sur les explosions électriques dans leur voisinage, — qu'à cette circonstance est dû le fait en question : comme , de chaque côté de ce centre électrique , plus éloigné *verticalement ,* les explosions sont produites par l'action électrique inverse , et par conséquent, plus elles sont rapprochées de ces régions opposées dans lesquelles sont situées les masses concentrées de ses bases opposées , plus puissamment elles sont attirées dans leur direction ; et de là les causes, comme je l'ai dit, de la direction particulière dans ces explosions électriques. On peut remarquer que ce principe nous donne une solution immédiate de l'éclat de l'aurore boréale, qui, lorsqu'elle est plus parfaite, jaillit verticalement dans la direction du zénith, ainsi que je l'ai décrit; — et nous explique également pourquoi *l'action inverse* qui produit *l'aurore boréale* agit *si puissamment sur l'aiguille aimantée*, — influence due à sa proximité de la courbe formée par le *véritable méridien magnétique* au centre de l'action électrique dans l'atmosphère (1).

De plus, semblables à l'aurore boréale aux équinoxes, comme les météores à ces époques peuvent être considérés comme faisant partie des premiers, sinon (dans ces latitudes où ils ont lieu plus particulièrement) comme les *premiers* des *effets visibles* dans les phénomènes de l'atmosphère, amenés par les changemens dans la position du foyer principal de l'action électrique négative de la terre; leur apparition peut être considérée comme indiquant des changemens prochains dans le temps, tels que des orages, etc. Une preuve remarquable de ceci, et de ce que la classe des météores supérieurs qui sont créés par la même espèce d'agence électrique que

____

(1) Cette propriété attractive qu'exerce le fer sur les phénomènes *électriques*, aussi bien que sur les phénomènes *magnétiques* de l'atmosphère, c'est-à-dire, l'aurore, l'éclair, etc., peut être justement citée comme une preuve de plus de l'identité que j'ai indiquée, comme existant entre l'action électrique et l'action magnétique dans son corps.

l'aurore, ne diffèrent de cette dernière, quant à la manière de leur développement, que par suite de circonstances liées aux latitudes et aux localités où ces phénomènes se voient plus particulièrement, est fournie d'une manière frappante par l'aurore et l'orage accompagné de tonnerre qui la suivit à Chelmsford, dans la nuit du 8 septembre 1828, et par le météore remarquable vu à Caen, comme je l'ai dit, ayant lieu presque au même instant (1).

On peut faire observer de plus qu'on a vu de ces météores qui, au lieu de se lancer, comme à l'ordinaire, avec une extrême célérité dans le ciel, demeuraient, dit-on, stationnaires, en prenant des formes fantastiques. Un exemple de cette espèce, rapporté par les journaux de l'époque, eut lieu dans le sud de l'Écosse, pendant la nuit du 26 septembre 1827, qui était, comme on peut se le rappeler, la nuit après celle où l'on vit l'aurore boréale à Paris et à Londres. Cette dernière circonstance, jointe à la latitude où l'on vit ce météore, montre d'une manière satisfaisante qu'il ne pouvait être qu'une espèce d'aurore boréale.

---

(1) Comme une preuve ultérieure de l'extension de l'agence des causes dans lesquelles cette espèce de phénomènes ont leur source aux équinoxes, on peut citer le terrible orage de grêle et de tonnerre qui eut lieu à Tours le même soir (8 septembre), et qui, comme le rapportèrent les journaux de Paris du 16, joint à la violence du vent qui l'accompagnait, causa un dommage immense aux vignobles, déracina les arbres, etc.

AÉROLITES, OU PIERRES MÉTÉORIQUES.

Quant à ces productions extraordinaires appelées *aérolites* et *météorolites*, dont l'origine actuelle fut, pendant les premières époques des connaissances chimiques, si long-temps rejetée par les savans des temps anciens, par son apparente impossibilité, comme fausse; mais dont la certitude, qui n'est plus un objet de doute, « présente, comme le dit un écrivain moderne, un exemple frappant du triomphe du témoignage humain sur le scepticisme philosophique, » — quant à ces substances, dis-je, il y a cette distinction ordinaire, que la première dénomination est donnée à ces pierres météoriques qui sont lancées par les *nuages à tonnerre*, et la dernière, à celles qui sont lancées par les *météores*. En consultant l'admirable *Catalogue chronologique de pierres météoriques*, établi après tant de recherches scientifiques, par M. Howard, et publié dans le *Dictionnaire de Chimie* du docteur Ure, et en comparant les dates de leur chute, par rapport aux saisons; comme les *grands météores* qui seuls de toutes les apparitions météoriques lancent ces pierres, ont lieu seulement vers les époques des équinoxes, ainsi qu'on l'a observé dans le chapitre précédent; — on verra que le plus grand nombre de ces pierres appartient à la classe appelée *aérolites*, comme étant lancées par les nuages à tonnerre. Nous trouvons également, en examinant ce Catalogue, comme pour établir plus universellement le fait de leur origine, qu'il est peu de pays sur la surface de la terre, si toutefois il en est, qui, à une époque ou à l'autre, n'aient pas été témoins de la chute de ces pierres météoriques. Un exemple récent de chute d'aérolites, rapporté dans la *Gazette de St.-Pétersbourg* du 3o octobre 1827, est copié du *Courrier*, journal de Londres, du 16 novembre 1827, dans les termes suivans : « Le 26 septembre dernier (8 octobre), une pluie d'aérolites tomba près de Bélostok, entre neuf et dix heures du matin. Les habitans furent effrayés par un bruit extraordinaire venant d'un gros nuage noir placé au-dessus de leurs têtes, et qui continua pendant trois, d'autres disent six minutes, semblable à un feu roulant de mousqueterie. Ce bruit, qui fut entendu par plusieurs personnes, à la distance de plus de quatorze verstes, fut suivi par une pluie de pierres dont on ramassa seulement quatre : la plus grosse pesait quatre livres, la plus petite, trois quarts. » Un exemple de la chute des météorolites, fut offert par ce qu'on appelle le grand météore américain qui, d'une élévation évaluée à plus de soixante-dix milles de la surface de la terre, lança une pluie de pierres. On croit que le plus fort échantillon de ces productions météoriques qui ait été trouvé jusqu'à présent, est la masse de fer météorique découverte dernièrement à *Caille,* près de Grasse, dans le département du Var, dont M. Héricart de Thury, dans un mémoire lu à la séance de l'Académie du 13 octobre 1828, évalue le poids de 1000 à 1200 livres.

Lorsque l'existence de ces pierres météoriques

ne put être plus long-temps mise en doute, ce fut aux *savans*, comme dans le cas de toutes les énigmes semblables, à expliquer leur production,--et les théories qu'ils ont proposées à cet égard sont fort singulières : les uns supposent qu'elles sont lancées par les volcans de la lune, tandis que d'autres prétendent, comme la chute de ces corps est toujours réunie, ou plutôt précédée par ces apparitions météoriques dans le ciel, d'où elles descendent, et d'où elles tirent leur nom, que « tous les phénomènes (de météores et d'aérolites) peuvent être expliqués, si l'on suppose que les *étoiles tombantes* sont des corps solides tournant autour de la terre, dans des orbites très excentriques, qui s'enflamment seulement lorsqu'ils passent avec une immense vélocité à travers les régions supérieures de l'atmosphère ; et si l'on suppose que les corps météoriques qui jettent des pierres avec explosion sont des corps semblables qui contiennent des matières, soit combustibles, soit élastiques. » (*Dict. de Chimie* du docteur Ure, art. *Combustion.*) Tel est, si je ne me trompe, l'état où en est la question jusqu'à présent.

En présentant sur l'origine de ces pierres météoriques, une opinion qui diffère autant que la mienne de toutes celles dont il vient d'être question, peut-être dois-je réclamer, de la part des autres, la même indulgence que celle que je suis porté à leur accorder ; car, comme la vérité est le but de toutes ces recherches, l'*intention* doit servir à-la-fois de justification et d'apologie, pour en présenter le résultat au public qui, en définitive, aura toujours la *justice* d'en apprécier le mérite quel qu'il soit. Mais en considérant pour un instant les lois d'*attraction* planétaire, et la disposition, quant à leurs mouvemens, établie parmi les corps planétaires, comme les seules circonstances qui puissent faire croire à l'exactitude des assertions ci-dessus, nous ne parviendrons pas facilement à les concilier. Aussi, abandonnant la tâche de discuter leur mérite à ceux qui pourraient s'y trouver disposés, je vais présenter tout de suite le coup-d'œil sous lequel je considère la formation de ces corps singuliers.

C'est un fait bien connu que les orages de grêle sont toujours accompagnés par la combustion électrique ou le tonnerre, dans les nuages d'où ils descendent; et quelque étrange que cela puisse paraître, je pense qu'une étroite affinité existe entre les principes dans lesquels les aérolites et la grêle ont leur source, — à tel point que je les crois produits jumeaux nés de la même origine, c'est-à-dire la *fusion électrique*. En effet, comme les *nuages à grêle*, à l'époque où, d'après la force de l'action électrique inverse dans son corps, par le changement rapide de leurs propriétés dans ses bases atmosphériques, que suit l'inflammation, et où l'explosion électrique déroule ses replis, consistent en une masse de vapeurs ou de particules aqueuses à demi formées, qui sont ou qui se rapprochent beaucoup de la nature de la neige ; que cette inflammation soudaine *liquéfie* instantanément ou convertit en eau :—lesquelles particules aqueuses, par le reflux ou la percussion instantanée de l'atmosphère dans le *vide*, amené dans son corps par cette explosion, et dont le *bruit* est un effet,—étant amenées à une collision soudaine et violente, sont ainsi unies en masses ou gouttes (selon le degré d'inflammation) d'eau plus ou moins parfaites; lesquelles masses aqueuses, le *froid*, également *instantané* et intense, qui suit la chaleur de la combustion dans ces nuages, et l'évaporation soudaine de leur *calorique de liquéfaction* qu'il produit dans ces masses aqueuses, changent ainsi en *glace* ou *grêle*, — leur état compact et solide dépendant de leur premier état de liquéfaction. Telle, en peu de mots, paraît être la véritable théorie de la grêle, pour expliquer ce qui a donné lieu à une foule de conjectures, et à la théorie du fameux *Volta* qui, pour être la dernière, n'en est ni moins célèbre, ni moins erronée. Mais revenons à l'application de ce principe de fusion électrique, pour expliquer la production des *pierres météoriques*. Dans le chapitre précédent, il est avancé que les globes lumineux ou globes de feu sont nécessairement de leur nature des *creux* ou des vides, autour desquels, avec une inconcevable rapidité, ils tournent en tourbillons; et que c'est par ce moyen que leur flamme et mouvement de progression sont comme soutenus. Comme l'art n'a pas encore produit et ne produira probablement jamais une espèce de combustion dont le *pouvoir de fusion* soit égal à celui de l'électricité dans l'atmosphère, ainsi qu'il est prouvé par ses effets instantanés en dissolvant les corps les plus

compacts et les plus insolubles, tels que le fer, l'a-
cier, etc., et par ce qu'on appelle *vitrifications
naturelles*, ou ces masses de matières vitrifiées,
comme on l'a vu dernièrement par le tonnerre sur
les montagnes, lorsqu'il tombe notamment sur un
sol sablonneux, ainsi qu'il en a été parlé plus particulièrement dans le chapitre sur la condensation
aqueuse.—Avec de pareils faits, aussi authentiques
de l'incroyable force de fusion de cette espèce de
combustion électrique, joints à l'état presqu'incan-
descent dans lequel on a trouvé les pierres météoriques peu de temps après leur chute,—la seule théorie
raisonnable qu'il me paraisse possible de donner sur
la formation de ces corps, est que la concentration
de cette combustion électrique qui a lieu dans les
météores et les nuages à tonnerres, particulièrement les plus élevés, en *s'emparant de la base
combustible* ou nuage, dans la progression de la
formation de laquelle cette espèce de combustion a
sa source, et qui, pendant la courte durée du météore, lui fournit de la matière, — par suite de sa
force extraordinaire, *fond dans le moment* ces
nuages ; changeant ainsi, ou plutôt amenant une
transmutation *instantanée* de l'élément subtil et
élastique de l'air, où il est le plus subtil, dans les
régions supérieures de l'atmosphère, dans la matière pesante et métallique qui constitue les masses
de pierres météoriques. La formation particulière,
ainsi que la dimension de quelques-unes de ces
pierres, ainsi qu'on le concevra bientôt, peuvent
être le résultat de leur matière tandis qu'elle est

dans un état de fusion liquide dans le tourbillon de flamme globulaire constituant l'enveloppe ou extérieur des météores, tombant dans le creux ou vide de leur centre, et qui, par suite de leur extraordinaire rapidité de mouvement, y est retenu et façonné, par les flammes environnantes. Ces *noyaux*, par l'accroissement continuel de matières venant du dehors, augmente de dimension à mesure que le météore exécute sa course, et au moment de l'explosion de ce dernier, est, par sa gravité, nécessairement précipité sur la terre.

Tel paraît être le mode de création de la plus grande espèce de pierres météoriques, lorsque à peine une seule est formée dans les météores d'une dimension ordinaire. Mais, quelle n'est pas la variété de la nature ! Lorsque ces globes météoriques, semblables au grand météore américain ou à celui que vit le docteur Halley, sont d'une si forte grandeur, qu'elle empêche que la matière fondue qu'ils produisent, puisse se réunir en un *seul noyau*, comme dans ceux d'une plus petite dimension ; cette matière précipitée de la flamme de leurs surfaces, dans leurs cavités intérieures, semblable à du plomb fondu, au lieu de se réunir en un seul point, forme un certain nombre de masses détachées de différentes grandeurs, selon que le hasard, tandis qu'elles sont en état fluide, les met ou non en collision l'une avec l'autre. C'est par suite de cette collision et de la portion de matière fondue qui peut exister dans la flamme globulaire de ces météores au moment de leur explosion, et qui est alors dispersée en fragmens, qu'au lieu de créer une *seule* météorolité, ils en lancent une pluie, ainsi que nous le disons.

Quant à l'espèce de pierres météoriques formées dans les nuages à tonnerre, et précipitées sur la terre, semblables à celles qui tombèrent en Russie, leur production différente de celle qui est le résultat des météores, paraît être l'effet d'une succession rapide d'explosions dans les nuages d'où elles descendent. La ressemblance entre cette manière d'explosion dans ces nuages, et celle par laquelle les jets de lumière sont produits dans l'aurore boréale par les nuages qui donnent lieu à cette dernière, est trop apparente pour ne pas mériter d'être remarquée. Cette coïncidence, quoique à une moindre élévation dans l'atmosphère, justifierait la supposition qu'une étroite affinité existe, non seulement dans le mode de formation de ces nuages, mais encore *dans la masse de l'air,* qui constitue leur base, et que c'est à cette circonstance que l'on doit attribuer, non seulement la manière par laquelle leurs explosions électriques ont lieu dans une succession rapide de fortes détonations, mais encore les produits aérolites qui en résultent.

De ces coïncidences, et de la circonstance que les *nuages à grêle* se trouvent généralement à une moindre élévation dans l'atmosphère que peut-être aucun autre, on peut, ce me semble, déduire les conclusions suivantes, savoir : que c'est par suite de l'insuffisance de la base solaire ou calorifique de l'atmosphère et de l'eau qui, au-delà d'une certaine élévation dans l'atmosphère, existe dans le volume de l'air, et dont l'abondante provision aux nuages de grêle paraît indispensable pour la formation soudaine de l'eau, par la combustion électrique; que, lorsque l'action électrique inverse commence dans la couche de l'atmosphère située bien au-delà de celles qui constituent le grand *dépôt* de sa base calorifique, la combustion électrique qu'elle amène, faute de la présence, en quantité égale, de cette base calorifique, — différente des effets de son action dans la région au-dessous; en place d'eau ou de grêle, qu'en l'absence d'une certaine provision de base calorifique, elle paraît hors d'état de produire; joint à la circonstance que l'air de la région supérieure est à-la-fois, de sa nature, comme on l'a dit, *plus terrestre et plus inflammable;* et, comme une conséquence de ce dernier, que la combustion électrique peut y être plus *intense,* même que dans la région opposée; il s'ensuit que l'action de la combustion électrique sur les nuages formés dans une région, produit un résultat si différent de celui de son action sur ceux formés dans l'autre région,—étant confinée, dans la région supérieure, à une *fusion sèche* de ces nuages, et effectuant ainsi leur transmutation dans la matière dont les pierres météoriques sont composées; tandis que la même action sur les nuages formés dans l'air des régions inférieures, ne produit pas d'autre résultat que celui de les transformer aussi subitement en pluie ou en grêle. C'est ainsi, qu'à la différence existant entre les masses de matières aériformes mises en mouvement par la combustion électrique dans une région , et celles mises en mouvement par la même action dans l'autre région, on peut attribuer la véritable cause des résultats opposés produits sur elles.

Finalement on peut demander si cette action planétaire électrique en combustion a assez de force pour produire la transmutation de l'air de l'atmosphère , dans cette substance en apparence si insoluble, qui compose le corps des aérolites ; s'il ne peut pas exister un mode opposé ou *décomposant* de cette action , assez puissant et de telle nature à dissoudre, quoique par un procédé plus long , sinon ces substances de nouveau en air, au moins d'autres possédant la même somme de leurs propriétés ; à l'effet de pourvoir à l'insuffisance de l'élément de l'air , par suite des pertes qu'il a éprouvées dans son corps par ces formations ; et que semblerait demander la balance de compensation dans les quantités relatives , et la circulation existant entre la terre et son atmosphère , même dans ces légers détails, pour maintenir son juste équilibre ? Peut-être l'action de l'atmosphère en décomposant, ou , comme on dit, en *oxidant* certains métaux , et particulièrement le *fer*, peut être le moyen choisi par la nature pour réparer ces pertes. Mais si l'on peut supposer que l'action des *volcans* est capable de produire de tels effets, en considérant leur nombre et leur répartition sur la surface de la terre , on conviendra aisément que cette action est de nature amplement suffisante à réparer toutes ces pertes dans l'atmosphère.

LE BAROMÈTRE. — SES VARIATIONS.

Comme on s'est assuré, depuis long-temps, que les variations du baromètre ont une liaison directe avec les changemens de temps, et par conséquent sont l'expression des variations qui arrivent dans l'action des principes d'où dérivent les phénomènes de l'atmosphère : il n'est point étonnant, — puisque la science connaissait cette circonstance, que l'attention se soit portée comme elle l'a été, pendant si long-temps, sur les phénomènes du baromètre pour arriver à la connaissance des causes cachées dans lesquelles ils ont leur source.

Ainsi, comme se rapportant à ce sujet, un rédacteur de la *Rees's Cyclopedia*, article *Variations du baromètre*, fait observer que « lorsque le poids ordinaire de l'atmosphère est augmenté, le temps est ordinairement sec et serein ; qu'au contraire, lorsque le poids de l'atmosphère est diminué, le temps est ordinairement humide et brumeux, et que l'organisation animale devient oppressée, inactive et peu énergique ; qu'il n'est pas facile de déterminer la véritable cause du poids et de la pression atmosphériques qui ont lieu dans la même situation. » Que, « dans les endroits entre les tropiques où ces variations ne sont pas très considérables, la principale cause paraît être la *chaleur du soleil*, et que ses effets sont réguliers et uniformes, attendu que le mercure dans le baromètre baisse d'environ un demi-pouce pendant le jour, et s'élève de nouveau à sa première hauteur pendant la nuit. » Que , « dans les zônes tempérées, l'échelle est plus grande, allant de vingt-huit à trente-un pouces, et montrant par les hauteurs différentes les variations qui y correspondent dans le temps. » Que « les *causes qui influent sur les variations des unes, produisent un effet semblable sur les autres.* » Et finalement, que « *si les premières étaient connues, les autres pourraient être déterminées.* » L'explication présentée par ce rédacteur, pour rendre compte des variations du baromètre, outre qu'elle a le mérite d'être courte, est trop remarquable pour ne pas mériter d'être insérée ici. La voici. « Les causes immédiates peuvent probablement se réduire aux deux suivantes, savoir : *une émission de chaleur latente des vapeurs de l'atmosphère, ou de fluide électrique de ces vapeurs ou de la terre.* » On voit qu'il laisse les choses à-peu-près dans le même état où il les trouve ; il établit cependant pour conclusion que « les phénomènes du baromètre considéré comme *indication du temps,* ont été établis et expliqués très différemment par plusieurs écrivains, et qu'ils sont si précaires, qu'il est *extrémement difficile de tracer à cet égard aucune règle fixe et générale.* Il admet aussi franchement que, quoiqu'on ait dit beaucoup sur les phénomènes du baromètre , on ne sait rien ou fort peu de chose sur les principes dans lesquels ils ont leur source. On peut justement observer, par rapport à la liaison des phénomènes du baromètre avec la théorie de la chaleur solaire sur les

principes de *combustion* que , comme il a été dit à
la mer : *Tu n'iras pas plus loin ,* — quant à cette
théorie de la température , la même observation
peut être appliquée à l'explication donnée des variations du baromètre , attendu qu'il est impossible
de dépasser celles qui ont été données. Ainsi nous
sommes forcés de revenir aux *principes électriques*
pour la seule solution dont les phénomènes du baromètre soient susceptibles.

On se souviendra que , d'après une assertion de
la présente théorie , chacune des trois forces primaires dans leur action locale sur l'atmosphère *a
une direction particulière à elle-même;* que la direction de l'action de *gravité* est de sa *superficie à
la surface de la terre ;* celle du magnétisme , *de
son centre à la ligne horizontalement,* nord et sud,
à ses extrêmes opposés aux pôles de la terre ; et finalement, que l'action électrique dans le corps de
l'atmosphère , *traverse la ligne de l'action magnétique à angles droits* ou diverge directement est et
ouest , du véritable méridien magnétique.

Il paraîtra par-là , comme le corps de l'atmosphère est mu par chacune de ces forces , et que la
direction de l'action de gravité et celle d'électricité,
sont opposées l'une à l'autre verticalement , dans
l'échelle de son ascension , que la somme de l'action
de gravité (la plus forte , quant au principe de pesanteur) , ainsi que l'indique le baromètre , *n'est
pas la mesure exacte de cette action ,* mais simplement *celle de son excédant sur l'action* de la force
la plus faible (l'électricité).

Il paraîtra de plus, que de ces forces, comme l'action de gravité sur le corps de l'atmosphère est seule *égale*, tandis que celles de magnétisme et d'électricité sont variables, et que dans tous les temps la colonne de mercure dans le tube du baromètre peut seulement indiquer l'excédant de l'action de gravité sur celle d'électricité, qu'avec les variations dans la force de cette dernière, dans l'atmosphère qui affecte le principe de sa pesanteur, la somme de cet excédant dans l'action de gravité, *doit varier* et, comme une conséquence nécessaire, *amener des variations correspondantes dans la hauteur de la colonne de mercure dans le tube du baromètre.* Ainsi les principes les plus simples nous conduisent à la solution d'un problème qui pendant si long-temps, et l'on peut ajouter si vainement, a occupé l'attention des physiciens, quant aux sources de la variation du baromètre. En effet, comme il n'est pas d'espèce d'action électrique qui s'oppose moins à l'action de gravité dans son corps, que l'*action directe* de l'une et de l'autre espèce de force électrique sur sa région inférieure, — et qui aille directement affecter le principe de sa température ; ainsi nous voyons que pendant les extrêmes opposés de température annuelle, en été et en hiver (particulièrement dans les latitudes basses et élevées), le poids de l'atmosphère indiqué par le baromètre *ne varie que peu.* Au contraire, comme il n'est pas d'espèce d'action électrique dans l'atmosphère qui agisse aussi sensiblement sur le principe de sa pesanteur, que l'*inverse*, dans laquelle la condensation aqueuse a sa source, — par suite de la différence de position dans les *foyers* de la dernière dans sa moyenne région, comme contrastée avec celles formées par l'action *directe* de ces forces à la surface de la terre; et l'influence exercée par la première sur l'air de la région *inférieure*, de même que sur celui de la supérieure, par les centres nouveaux et puissans d'attraction qu'ils forment; — il en résulte, dis-je, que nous reconnaissons pourquoi l'approche de la pluie et des phénomènes tels que l'orage, etc., produits par l'espèce d'action électrique dans laquelle elle a sa source, sont ceux qui influent le plus sensiblement sur le baromètre : et pourquoi les zônes tempérées des hémisphères opposés où cette espèce d'action électrique est plus commune, sont celles dans lesquelles les variations du baromètre sont les plus fortes.

Ainsi, autant qu'on peut s'en rapporter aux données de cette théorie, cette *source principale* des variations du baromètre, est rendue assez claire et intelligible; mais, en outre des causes précitées, il existe une *classe secondaire*, dont l'action, en agissant sur les phénomènes du baromètre, et ayant par là une tendance directe à *égarer*, quant aux recherches sur les sources des phénomènes les plus importans de l'astronomie, — c'est-à-dire *les mouvemens de rotation* des corps célestes; doit nécessairement trouver sa place ici. Cette classe de causes secondaires est divisible en *deux parties* principales, savoir : *le courant ascendant d'évaporation*, qui, par la décomposition de ses eaux, est amené par *l'action directe* des forces électriques primaires sur la mer, comme (attendu qu'elles sont chargées d'humidité) sur les surfaces de la terre, mais plus particulièrement par celle plus puissante du soleil : — et *l'obliquité* de ses courans, dans la région inférieure de l'atmosphère, qui y est amenée par les espèces opposées d'agence électrique en contraste avec l'action verticale de gravité sur son corps, — laquelle, en traversant la ligne de la dernière action, diminue nécessairement sa force sur le volume d'air, tandis qu'elle est influencée par ce mouvement impulsif.

Pour comprendre l'influence exercée par la dernière cause sur les phénomènes du baromètre, il ne faut que remarquer les effets des orages qui, tandis que la force de leur action, sur la mer, est suffisante pour élever ses eaux jusqu'aux cieux, et, sur la terre, pour déraciner le roi des forêts, amènent, pendant leur durée, *une chute marquée* sur le mercure du baromètre, — chute due en partie à *cette obliquité de leur direction* dans la région inférieure de l'atmosphère étant en contraste avec l'action verticale de gravité sur son corps. Pour arriver à une idée pareille sur l'influence exercée par le principe *d'évaporation*, — il ne faut que se rappeler que c'est par son moyen, que le renouvellement de l'atmosphère sur lequel repose le principe de la circulation qui existe entre elle et l'élément de l'eau, est maintenu. — En considérant la quantité de matière aériforme que, par sa parfaite décomposition, une seule goutte d'eau est capable

de produire , et que nonobstant la somme supérieure de pluie qui (vu la plus grande étendue de
sa surface) doit nécessairement tomber sur mer plus
que sur terre , et dans la grande quantité de pluie
qui tombe sur la terre, la partie qui est absorbée
par les végétaux ou consommée par l'évaporation,
sans se mêler ou avoir aucune liaison avec les rivières de la terre , et conséquemment que l'ensemble des eaux de cette dernière , malgré l'immensité
de leur somme , ne forme qu'une petite partie de
celles qui proviennent annuellement de l'atmosphère, — nous serons à même, dis - je, de nous
former une idée de la somme énorme de flots d'évaporation de la terre , nécessaire pour entretenir
cette étonnante circulation.

Ces faits nous font aisément apercevoir que la
somme et la force de ce courant ascendant d'évaporation de la surface de la terre, par jour, sont
telles, surtout dans les régions où l'action solaire ,
dans la décomposition de ses eaux , est plus puissante, c'est-à-dire entre les tropiques,— nonobstant
les effets de cette action solaire en élevant la température, *de condenser* le volume de la région inférieure de l'air , et conséquemment d'accroître sa
gravité spécifique, comme on l'a dit dans le chapitre sur la température, — qu'elle a pour effet
d'amener pendant la période de sa plus grande
action , une *chute de demi-pouce* dans le mercure
du baromètre : et que la diminution dans la somme
et la force de ce courant d'évaporation dans les régions inter-tropicales, *pendant la nuit* (nonobs-

tant la diminution du volume de l'air et le décroissement qui en est la suite, dans sa gravité spécifique, amenés pendant la dernière période, par
l'action négative de la terre), est telle, qu'elle a
pour effet de causer une *pareille élévation d'un
demi-pouce* dans le mercure du baromètre (comme
on l'a vu dans les extraits placés à la tête de ce
chapitre). Ainsi, semblable au mouvement *ap-
parent* du soleil, il tend, comme on l'a vu, à
induire en erreur, par rapport aux vérités astronomiques.

A l'appui de l'exactitude de ces assertions., j'in-
sérerai ici avec plaisir les faits suivans, pris dans
le *Rees's Cyclopedia*, article *Baromètre* : « M. de
Luc s'étant procuré l'appareil nécessaire pour la
mesure exacte des hauteurs, procéda à établir, par
des expériences, les élévations correspondantes aux
différens abaissemens du mercure sur le mont Sa-
lève, près Genève, qui a environ 3,000 pieds
français de haut. Peu de temps après qu'il eut
commencé ses observations, un phénomène inat-
tendu eut lieu. A l'une des stations, ayant examiné
le baromètre deux fois dans un jour, il trouva le
mercure plus haut à la seconde observation qu'à la
première, et naturellement il attribua cette variation à un changement dans la pesanteur de l'atmosphère, qui devait agir de la même manière sur
son autre baromètre placé dans la plaine. Mais il ne
fut pas peu surpris, en examinant l'état de ce dernier,
de trouver qu'il avait marché en sens contraire, et
qu'il était descendu tandis que l'autre montait.

Cette différence, qui ne pouvait procéder d'aucune inexactitude dans les observations, *était si considérable*, qu'elle devait le décourager et tromper son attente de succès, à moins qu'il ne fût à même d'en connaître la cause, et d'en déduire les résultats. L'expérience fut répétée avec soin à différentes époques. Un observateur sur la montagne et un autre dans la plaine, prirent leur place au lever du soleil, et continuèrent à faire leurs observations respectives, tant sur le baromètre que sur le thermomètre, à chaque quart-d'heure, jusqu'au coucher du soleil. On trouva que *le baromètre le plus bas descendait graduellement pendant les trois premiers quarts du jour, après quoi il remontait jusqu'au soir, où il demeurait à-peu-près à la même hauteur que dans la matinée ; le baromètre le plus haut montait pendant les trois premiers quarts du jour, et ensuite descendait, de manière à atteindre, vers le coucher du soleil, la hauteur du matin.* »

Nous trouvons là des faits (quoique semblables à quelques autres signalés dans cet ouvrage, qui n'étaient aucunement soupçonnés par celui qui les rapporte, ainsi qu'on peut s'en convaincre par la manière dont l'article de l'ouvrage où ils sont pris, les applique aux causes par lesquelles ces phénomènes étaient supposés être amenés), qui montrent, non seulement l'influence sur les phénomènes du baromètre exercée par le courant ascendant d'évaporation de la surface de la terre amenée par l'action solaire, mais celle de l'effet de cette

dernière action, tandis qu'elle élève sa température, de causer une *condensation* dans l'air de la
région inférieure. Cet effet sur le baromètre (semblable à l'accroissement et le déclin diurnes des brises de mer des tropiques, comme on l'a vu), gardant,
comme nous le voyons, un pas égal dans les changes
gemens qu'il produit sur la colonne de mercure
avec l'accroissement et le déclin diurnes de l'action
solaire sur la température; et conséquemment sur
ses pouvoirs de décomposer la matière humide qui
lui est présentée en bas sur la surface de la terre.
Tandis que, par suite de la condensation de son
volume dans l'air de cette région inférieure de l'atmosphère, amenée par l'action solaire en élevant la
température,—l'élévation du mercure dans le tube
du baromètre placé sur la montagne, restant de
pair, comme on l'a vu, avec son élévation diurne,
comme sa chute avec son déclin graduel,—montre
que là où elle est un peu éloignée de l'action du
courant ascendant d'évaporation inférieure, l'action solaire, en élevant la température, a également pour effet de condenser son volume, et par
conséquent, comme nous le voyons, *d'accroître
la somme de sa gravité spécifique*, ainsi que l'indique le baromètre. Il en résulte que malgré l'illu-
sion produite par le courant d'évaporation dans les
phénomènes présentés par le thermomètre le plus
bas, nous pouvons reconnaître comment, au moyen
de cette augmentation dans le volume et la gravité
spécifique de l'air de la région inférieure de l'atmosphère, produite par l'action diurne du soleil,

en élevant sa température, il devient l'agent du mouvement de rotation de la terre, comme on l'a dit. Notre seul étonnement est, en considérant le volume supérieur comme la force donnée à ce courant ascendant d'évaporation par l'action solaire entre les tropiques, comparativement à ce que son degré diminué peut produire dans les environs de Genève, que la chute du baromètre qu'elle produit journellement dans les basses latitudes, ne soit que *d'un demi-pouce*. On doit, à la vérité, mettre en ligne de compte l'accroissement de concentration dans le volume de la région inférieure de l'air, produit par la force supérieure de l'action solaire, qui, nonobstant l'accroissement de volume et la force d'ascension donnés à ce courant d'évaporation, dans les latitudes tropicales, neutralise ses effets sur le baromètre.

D'après les faits précédens, nous pouvons reconnaître comment il se fait (particulièrement dans l'intérieur des continens et les latitudes élevées où ce courant ascendant d'évaporation, par la plus grande absence relative d'humidité, doit être moindre que dans le voisinage de la mer) que l'époque de la plus grande élévation du mercure du baromètre, soit celle de l'année où, en outre de l'absence entière de la condensation aqueuse, l'action solaire n'est pas encore d'une force suffisante pour produire une décomposition copieuse des eaux qui se trouvent en bas, c'est-à-dire pendant le printemps où les vents du nord-est dominent ; l'action de gravité sur le corps de l'atmosphère étant plus puissante à cette époque, parce qu'elle est moins embarrassée par ces deux causes influentes, qu'à aucune autre époque de l'année.

On peut ajouter que, par suite de ce que le *centre* d'action électrique et magnétique dans l'atmosphère est le *même* (comme il a été dit dans le chapitre de la *température*), nous pouvons reconnaître pourquoi l'espèce de phénomènes qui produisent le plus grand abaissement dans le mercure du baromètre, sont également ceux qui causent la plus grande variation dans l'aiguille aimantée.

D'après les principaux faits et les argumens posés dans ce chapitre, il ressort également (ainsi qu'on l'a remarqué des marées), que l'explication des phénomènes du baromètre étant comprise dans la découverte des principes dans lesquels les phénomènes de l'atmosphère ont leur source, — avant que ces principes fussent connus, il était impossible d'arriver à la connaissance des premiers, puisque c'était une des circonstances importantes de cette découverte, et qui en dépendait nécessairement.

Ainsi, nous voyons que, par suite de l'action d'électricité, et par la *classe secondaire* de causes, dans le corps de l'atmosphère, qui sont continuellement en opposition avec l'action de gravité, — l'action de la dernière, sur l'atmosphère, peut être comparée à celle d'un poids léger, réparti dans l'ensemble d'un cordon en spirale et conique, et qui cède à chacune de ses impulsions, — mais de telle façon que, à moins d'une forte excitation, ses changemens glissent les uns sur les autres, de manière à être à peine perceptibles. Ainsi, il paraît que la plus grande hauteur du mercure dans le tube du baromètre que nous connaissions, peut s'appeler *la plus proche approximation* découverte jusqu'à présent de la gravité spécifique d'une colonne d'air atmosphérique, et non cette gravité spécifique elle-même.

APHORISMES ASTRONOMIQUES

sur

LESQUELS EST FONDÉE CETTE THÉORIE (1).

1. Les corps planétaires, y compris le soleil, qui composent le système solaire, peuvent être définis, l'union, ou l'incorporation mystérieuse des élémens des *trois* forces primaires ou fondamentales : et l'apparence, le mouvement, etc., etc., de ces corps sont l'expression harmonieuse de l'action de ces mêmes forces.

2. Ces trois forces primaires sont la *gravitation*, le *magnétisme* et l'*électricité*.

3. Le principe de *cohésion* planétaire, non seulement individuellement, mais encore collectivement, d'où dépend l'existence individuelle et collective de ces corps, — leurs positions relatives, — leurs mouvemens *orbiculaires* et de *rotation*, — leur *température*, et en un mot, tout l'ensemble de leurs phénomènes locaux, sont ou les résultats *fixes* et inaltérables, ou les résultats *toujours va-*

---

(1) L'auteur a présenté au comité de la société astronomique de Londres, avant la réunion, le 13 novembre 1829, une copie de ces aphorismes, à l'exception des numéros 18, 19, 20 et 21, mais sous une forme moins abrégée.

33

riables, mais consécutifs de l'action universelle toujours active de ces forces dans le système solaire.

4. Il existe une *sympathie* active entre les corps planétaires, l'un par rapport à l'autre, comme entre le soleil et les planètes ; de telle sorte, qu'à parler strictement, rien de ce qui se rattache à ces corps n'est isolé ou détaché ; mais, que collectivement ils composent un *tout*, dont les différens membres sont essentiellement liés les uns aux autres : de manière qu'il serait impossible de détacher aucun d'entre eux, sans amener des conséquences plus ou moins funestes pour tout le reste. — Ce principe de sympathie entre les corps planétaires, exerce une influence sur certains de leurs phénomènes locaux.

5. La source de cette sympathie planétaire et solaire, paraît être que tous ces corps sont *homogènes ;* la différence entre le soleil et les planètes de son système, semble d'une nature, si je puis me permettre cette expression, simplement *sexuelle*. — Car, un *principe solaire* existe jusqu'à un certain point dans les planètes, comme un *principe planétaire* jusqu'à un certain point dans le soleil.

6. Le milieu ou conducteur, au moyen duquel se fait l'échange de cette sympathie mutuelle, entre le soleil et les planètes, et entre les planètes elles-mêmes, ainsi qu'entre elles et le soleil, est un fluide aériforme ou *atmosphère*, qui a source dans le soleil et dans les planètes, et s'étend de là aux superficies de son système ; dans lequel le soleil et les

planètes exécutent leur révolution : — conséquemment il n'existe rien dans la nature de tel que le *vide*.

7. L'atmosphère universelle est *physique* de sa nature, aussi bien que celle de la terre, mais d'une ténuité extrême, et, comme on l'a dit dans l'aphorisme précédent, elle sert de conducteur commun, au moyen duquel est départie l'action exercée dans tout le système par les forces primaires de *gravitation*, de *magnétisme* et d'*électricité*.

8. *Chacune* des forces primaires, que nous venons d'énumérer, est universelle ou collective, aussi bien que particulière ou *locale* dans son action sur les corps célestes.

9. Chacune de ces forces primaires est *double* ou divisible en *espèces opposées*, c'est-à-dire, *solaire* et *planétaire* ; — la grande source de la première espèce étant dans le soleil, — et celle de l'autre dans les planètes prises collectivement.

10. C'est une loi fondamentale de chaque espèce de ces forces primaires, que son action locale converge toujours vers, ou diverge toujours d'un *foyer* particulier ou principal, dans le soleil et les planètes, où son action est nécessairement la plus puissante.

11. Comme ces *espèces opposées*, de chacune des trois forces primaires, convergent à des foyers particuliers ou principaux dans le soleil ou les planètes, qui, par cette circonstance qu'elles sont *en opposition*, ne peuvent pas être dans les mêmes directions, mais bien dans des directions opposées les unes aux autres : comme de plus, ces foyers oppo-

33..

ses de chacune des forces primaires , dans le soleil ou dans les planètes , sont placés *à différens points* des sphéroïdes de ces corps respectifs : de là , il résulte que l'action des espèces opposées de chacune des trois forces primaires , a *une direction qui lui est propre* , et distincte de celle des autres , soit individuellement dans le même sphéroïde , ou dans le système auquel il appartient, pris comme un tout.

12. Quelques - uns de ces foyers principaux des espèces opposées des forces primaires , soit dans le soleil ou dans les planètes , sont *fixes et permanens* quant à leurs positions dans ces corps ; d'autres sont *changeans*.

13. Une seule des trois forces primaires paraît avoir les foyers de ses espèces opposées fixés d'une manière inaltérable , c'est la *gravitation* , — les foyers principaux de cette force , appelés *centres de gravité* , étant de l'*espèce planétaire* , sont situés aux centres des planètes premières et secondaires respectivement ; tandis que l'espèce opposée de gravitation , ou espèce *solaire* , n'ayant qu'*un* foyer principal *unique* dans le système , est située dans le centre du soleil.

14. Les forces de ces espèces opposées de gravitation planétaire et solaire se balancent l'une l'autre exactement dans le système solaire , de telle manière que, sans l'action de quelqu'autre force , le soleil et les planètes resteraient suspendus, immobiles et sans mouvement, dans leurs orbites respectifs.

15. La gravitation est la seule des forces primaires dont l'action soit à-la-fois uniforme et invariable, comme c'est aussi la seule qui n'ait qu'*un foyer unique* dans chacun des corps planétaires ; foyer, toutefois, qui embrasse dans la sphère de son action et retient, quoiqu'avec diverses modifications, les divers élémens dont ces corps se composent. — Ce foyer devient ainsi le *lien* commun de connexion qui subsiste entre ces élémens dans les corps planétaires, tant dans le soleil respectivement, que dans le système même collectivement dont ils sont les membres. — La *direction locale* de l'action de gravitation d'espèce solaire ou planétaire, est dans tous les cas *des superficies aux centres* de ces corps respectivement.

16. Posant en principe que les lois qui gouvernent l'action des forces primaires dans le soleil et dans les planètes, sont les mêmes, la force primaire magnétique dans le soleil et dans chacune des planètes individuellement, est d'*espèce opposée*. — Cette circonstance est cause que, différente en cela de la force de gravitation, elle a *deux foyers* principaux dans chacun de ces corps ; ce qui fait que leur action magnétique prend *une direction* tout-à-fait différente de celle de la gravitation, — ses espèces opposées *divergeant de leurs centres vers leurs pôles opposés*, où sont situés les foyers de ses espèces opposées ; et conséquemment dans la direction de leurs axes.

17. Semblable au magnétisme, la force *électri-*

que primaire , soit dans le soleil , soit dans les planètes individuellement , est d'*espèces opposées* , ce
qui fait que , comme le magnétisme , elle a des
foyers principaux opposés, dans chacun de ces
corps. Mais , comme cette force diffère dans sa nature de celle de gravitation et de magnétisme , la
direction de l'action électrique planétaire diffère
aussi de celle des deux autres. — Car , tandis que
l'action de gravitation converge des superficies aux
centres du soleil et des planètes respectivement , et
que les forces magnétiques divergent de leurs centres vers leurs pôles opposés ; les espèces opposées
de l'action électrique planétaire divergent *est* et
ouest des axes de ces corps. Ainsi , la *direction* de
l'action électrique planétaire , localisée dans le soleil et dans les planètes , est *à angles droits* avec
leurs méridiens magnétiques.

18. Quoique les sources des forces magnétiques
et électriques des corps célestes soient dans les
masses respectives de ces corps , *les centres de leur
action locale* sont à une certaine élévation de leurs
surfaces dans le corps de leur atmosphère.

19. Le centre principal de l'action magnétique et
de l'action électrique dans les atmosphères locales
des corps célestes , est un seul et *même centre* , savoir : celui de leurs foyers principaux d'électricité
positive dans les régions du tropique ; de laquelle les espèces opposées de leurs forces magnétiques divergent *nord* et *sud*, dans la direction
de leurs pôles opposés : comme les espèces opposées

de leurs forces électriques divergent *est* et *ouest.*
Ainsi, dans leur action locale, ces forces se croisent à angles droits.

20. Semblable à l'action magnétique *horizontalement*, cette divergence de l'action électrique dans les atmosphères locales des corps célestes, est amenée par la présence des *pôles électriques opposés, positif* et *négatif, verticalement* dans l'échelle de leur ascension, — l'un de ces pôles étant toujours en contact avec leurs superficies, — tandis que l'autre diverge de leur centre dans la région supérieure de leurs atmosphères locales. Ainsi, *pendant le jour*, le pôle électrique positif est en contact avec les superficies de ces corps, tandis que le pôle négatif diverge verticalement dans la direction opposée. *Pendant la nuit,* au contraire, le pôle négatif est en contact avec leurs superficies, tandis que le pôle positif diverge dans la direction opposée : d'où il suit que dans chaque révolution diurne de ces corps, les pôles électriques de leurs atmosphères locales *tournent autour de leurs centres locaux.* — Les époques auxquelles ont lieu les changemens de position de ces pôles électriques sont celles du commencement d'action des forces électriques opposées, c'est-à-dire, le *matin* et le *soir.*

21. Comme le pôle électrique, qui est en contact avec les superficies de ces corps, est celui de la force électrique qui préside dans ce moment ; et que son action sur la température et les autres phénomènes soumis à son influence est plus puissante

que celle du pôle opposé ; cette circonstance amène une *différence* entre l'action relative de ces pôles, et fait qu'on peut les diviser en *pôle actif* et *pôle passif.* — *Pendant le jour*, le pôle électrique *actif* est le pôle solaire ou *positif*, et le *passif* le pôle planétaire ou *négatif.* — *Pendant la nuit*, le pôle actif est le *négatif*, et le passif est le *pôle positif.*

22. Une circonstance qui se lie à l'action électrique, dans le soleil ou dans les planètes, et qui la distingue également de celle de la gravitation et du magnétisme, c'est que, tandis que les foyers de la gravitation *sont fixés d'une manière permanente*, et que si ceux du magnétisme sont sujets à des changemens, ces changemens dans les corps planétaires *n'arrivent qu'après un laps de temps immense* ; —les foyers principaux de l'espèce *positive* ou solaire de l'action électrique sur la terre et les planètes, sont *dans un état continuel de changement de position*, traversant chaque jour de l'est à l'ouest les circuits entiers de ces corps. Cette position des foyers principaux de l'action électrique positive du soleil sur les planètes de son système étant toujours sur les points du cercle formé par la rotation ou la course diurne de ces corps, où existe dans le moment le degré *maximum* de la chaleur solaire sur leurs superficies. Toutefois la même loi ne s'applique pas au mouvement de l'espèce opposée ou planétaire de l'action électrique sur les superficies des planètes. Car quoique cette dernière, ou l'espèce *négative* de la force électrique primaire, semblable à celle qui lui est opposée, ait son foyer

principal vers lequel elle converge dans chaque
planète, et que ces foyers changent aussi de position, cette position ne se trouve pas dans les
mêmes cercles que décrivent ceux de l'action électrique positive ou solaire sur les superficies de ces
corps, et les changemens qui ont lieu dans leurs
positions n'arrivent pas chaque jour ou chaque
mois, mais après de plus longs intervalles de temps,
comme nous l'avons remarqué dans les *Observations
préliminaires*.

23. C'est sur le principe de la *direction particulière* donnée à l'action de chacune des trois
forces primaires, c'est-à-dire la gravitation, le magnétisme et l'électricité, que sont fondées la *cohésion* individuelle, et la cohésion collective des corps
célestes, aussi bien que leurs *mouvemens orbiculaires* et *de rotation*.

24. Le *mouvement orbiculaire* des planètes et du
soleil est un effet de l'action des espèces opposées
de la *force magnétique primaire* du soleil et des
planètes.

25. Le *mouvement diurne* ou *de rotation* des
planètes et du soleil, est un effet de l'*action électrique*.

26. Outre les *foyers principaux* vers lesquels
convergent les forces agrégées des espèces opposées
de l'action électrique sur les superficies de la terre et
des autres corps planétaires, il est de la nature de
l'action de ces forces que, dans le corps de l'atmosphère et sur les superficies de la terre, elles di-

vergent de et convergent vers certaines régions
ou points particuliers. Elles le font, dans l'atmosphère, *conformément à la position des lieux dans
l'échelle de leur ascension*, et sur la surface de
la terre, conformément à la position des lieux,
par rapport à leurs foyers principaux et à *la nature
des localités*. Ainsi ces forces, dans leur action toujours active, forment une série de *foyers secondaires* ou *locaux* dans le corps de l'atmosphère et
à la surface de ces corps.

27. Quoique chacune des trois forces primaires
paraisse plus particulièrement liée à des substances
particulières, comme la *gravitation* avec l'*or*, le
plomb et la classe des corps les plus pesans ; le *magnétisme* avec le *fer*, et l'*électricité* avec l'*eau* et
l'*air* ; — cependant telle est l'espèce d'amalgame de
ces forces que présente la nature dans la terre, et
que l'on peut supposer par analogie dans les autres
corps planétaires, qu'il est impossible d'indiquer
avec précision quels sont les élémens qui constituent
plus particulièrement leurs dépôts respectifs dans
la terre et les planètes. Ainsi l'*air*, le plus léger
et le plus subtil des élémens planétaires, en répondant à l'action de toutes trois, montre que chacune
de ces forces a en lui sa base représentative ; et la
surface terrestre, qui semble si inerte et si inca-
pable d'exercer une influence sur la nature volatile
des forces électriques, montre, par l'influence
puissante qu'elle exerce sur les degrés annuels extrêmes opposés de la température, et sur certains
autres phénomènes qui ont leur source dans l'ac-

tiou électrique, la part importante qu'elle prend à cette même action.

28. Cette circonstance que les trois forces primaires ont dans la terre et dans les autres planètes, un *centre* ou nœud commun, qui paraît être placé aux centres de ces corps, *vers lequel elles convergent, ou duquel elles divergent,* semble provenir de cette espèce d'amalgame ou *union mystérieuse* qui existe, comme nous l'avons remarqué, entre elles dans chacun de ces corps. Ce qui fait que ces forces, pour la convergence ou la divergence de leurs rayons, traversent les mêmes plans, bien que dans des directions différentes et opposées; — agissant les unes continuellement, les autres occasionnellement en opposition directe l'une à l'autre. De là, comme à l'action de la gravitation, s'oppose directement celle du magnétisme dans la direction du *méridien magnétique* de la terre *nord* et *sud,* et celle des forces électriques *est* et *ouest* de leur foyer commun à son centre; — ni la pression de l'atmosphère, ni celle d'aucun des autres corps qui répondent à l'action des forces magnétiques ou électriques, ne peuvent, dans ces lignes de leur opposition directe l'une à l'autre, être appelées l'*expression* exacte ou le total de l'action de la gravitation sur ces corps; mais elles doivent être simplement regardées comme la somme de son excès sur l'action de ces forces sur les corps de cette nature.

29. L'action de *deux* des forces primaires, savoir de la gravitation et du magnétisme, peut être considérée comme toujours uniforme et invariable

dans son degré d'énergie, tandis que l'électricité, quoique l'on puisse dire qu'elle a *une action planétaire moyenne*, est cependant *toujours variable dans son action locale.*

30. C'est à la *direction opposée* de l'action de gravitation, par rapport à celle du magnétisme et de l'électricité, et à la nature variable de l'action de cette dernière force, combinée avec la circonstance de l'identité commune qui existe, comme nous l'avons dit, entre l'action de ces deux dernières forces, qu'il faut attribuer les *variations de l'aiguille aimantée et du baromètre.*

31. C'est à la circonstance du *changement de position* des foyers principaux des forces électriques du soleil et de la terre sur les superficies de cette dernière qu'il faut attribuer les phénomènes suivans : 1°. le mouvement de rotation de la terre; effet combiné, comme nous l'avons dit, de la direction et du changement continuel de position que le foyer principal de l'action électrique positive du soleil éprouve dans le cercle qu'il décrit chaque jour autour de la circonférence de la terre ; qui, semblable à l'action du courant descendant sur une roue à eau qui exécute son évolution, la force à changer continuellement le point de sa surface sur lequel elle agit, et conséquemment sa propre position par rapport à ses superficies : 2°. les phénomènes équinoxiaux de l'atmosphère, causés par les changemens qui ont lieu tous les six mois dans la position du foyer principal de l'action électrique négative de la terre d'un pôle à l'autre.

32. Avec le mouvement orbiculaire des planètes, — *les angles que forment leurs axes avec le plan de l'écliptique*, et le changement de leurs saisons qui en résulte, doivent être attribués à la distribution des *forces magnétiques* entre les hémisphères opposés de ces corps, sur lesquelles agissent celles du soleil.

33. Le phénomène de la *lumière*, solaire et planétaire, paraît, comme le plus essentiel aux opérations subséquentes de la nature dans les corps planétaires, avoir été et continuer d'être le *premier* effet produit par la collision directe et l'action des forces électriques primaires opposées du système, l'une sur l'autre, soit dans le soleil, soit dans les planètes.

34. Semblable aux espèces opposées de la force primaire qui lui donne naissance, le phénomène de la lumière *est d'espèces opposées* dans les corps célestes, c'est-à-dire que la lumière est *solaire* et *planétaire*.

35. Les deux espèces de lumière sont, à proprement parler, *locales*, ou confinées dans une certaine étendue, dans les atmosphères attachées au soleil et aux planètes; et cette étendue du phénomène de la lumière dans les atmosphères du soleil et des planètes, est, en général, dans une certaine proportion avec leur grandeur relative.

36. La lumière n'est *projetée* par le soleil et les planètes que par *réflexion*; il s'ensuit qu'elle n'existe pas au-delà d'une certaine élévation

ou à une certaine distance de ces corps, dans les régions de l'espace qui les séparent l'un de l'autre.

37. Le phénomène de la *chaleur* planétaire n'est pas, comme on le suppose généralement, *projeté par le soleil*, mais comme celui de la lumière, il est strictement *local* dans sa nature et dans son existence; — n'étant, ainsi que celui-ci, qu'un effet résultant de l'action directe réciproque, et de l'incorporation des bases aériformes respectives des forces électriques opposées du soleil et des planètes dans les atmosphères de ces dernières; au moyen de leurs pôles électriques positifs.

38. Il existe dans la totalité des corps célestes, *un degré commun de température moyenne*.

39. Ce résultat commun, cette égalisation de température dans toutes les planètes, paraît être le résultat de diverses modifications de deux circonstances dans ces corps, savoir leur *grandeur, et la longueur du temps pendant lequel ils se trouvent exposés d'un seul coup* à l'action solaire. La durée de ce temps, à l'exception des régions polaires de quelques-uns de ces corps, dépendant de leur mouvement de rotation, *décroît* à mesure que leurs masses *accroissent en grandeur, et vice versâ*.

40. Il existe une certaine analogie entre la source de l'atmosphère solaire, et celle de la terre et des planètes; la première, comme la seconde, étant dérivée *d'un fluide plus dense et plus pesant* répandu sur le corps du soleil aussi bien que sur celui des planètes.

41. Cet élément plus dense (l'eau) ne diffère dans le soleil du même élément dans la terre et les planètes, qu'en ce qu'il est comme l'atmosphère solaire, à laquelle il donne naissance, d'*une espèce différente* que celui des planètes et qui lui est opposée.

42. Cet élément, ce fluide pesant, et son atmosphère dans le soleil, comme les élémens de l'eau et de l'air attachés à la terre, sont strictement *homogènes*, car ils sont également les résultats de *l'incorporation des bases élastiques opposées*, solaires et planétaires, qui sont éminemment électriques ; et, comme tels, ces élémens dans le soleil et les planètes collectivement, constituent les grands dépôts solaires et planétaires des espèces opposées des forces électriques primaires du système solaire.

43. Les bases élastiques opposées des eaux et de l'atmosphère du soleil, comme celles de la terre et des planètes, sont retenues dans les états opposés de leur union, simplement au moyen de l'action des *affinités électriques opposées*. Les changemens qui ont continuellement lieu dans ces affinités, dans des portions de ces bases, aux deux états de leur union, entretiennent une circulation continuelle entre les élémens de l'eau et de l'air, dans le soleil et dans les planètes, ce qui effectue leur renouvellement mutuel.

44. Comme la chaleur planétaire ou solaire de l'atmosphère a sa source dans l'action électrique positive du soleil sur celle-ci; de même la sensation

de *froid* dans l'atmosphère, a sa source dans l'action opposée ; c'est-à-dire, dans *l'action électrique né-gative de la terre sur cette atmosphère, au moyen de son pôle* ; et conséquemment *le phénomène de la température atmosphérique est dans tous les temps l'expression exacte de l'action conjointe des forces électriques opposées sur l'atmosphère*, dans ses différentes régions.

45. *L'action directe* de chacune des forces électriques primaires opposées , solaire et plané-taire, sur l'atmosphère et la surface de la terre , *affecte directement le principe de leur température.* Une autre conséquence de l'action directe de ces forces sur les superficies de la terre , c'est qu'elles effectuent *la décomposition d'une partie de ses eaux en air atmosphérique.* En conséquence, si ces forces électriques, ou leurs bases représentatives dans l'atmosphère, n'avaient point eu d'autre ac-tion qu'une action *directe*, les eaux de la terre eussent été depuis long-temps desséchées par la décomposition continuelle à laquelle elles auraient été soumises ; en même temps que par l'accroisse-ment incommensurable de son volume, l'atmos-phère elle-même serait devenue une masse d'air stagnant et putride , qui , au lieu de produire la fraîcheur et la salubrité , aurait été depuis long-temps une peste et une cause de mort pour les rè-gnes animal et végétal qu'il enveloppe.

46. Pour obvier à un tel état de choses, et con-server l'équilibre nécessaire entre les élémens d'eau et d'air attachés à la terre, en maintenant entre

eux le principe de circulation, d'où dépendent leur renouvellement mutuel et leur salubrité, — la nature toujours parfaite dans ses dispositions, a préparé une espèce différente d'action électrique, dérivée de et combinant en elle-même les espèces opposées des forces électriques primaires, et entièrement différente dans ses effets sur la température et les autres phénomènes, de ceux causés par l'action directe de ces forces. Cette action, suspendant pendant tout le temps de sa durée, dans la région où elle existe, ce que nulle autre cause ne fait, *l'action directe* des deux forces électriques primaires, positive et négative, raffermissant, dans le corps de l'atmosphère, ses bases électriques opposées, et renversant leurs dispositions premières dans leur état aériforme, est dite *action électrique inverse* dans l'atmosphère.

47. Au moyen de cette action électrique inverse dans l'atmosphère, l'excès de ses bases électriques opposées, solaires et planétaires, subit un changement de propriétés par suite du changement amené dans leurs affinités électriques ; alors ces bases surabondantes, réunies dans leur *état aqueux* primitif, sont rendues à la terre, sous la forme d'eau.

48. L'action des forces électriques opposées du soleil et de la terre sur l'atmosphère et les surfaces de la terre, est *alternative ;* — l'action positive du soleil pendant le jour, étant remplacée, pendant la nuit, par l'action négative de la terre, et *vice versâ*.

34

49. L'action des forces électriques primaires opposées, solaire et planétaire, sur l'atmosphère et la surface de la terre, exécute sa révolution *dans trois cercles* de grandeur et de durée différentes, savoir : *diurne*, *lunaire* et *annuel*. — L'action de la lune sur l'atmosphère, dans ses révolutions autour de la terre, correspond dans sa nature aux changemens diurnes dans l'action des forces électriques primaires opposées du soleil et de la terre ; c'est-à-dire qu'elle est *positive aux époques des syzigies*, et *négative à celles des quadratures.*

50. Comme l'action des forces électriques opposées sur l'atmosphère amène des effets directement opposés sur sa température et ses propriétés, plus particulièrement dans leurs cercles diurnes ; *les changemens* de l'une à l'autre qui ont lieu dans l'action de ces forces dans chaque cercle de leur mouvement, amènent des *collisions électriques* dans son corps, entre les pôles de ses bases électriques opposées.

51. Ces collisions électriques entre les bases aériformes de l'atmosphère, sont les moyens employés par la nature pour faire naître dans son sein *l'action électrique inverse*, et la formation de la pluie.

52. Ces collisions électriques dans l'atmosphère, conséquences des changemens qui ont lieu dans l'action des forces électriques primaires, sont proportionnellement plus puissantes et produisent des effets plus importans sur ses phénomènes, à proportion que *le cercle* dans lequel elles ont lieu *est plus grand.*

53. *Il existe par rapport à l'action lunaire, ainsi que dans l'action diurne, dans l'été et dans l'hiver, un ordre d'occurrence de l'action électrique inverse*, ou de la formation de la pluie dans l'atmosphère ; *aussi bien que de beau temps.*

54. Les *vents* ou courans de l'atmosphère sont, comme les autres phénomènes, d'une origine strictement électrique.

55. Les vents peuvent se diviser en *deux classes*,—à la première appartiennent les vents (et cette classe est de beaucoup la plus douce) qui ont leur source dans les *changemens de la température* atmosphérique , et par conséquent sont les effets de *l'action directe* de l'une des deux forces électriques primaires, positive ou négative ; comme l'action positive ou solaire a pour effet de *condenser*, et l'action négative de la terre, d'*atténuer* le volume de l'atmosphère. — L'autre classe de vents et des phénomènes violens de l'atmosphère a sa source *dans l'action électrique inverse* qui y a lieu.

56. *Il existe une analogie étroite entre l'action lunaire sur les marées, et sur la température atmosphérique ;* — celle-ci, comme la première, dans *l'ordre naturel* de l'action lunaire sur la température, *s'accroît* avec les marées, aux époques des *syzigies ;* et comme la dernière *décroissant* à celles des *quadratures.*

57. Par suite de l'opération de certaines causes , cette analogie, à l'exception de certaines époques particulières de l'année , est généralement si dé-

rangée, qu'elle devient, en partie ou en totalité, imperceptible; comme nous l'avons dit dans les *Observations générales*.

58. Comme il est impossible que l'existence de cette analogie entre l'action lunaire sur les marées et celle qu'elle exerce sur la température de l'atmosphère se lie au *principe de l'attraction*, il s'ensuit que la théorie des marées de sir Isaac Newton, fondée sur ce principe, et suivie jusqu'à ce jour par ses successeurs, *ne saurait être juste et vraie*.

59. Les phénomènes des marées ont leur source dans le principe d'*impulsion*, causé par la pression d'un agent externe sur la surface des eaux de l'océan.

60. Cet agent externe est dérivé de l'action solaire, dont le foyer principal, situé entre les tropiques, donne chaque jour aux eaux de l'océan leur *mouvement impulsif*, dans lequel les marées ont leur source, aussi bien que la rotation de la terre. Comme l'action solaire sur notre atmosphère est à-la-fois *physique* et *électrique*, et que la première varie de degrés avec la seconde, à cette circonstance est due l'analogie qui subsiste entre l'action lunaire sur les marées et celle qu'elle exerce sur la température de l'atmosphère :—ainsi, quand bien même l'action lunaire n'existerait pas, l'action solaire donnerait également naissance aux marées, quoique avec certaines modifications, car elle est *leur source première;* et, conséquemment,

l'action lunaire ne doit être considérée que comme
agent secondaire dans leur production.

61. Une autre analogie existe entre la *manière*
dont l'action lunaire agit sur l'océan et celle dont
elle agit sur l'atmosphère : c'est que, dans les deux
cas, elle procède par une *succession de marées*,
passant de degrés *mineurs* d'action à des degrés
majeurs, et *vice versâ*. Chacune de ces marées
lunaires commence généralement le *troisième jour
qui précède*, et continue d'opérer jusqu'à la fin du
troisième jour qui suit le commencement des quartiers lunaires; ainsi les marées lunaires de l'atmosphère, comme celles de l'océan, ont *une durée de
six jours* chacune, et sont séparées l'une de l'autre
par des intervalles d'un jour environ, que j'ai appelés périodes *intercalaires*, pendant lesquels l'action
lunaire est dans un état de suspension comparative,
inclinant cependant plus vers la nature de l'action
lunaire *précédente*, que vers la nature de celle
qui va succéder.

62. Cette analogie dans la manière dont s'exerce
l'action lunaire sur les océans d'eau et d'air de la
terre, n'est pas limitée au cercle lunaire de l'action
électrique sur cette dernière, mais elle se montre
également dans les cercles diurne et annuel de
leur mouvement. — En effet chacune des forces
électriques primaires dans le cercle diurne, aussi
bien que dans le cercle annuel, procède alternativement de degrés de force *mineure* à des degrés
majeurs, et *vice versâ*.

63. Dans les cercles *diurne* et *annuel*, aussi

bien que dans le cercle *lunaire*, les *marées électriques* de l'atmosphère sont séparées l'une de
l'autre par des périodes *intercalaires* de suspension
comparative dans l'action des forces électriques
primaires qui leur donne naissance. — Ces périodes
intercalaires étant proportionnellement *plus courtes*
dans le cercle diurne, et proportionnellement aussi
plus longues dans le cercle annuel, que dans le
cercle lunaire ; dans le rapport de la différence
dans l'échelle de temps ou d'extension qui existe
entre ces cercles électriques.

RÉCAPITULATION. Quand les forces primaires de
gravitation, de *magnétisme* et d'*électricité*, sont
dans l'ordre moyen et ordinaire de leur action sur
la terre et, par analogie, sur les autres planètes ;
— quoiqu'elles soient combinées et incorporées les
unes avec les autres collectivement et individuellement dans ces corps, cependant leur action est
tellement calculée et balancée, que les limites de
chaque force sont clairement définies dans son développement ; — toutes agissent à-la-fois, mais
sans qu'il arrive de collisions ou de frottement dans
les mouvemens qu'elles amènent ; — chacune paraît indépendante, et semble s'occuper du rôle
particulier qui lui a été assigné dans le vaste cercle
de la nature, comme on le voit dans le mécanisme
et l'économie des corps célestes, ses ouvrages les
plus gigantesques. — Ainsi continuent à se pro-

duire les divers phénomènes de leur lumière et de leur ombre, de leur chaleur et de leur froid, de la sécheresse et de l'humidité, suites des changemens progressifs dans leurs saisons, changemens sur lesquels est fondé l'*esprit de leur vitalité* et celui des règnes animal et végétal dont tous ces corps nous semblent, ainsi que la terre, autant de théâtres.

APPENDICE.

N⁰. 1.

Sur les causes des maladies et de la mortalité parmi les
troupes de la partie de l'armée des Indes, cantonnée
sur les frontières des Birmans, depuis le commencement de la dernière saison des pluies, et des moyens
à prendre en pareille circonstance, pour se préserver
d'une semblable calamité (1).

La vie des animaux, mais plus particulièrement
celle de l'homme, repose (comme le procédé de la
combustion) sur l'*action combinée d'un double aliment* : c'est-à-dire la nourriture reçue dans l'estomac
et l'atmosphère extérieure, — attendu que la dernière étant absorbée par les poumons et les pores de la
peau, est l'agent au moyen duquel est produite la
digestion avec ses effets sur le système. De ces deux
alimens, le plus indispensable à la vie est l'air atmosphérique, puisqu'elle ne pourrait sans lui
exister au-delà de quelques secondes : il en résulte
que la santé de l'animal dépend en grande partie
de la *qualité* de cet agent si essentiel au soutien
de la vie.

En conséquence, dans tous les cas où une mala-

---

(1) Une copie de ce mémoire, comme il a été dit dans
une note précédente, fut présentée, par l'auteur, au commencement de 1826, à S. A. R. le duc d'York, alors
commandant de l'armée, ce qui donna lieu à la correspondance ci-jointe.

die d'un caractère particulier se manifeste à la même époque parmi les habitans d'un canton, qui n'ont pas de relations directes les uns avec les autres, si on ne peut l'attribuer à la *température*, elle doit nécessairement provenir de quelque chose de délétère dans la *nourriture* ou dans son co-agent pour le soutien de la vie, l'*atmosphère*; et lorsque la qualité de la nourriture n'a éprouvé aucune détérioration depuis le temps où elle répandait la vigueur et la santé parmi les membres d'une communauté devenue la proie d'une maladie, il s'ensuit que cette maladie doit avoir sa source dans quelque changement éprouvé par l'air que la communauté respire. Cette supposition est tellement claire, qu'elle me paraît incontestable.

Il s'ensuit que lorsque la dyssenterie, le cholera-morbus, la fièvre jaune ou intermittente, apparaissent à la même époque parmi les habitans d'un canton particulier, dont la nourriture est saine, il doit paraître évident que cette maladie appartient à la classe qu'on appelle *endémique*; et, par conséquent, doit son origine à quelque espèce particulière de *miasmes*, dont la nature paraît être aussi variée que celle des maladies qu'ils occasionnent.

Or, il est reconnu que les *miasmes terrestres*, de quelque espèce qu'ils soient, ont leur source dans la surface ou *couche végétale* de la terre, ou dans les substances qui sont combinées avec elle. Cela étant, la voie la plus sûre pour garantir contre les effets de ces miasmes les lieux où à des saisons particulières on sait qu'ils se manifestent, est,

avant le commencement de ces saisons, *de neutraliser ou détruire dans ces couches les matières alluviales ou susceptibles de fermentation dans lesquelles naissent ces ennemis de l'existence ;* et le
seul moyen efficace d'y parvenir, est *de soumettre
le tout ou la majeure partie de ces couches à l'action du feu.*

Admettant donc que la maladie qui a régné dernièrement parmi l'armée anglaise sur les frontières
du territoire des Birmans, avait sa source dans la présence de quelque espèce de miasme particulier à ces
contrées durant leur saison des pluies, — je recom-
manderais, comme un moyen préservatif contre le
retour de semblables maux, que les lieux de campe-
ment destinés à être occupés par l'armée des Indes
pendant cette saison, fussent, avant l'arrivée des
pluies, occupés par un certain nombre de pion-
niers ou autres qui couperaient les herbes et brûle-
raient la surface végétale, de manière à ce que
cette opération fût terminée quand l'armée pren-
drait possession du terrain. Cette précaution aurait
pour résultat d'assurer à ces sites une atmosphère
pure et salubre pendant la saison des maladies, et
conséquemment de prévenir parmi les troupes can-
tonnées sur ces lieux toute espèce de maux endémiques, c'est-à-dire de ceux causés par les miasmes. Quant à la manière de brûler la surface végétale, tandis qu'elle est desséchée par la chaleur,
au moyen des bruyères ou autres substances combustibles, ce serait une opération qui coûterait
peu de peine et de dépense.

La *localité* bien connue de *vapeur méphitique* , par suite de *sa gravité spécifique* plus grande, comparativement à l'air ordinaire (qui heureusement a pour effet de borner son étendue près des limites du sol qui lui donne naissance), présente une garantie suffisante quant à l'efficacité des moyens que je recommande pour le prévenir dans les campemens.

Il est digne de remarque que Napoléon, pendant qu'il faisait le siége de *Mantoue*, par une sorte d'instinct (à ce qu'il paraît) de son génie extraordinaire, fit usage de *grands feux*, pendant la nuit ; (temps où les miasmes sont le plus nuisibles), auprès desquels il obligeait les troupes de se tenir, pour prévenir les maladies parmi elles. Mais ce n'était là qu'un remède de surface, qui ne touchait pas à la source du mal.

Gardes à cheval , 28 février 1826.

Monsieur,

Le commandant en chef ayant donné des ordres pour que votre lettre du 13 courant, avec son contenu, fût envoyée au directeur-général du service de santé de l'armée , Son Altesse Royale m'ordonne de vous transmettre la copie de sa réponse.

J'ai l'honneur d'être,

Monsieur,

Votre très humble et obéissant serviteur ,

H. TAYLOR.

P. Murphy , Esq.

Service de santé de l'armée, 25 février 1826.

Monsieur,

Nous avons l'honneur de vous accuser réception de votre lettre du 14 courant, renfermant, par ordre de S. A. R. le commandant en chef de l'armée, le mémoire de M. Murphy, dans lequel il indique des mesures pour prévenir les effets des miasmes sur les troupes campées dans de certaines positions.

Tout en accordant à M. Murphy les éloges dus aux motifs qui ont déterminé cette communication de sa part, et au mérite de sa théorie, nous sommes forcés de considérer le plan comme tout-à-fait impraticable (1).

Nous avons, etc., signés,

JAS M'GREGOR.

W. FRANKLIN.

Lieut.-gén., sir H. Taylor, etc., etc., etc.

------

(1) Quant à l'expression d'impraticable, c'est comme si l'on disait qu'il est *impraticable de cultiver* autant de terrain qu'il en faut pour l'assiette d'un camp, — le procédé recommandé dans la première opération, n'étant guère suivi de plus de peine que la seconde. *Mais ainsi va le monde.*

Extrait d'une lettre écrite en réponse, par l'Auteur, à sir Herbert Taylor, pour être mise sous les yeux de S. A. R. le Commandant en chef.

4 Mars 1826.

Monsieur,

J'ai l'honneur de vous accuser réception de votre lettre du 28 dernier, qui renfermait copie de la décision de directeurs-généraux du service de santé de l'armée sur le plan que j'ai eu l'honneur de transmettre à S. A. R. le commandant en chef, le 13 du mois dernier, pour obvier aux effets des miasmes sur les troupes campées dans certaines positions; j'ai à présenter l'humble tribut de mes remercîmens à S. A. R., pour avoir bien voulu en prendre connaissance.

N'ayant pas d'espérances personnelles. ni de désirs d'ambition à satisfaire, et n'ayant en vue que d'être utile à mon pays et à l'humanité, je n'aurais pas fait un seul mot de réponse à la décision en question, si ce n'eût été pour signaler l'incompétence des personnes auxquelles le plan a été adressé, pour prononcer sur une question de cette espèce. Je le fais, sans imputer à ces personnes la plus légère insuffisance dans les talens de leur profession, ou la moindre inattention aux intérêts du service dont ils sont chargés, mais j'attribue leur décision au fait bien connu de l'*ignorance qui prévaut sur les miasmes*, et dont on trouve une nouvelle preuve dans les *opinions contradictoires*, soutenues par les membres les plus distingués de la faculté de médecine sur la doctrine de la contagion.

On peut remarquer que, dans un cas semblable, un *essai* serait la seule manière convenable de juger de mon plan. S'il parvient à y être soumis, je ne dois avoir aucune crainte sur le succès.

J'ai l'honneur d'être, Monsieur,

Votre très humble et obéissant serviteur,

P. M.

Lieut.-gén., sir H. Taylor, etc., etc., etc.

N°. 2.

Comme indication ultérieure des conséquences résultant de l'ignorance qui règne sur la source des miasmes et maladies endémiques, je transcris le fragment suivant sur le *mal aria* de Rome, pris dans le *North American review*, vol. XVIII, p. 202, janv. 1825.

« Le *mal aria* a pendant quatre siècles constamment étendu ses ravages; c'est une lutte qui se renouvelle chaque année, et qui, chaque année, est suivie par une défaite complète. La *campagna* entière de Rome a été dévastée par ce fléau; les trois quarts de l'espace compris au dedans des murs de la ville ont été abandonnés à la désolation, et quoique le reste soit couvert d'églises qui partout ailleurs passeraient pour des cathédrales, et de palais tels que les rois des autres pays n'en habitent pas de semblables, cette invisible calamité y poursuit encore son cours sans obstacles. Il n'est pas permis à la prévoyance humaine d'assigner le terme des empires et des cités, mais il est plus conforme à l'esprit de l'histoire qu'à celui de la prophétie, de dire que Rome sera un jour ce que *Pæstum* et *Volterra* sont maintenant.

» Peut-être nous pourrions presque déterminer combien se trouve rapprochée l'époque de cette fin, si nous connaissions la cause du mal aria. Mais la nature l'a renfermée parmi ses plus obscurs secrets. Soit qu'elle provienne, ainsi que quelques personnes l'ont supposé, de l'exhalaison des eaux cachées au loin sous la surface, et que, par conséquent, on puisse l'écarter, comme un des cardinaux l'a sagement conseillé, en pavant toute l'étendue des acres sans nombre de la *campagna*; soit qu'on doive l'attribuer aux débris volcaniques du sol, qui, après s'être détériorés pendant des milliers d'années, sont enfin parvenus au point où, sous l'influence de la chaleur du soleil et de l'action de l'eau de la mer, ils dégagent un gaz nuisible, soit enfin par quelqu'une des causes nombreuses que l'on a supposées, ou par l'ensemble de ces causes, c'est ce que nous n'avons aucun moyen de déterminer, malgré les discussions dont cette question a été l'objet. *La chimie ne découvre aucune différence entre l'air qui, pendant les mois d'août et de septembre, détruit la vie dans la campagne de Rome, et l'air qui, ailleurs, est l'entretien et la nourriture de la vie.*

» Ainsi, tout ce que nous connaissons sur le mal aria, se borne à ses effets; rien n'est plus lugubre que l'aspect que présente la *campagna* pendant sa longue influence. La vue s'étend sur un désert sans limites, et ne s'arrête que par de légères ondulations qui détruisent, sans l'embellir, cette triste monotonie. Souvent dans l'espace de plusieurs milles, on ne voit pas une maison, pas un arbre, pas un seul signe de vie, ou d'habitation de l'homme, et cependant, ce fut là que vécurent jadis les peuplades guerrières des Fidenates et des Coriolans. Ce fut là que se réunit la foule de la population, qui ne put trouver place dans Rome du temps de la république. Ce fut là, enfin, que dans le moyen âge, se trouva le théâtre de l'orgueilleux barbarisme de cette époque, lorsque les contestations entre les Orsini, les Sciarras, les Savelli, et autres fiers châtelains, au dehors de la ville, et les usurpations ecclésiastiques au dedans, demeurèrent si long-temps indécises.

Hæc tunc nomina erant, nunc sunt sine nomine terræ.

» Cependant, il est peu de chose dans la campagne de Rome qui rappelle les déserts que la nature, ailleurs, a laissés ou créés dans ses œuvres, puisque l'influence, que son aspect mélancolique exerce sur la pensée, est moins le résultat de son état actuel, que celui des souvenirs et comparaisons qu'elle fait naître. En effet, le soleil brille au-dessus d'un éclat pur et transparent; le vent souffle avec une fraîcheur vivifiante, la végétation est si riche, si abondante, d'une si étonnante fertilité, qu'on dirait que la nature invite l'homme à la culture et

lui présente ce lieu comme un séjour de bonheur.
Mais l'esprit ne s'arrête point à ces prestiges, l'avenir et le passé l'emportent sur le présent. Il est impossible de ne pas se rappeler que ce ciel serein et
ce soleil brillant qui devraient inspirer tant de
confiance, ne font que développer les qualités nuisibles du sol, que l'air qui souffle avec autant de
douceur est aussi dangereux que suave, et que cette
végétation abondante ne se compose que d'herbes
grasses et inutiles qui ne peuvent être nourries que
par ces exhalaisons mortelles. S'il était possible,
d'ailleurs, d'écarter pour un moment ces pensées,
les vestiges qui restent encore de la vie et de la
puissance de l'homme, en feraient naître d'autres
plus tristes encore. Les débris d'un aqueduc qui
prolonge dans ces contrées ses arches nombreuses,
rappelleraient la foule qui jadis puisa la santé dans
ses eaux ; les fragmens de la grossière architecture
du moyen âge, témoigneraient du long intervalle
écoulé depuis que les derniers possesseurs du sol
furent forcés de l'abandonner ; un gibet portant
encore les restes noircis et défigurés d'un malheu-
reux, que la désolation de ces lieux encouragea et
poussa au crime ; quelques bergers à demi sauvages,
d'une jeunesse décrépite, pâles et hagards, et qui
ayant échappé à la funeste influence d'une saison,
ont à peine le courage et l'espoir de demander au
ciel de traîner leur existence jusqu'à la saison suivante, présenteraient encore ce désert comme le
séjour de la désolation et de la mort.

» Telles sont les pensées qui, dans ces lieux,

dominent toutes les autres. Rome, elle-même, avec son dôme de Saint-Pierre et son tombeau d'Adrien, peut s'élever en amphithéâtre à l'horizon, comme une « glorieuse apparition; » mais elle est déjà sous l'influence de cet agent mystérieux qui, de toutes parts, entoure les temples et ses tombeaux, comme un ennemi invisible dont rien ne peut ni annoncer, ni empêcher l'approche. Cet ennemi doit finir par triompher; ses progrès passés ne permettent pas d'en douter. Rome semble veuve de ses grandeurs au milieu de la désolation qui l'entoure, et son sol qui, pendant tant d'années brilla de splendeur et de glcire, semble maintenant demander à se reposer de la puissance et de l'éclat des siècles dont il porta si long-temps le fardeau. »

TABLE DES MATIÈRES.

Observations préliminaires, renfermant un aperçu sommaire de la naissance de l'astronomie et de ses progrès jusqu'à nos jours.—Division de cette science en *deux grandes sections opposées*. — Cet ouvrage est consacré au développement de l'une de ces *sections*, c'est-à-dire celle qui a rapport aux *principes* sur lesquels sont fondés *les mouvemens orbiculaires et de rotation, la forme, la disposition* et les *phénomènes locaux* du soleil et des planètes.—Tous ces phénomènes sont les résultats de l'action conjointe exercée sur les corps célestes par *trois forces primaires inhérentes;* savoir : la *gravitation*, le *magnétisme* et l'*électricité*.—Chacune de ces forces *localement* ou *collectivement* en ce qui touche le système solaire est regardée comme divisible en *espèces opposées*. — Le *mouvement orbiculaire* du soleil et des planètes est causé par l'*action magnétique*, et leur mouvement de *rotation par l'action électrique*. — Les phénomènes de la *lumière*, de la *température* et autres phénomènes locaux sont les effets de cette dernière action. — De la nature de l'*action lunaire* sur la température et les autres phénomènes atmosphériques aussi bien que sur les eaux de l'Océan, comprenant *une nouvelle théorie des marées*.—De l'action des comètes. — De la source du déluge Mosaïque et de quelques autres révolutions semblables qu'ont éprouvées les surfaces de terre et d'eau du globe. — Des principes qui régissent l'action des forces électriques primaires opposées, dans la production de la *rotation*, aussi bien que de la *température* des corps célestes, etc., etc. . . . . . Pag. 41

ERRATA.

PRÉFACE. Page VIII , lig. 6 , *au lieu de* : conclure, *lisez* : en résumé.

    XIV , lig. 2 , *au lieu de* : température et , *lisez* : atmosphère comme.

    XVII , lig. 6 , *au lieu de* : magnétisme et , *lisez* : magnétisme, ainsi que de.

Pag. 79 , lign: 25 , *au lieu de* : on découvre, *lisez* : s'il existe.

100 , lign: 7 , *au lieu de* : leur élément , *lisez* : leurs élémens.

118 , lignes 24 et 25, *au lieu de* : température dans tout le système, *lisez* : de température dans tous les corps du système.

132 , ligne 11 , *au lieu de* : propussive, *lisez* : propulsive.

148 , lign: 25 , *au lieu de* : prolongement de la durée de l'action, *lisez* : élongation de l'action.

197 , ligne 5, *au lieu de* : en pôles , *lisez* : en espèces.

199 , ligne 23, *au lieu de* : ne suspend pas , *lisez* : suspend.

200 , lignes 28 et 29, *au lieu de* : au loin ; — dans le premier cas, *lisez* : en haut dans le premier cas.

204 , lign: 2, *au lieu de* : électriques du système, *lisez* : électriques positives du système.

241 , ligne 15 , *au lieu de* : vents nord-est , *lisez* : vents nord-est du printemps.

243 , ligne 3 , *au lieu de* : l'extrême froid, *lisez* : l'extrême froid de l'hiver.

264 , ligne 7 , *au lieu de* : cette décomposition, *lisez* : cette disposition dans la décomposition.

289 , lignes 9 et 10 , *au lieu de* : devers le degré , *lisez* : vers un degré.

291 , lignes 29 et 30, *au lieu de* : positive et négative, *lisez* : négative et positive.

292 , ligne 2 , *au lieu de* : de la terre , *lisez* : de la terre pendant la dernière.

313 , lignes 15 et 16, *au lieu de* : voisines de celles de l'atmosphère, *lisez* : voisines de l'atmosphère dans les plaines, l'action positive.

313 , lignes 20 et 21 , *au lieu de* : sur l'atmosphère, quoique, etc. , *lisez* : sur l'atmosphère de celles-ci , quoique situées au sud des plaines.

376 , ligne 6 , *au lieu de* : sa condensation, *lisez* : la condensation.

409 , ligne 15, *au lieu de* : froid , *lisez* : poids.

479 , ligne 1 , *au lieu de* : entre l'atmosphère , *lisez* : de l'atmosphère.

480 , ligne 22 , *au lieu de* : est la même qui donne lieu , *lisez* : et qui donne lieu.

506 , ligne 9, *au lieu de* : cette dernière, *lisez* : celles-ci.

517 , ligne 20, *au lieu de* : d'espèce opposée, *lisez* : d'espèces opposées.

BELGIQUE et LUXEMBOURG.

Conserve les Couvertures à leurs places

DICTIONNAIRE PRATIQUE

DE

DROIT COMPARÉ

5163

PREMIÈRE PARTIE

LÉGISLATIONS EUROPÉENNES

PAR

Hector Lambrechts,

DOCTEUR EN DROIT, ATTACHÉ AU MINISTÈRE DE L'INDUSTRIE ET DU TRAVAIL DE BELGIQUE

avec le concours de MM.

Dimitri Alexandresco, Ancien Secrétaire Général au Ministère de la Justice, professeur à la Faculté de droit de Jassy (Roumanie).

Arsène Laurent, docteur en droit, professeur à la Faculté catholique de Paris (France).

Chevalier **O. Q. van Swinderen,** docteur en droit et juge au tribunal de 1re Instance à Groningue (Pays-Bas).

Hector de Rolland, docteur en droit, avocat général près le tribunal Supérieur de Monaco (Principauté).

(*Voir suite au verso.*)

PARIS

CHEVALIER-MARESCQ & Cie, ÉDITEURS

RUE SOUFFLOT, 20

BRUXELLES	LA HAYE
Vᵉ Ferd. LARCIER, Editeur	BELINFANTE FRÈRES, Editeurs

R

BERLIN.

Puttkammer & Mühlbrecht

BUCHHANDLUNG

FÜR STAATS- UND RECHTSWISSENSCHAFT

Edoardo Cabella, avocat à Gênes (Italie).

Dr **Arthur Freund,** avocat près la Cour d'appel à Vienne (Autriche).

Auguste Liger, avocat à Luxembourg (Grand Duché).

John Mac Mahon, avocat à Londres.

E. Richter, Justizrath Coblenz, (Pr. Rhénane).

Dr **H. Koch,** Regierungs Assessor à Burgdorf (Hanovre).

E. R. Salem, avocat à Salonique (Turquie).

Mario Pinheiro Chagao, avocat à Lisbonne (Portugal).

Etienne de Sobliewski, avocat à Varsovie (Pologne Russe).

A. Hindenburg, avocat près la Cour Suprême à Copenhague (Danemark).

S. Daneff, docteur en droit, à Sofia (Bulgarie).

V. Velicovies, Secrétaire Général au Ministère des Finances, à Belgrade (Serbie).

Georges Callispérès, professeur à l'université, à Athènes (Grèce).

Louvain — Typ. J.-B. Istas.